武汉大学百年名典
自然科学类编审委员会

主任委员	刘经南
副主任委员	卓仁禧　李文鑫　周创兵
委员	（以姓氏笔画为序）
	文习山　石　兢　宁津生　刘经南
	李文鑫　李德仁　吴庆鸣　何克清
	杨弘远　陈　化　陈庆辉　卓仁禧
	易　帆　周云峰　周创兵　庞代文
	谈广鸣　蒋昌忠　樊明文
秘书长	蒋昌忠

李国平 （1910~1996），广东丰顺人。1933年毕业于中山大学数学天文系，后任广西大学讲师，1934~1936年在日本东京帝国大学做研究生，1937年赴法国巴黎大学庞加莱研究所做研究工作。1939年回国，先后任四川大学、武汉大学教授。1955年当选为中国科学院学部委员（院士）。先后担任武汉大学数学系主任、副校长、数学研究所所长、中国科学院数学计算技术研究所所长、中国科学院武汉数学物理研究所所长，历任湖北省科协副主席、中国数学会理事、中国系统工程学会副理事长兼学术委员会主任、湖北省暨武汉市数学会理事长，担任《数学物理学报》主编、《数学年刊》副主编、《数学杂志》与《系统工程与决策》名誉主编。他的学术研究主要涉及整函数与半纯函数的值分布理论、准解析函数、微分方程与差分方程、数学物理四个领域。尤其在半纯函数的波莱尔方向与填充圆的统一理论方面获得多项重要成果，在数学物理方面的研究受到理论和应用界的广泛重视。他一贯主张边缘学科的研究和多学科的相互交叉渗透，是数学理论联系实际的倡导者和实践者。一生共发表80多篇学术论文，自撰或与学生合作撰写了《半纯函数的聚值线理论》等18部学术著作。

武汉大学
百年名典

半纯函数的聚值线理论

李国平 著

武汉大学出版社
WUHAN UNIVERSITY PRESS

图书在版编目(CIP)数据

半纯函数的聚值线理论/李国平著. —2版. —武汉：武汉大学出版社,2007.5
武汉大学百年名典
ISBN 978-7-307-05512-4

Ⅰ.半… Ⅱ.李… Ⅲ.半纯函数—数学理论 Ⅳ.O174.52

中国版本图书馆 CIP 数据核字(2007)第 048040 号

责任编辑：顾素萍　　　责任校对：刘　欣　　　版式设计：支　笛

出版发行：武汉大学出版社　　（430072　武昌　珞珈山）
　　　　　（电子邮件：wdp4@whu.edu.cn　网址：www.wdp.com.cn）
印刷：武汉中远印务有限公司
开本：720×1000　1/16　印张：16.75　字数：239 千字　插页：4
版次：2007 年 5 月第 1 版　　2007 年 5 月第 1 次印刷
ISBN 978-7-307-05512-4/O·358　　　　定价：30.00 元

版权所有，不得翻印；凡购我社的图书，如有缺页、倒页、脱页等质量问题，请与当地图书销售部门联系调换。

出 版 前 言

百年武汉大学,走过的是学术传承、学术发展和学术创新的辉煌路程;世纪珞珈山水,承沐的是学者大师们学术风范、学术精神和学术风格的润泽。在武汉大学发展的不同年代,一批批著名学者和学术大师在这里辛勤耕耘,教书育人,著书立说。他们在学术上精品、上品纷呈,有的在继承传统中开创新论,有的集众家之说而独成一派,也有的学贯中西而独领风骚,还有的因顺应时代发展潮流而开学术学科先河。所有这些,构成了武汉大学百年学府最深厚、最深刻的学术底蕴。

武汉大学历年累积的学术精品、上品,不仅凸现了武汉大学"自强、弘毅、求是、拓新"的学术风格和学术风范,而且也丰富了武汉大学"自强、弘毅、求是、拓新"的学术气派和学术精神;不仅深刻反映了武汉大学有过的人文社会科学和自然科学的辉煌的学术成就,而且也从多方面映现了20世纪中国人文社会科学和自然科学发展的最具代表性的学术成就。高等学府,自当以学者为敬,以学术为尊,以学风为重;自当在尊重不同学术成就中增进学术繁荣,在包容不同学术观点中提升学术品质。为此,我们纵览武汉大学百年学术源流,取其上品,掬其精华,结集出版,是为《武汉大学百年名典》。

"根深叶茂,实大声洪。山高水长,流风甚美。"这是董必武同志1963年11月为武汉大学校庆题写的诗句,长期以来为武汉大学师生传颂。我们以此诗句为《武汉大学百年名典》的封面题词,实是希望武汉大学留存的那些泽被当时、惠及后人的学术精品、上品,能在现时代得到更为广泛的发扬和传承;实是希望《武汉大学百年名典》这一恢弘的出版工程,能为中华优秀文化的积累和当代中国学术的繁荣有所建树。

《武汉大学百年名典》编审委员会

再 版 前 言

刘培德　欧阳才衡

出版社决定出一套《武汉大学百年名典》丛书，其意图十分明显，就是为了光大学术精神，钩沉被岁月尘封了的知识宝库，借鉴于今日之研究，实现学术上的振兴与跨越。于是我们推荐了李国平院士的这本《半纯函数的聚值线理论》。这不仅是因为无论学术成就还是影响流变此书足堪其选，而且因为该书是李先生最重要的一部学术专著。此前山东教育出版社曾经于 2002 年出版了一本《李国平论函数论与数学物理》，是李先生一生主要学术论文的汇集，现在有了这本专著的再版，二者交互辉映，无疑地会给学术研究带来无尽的启迪！

《半纯函数的聚值线理论》应该说是李先生对他的因以成名的理论研究工作的系统阐释。从上世纪 30 年代在东京帝国大学当研究生起李先生就开始了对于半纯函数（又称亚纯函数）理论的研究，后来到了巴黎 Poincare 研究所继续其研究工作。半纯函数的值分布理论起源于 Picard 和 Borel 在 19 世纪末关于整函数值分布理论的研究工作。20 世纪初，一批著名的函数论专家如 Blumenthal、Montel、Landau、Julia、Schottky、Milloux、Nevanlinna、Valiron 等纷纷投入其中，发展了这一理论，取得了很多重要的成果。大约在 1936 年前后，李先生通过强化 Nevanlinna 基本不等式和改造 Blumenthal 函数型实现了理论上的突破，发表了一系列关于半纯函数值分布理论的创新成果。这一成果不仅把若干分散的研究纳入一个总的框架，而且把有限级和无穷级的半纯函数运用统一的方法去处理。它不仅把原有的结论更加精密化，而且在更高的层次上提出了许多新问题加以研究，从而把值分布理论的研究导向一个新的境界。李先生把这些成果称之为半纯函数聚值线的统一理论，或者叫做半纯函数的 Borel 方向与填充圆的统一理论，以区别于此前 Blumenthal 等人，包括熊庆来以及他本人的研究工作。这些文章的发表立即受到学术界的高度重视，Valiron 等在法国科学院院报上逐篇为之评介，熊庆来教授也多次在文章中予以首肯。李先生一时声名鹊起，奠定了他在该领域的学术地位。

据李先生自述，本书初稿是从 1938 年开始写起的，算起来到 1958 年正式出版整整经历了 20 年时间。该书是国内出版的第一本有关半纯函数值分布理论的专著。读过这本书的人不难看到，李先生不仅循序渐进地阐述了有关的理论成果，而且把当初解决问题的思路，各个研究方法的优劣，学术思想发展的脉络交待得清清楚楚，甚至每位数学家在这一理论大厦中所做的贡献都丝毫不爽地一一列举。这无疑对于了解值分布理论生长的源头、把握理论发展的趋势是十分有利的，同时也体现了作为一位科学家的高尚的学术风范与道德风范。今天我国的函数论研究已经有了更加丰硕的成就，呈现出崭新的面貌，然而正像登山者在崖壁上留下的一道重重的刻痕，它永远标识着前进的历程。时至今日它仍然不失其学习和参考的价值，其中的思想与方法仍然值得借鉴，书中散发出来的某些"原生态"的数学研究素材仍然有待于进一步发掘。

该书原版是由科学出版社出版的，距今已近半个世纪，再版工作殊为不易。实际上就连当年跟着李先生研修值分布理论的学生健在者都已经不多了。原书要不要进行内容和文字的修订？包括书中的某些文言句式要不要改变？还有原书是铅字排印的，需要重新打印校对，工作量很大。根据出版宗旨：要尽量保持原貌，但为了阅读方便，必要的文字校勘还是少不了的。恰在此时我们找到了一本原书的复印本，里面还有若干用钢笔改过的文字，据信是李先生手写的，这真是喜出望外，它使得部分校勘有了依据。总括地说来，目前的改动有以下几个方面：1. 原书目录太简，现在添加了二级的标题以便于检索；2. 把少量的文言字词改为现代口语；3. 改正了明显的文字错漏；4. 补正了一处数学公式的遗漏。当然以上改动是否为原著者所愿就

再版前言

无从得知了，如有失误均应由校勘者负责。此外原书缺少前言和参考文献，经编辑部商讨也不再增补，转而以再版前言代替。这里应该说明的是出版社的编辑们，特别是责编顾素萍女士为此做了耐心、细致的工作，这是应该特别感谢的！时间紧迫，文字审校恐还留有不少问题，诚望方家与读者不吝指正！

（2007年5月）

目　录

第一章　函数的规则化 ………………………………………… 1
　　导论 ……………………………………………………………… 1
　　本论 ……………………………………………………………… 6
　　　Ⅰ. Blumenthal 氏函数型 ……………………………………… 6
　　　Ⅱ. Valiron 氏函数型 ………………………………………… 22
　　　Ⅲ. 熊氏函数型 ………………………………………………… 38
　　　Ⅳ. 推广函数型 ………………………………………………… 45

第二章　半纯函数理论中的两个基础定理 ……………………… 58
　　导论 ……………………………………………………………… 58
　　　Ⅰ. Green 氏定理及 Jensen-Poisson 公式 ………………… 58
　　　Ⅱ. Nevanlinna 氏第一基础定理 …………………………… 67
　　本论　Nevanlinna 氏第二基础定理及其精确化与推论 ……… 78
　　　Ⅰ. Nevanlinna 氏第二基础定理及其精确化 ……………… 78
　　　Ⅱ. Valiron-Milloux-Rauch 定理 …………………………… 108

第三章　半纯函数的聚值线(Ⅰ)统一的理论 ………………… 137
　　导论 ……………………………………………………………… 137
　　本论　正级半纯函数的填充圆与聚值线之统一理论 ………… 159

第四章　半纯函数的聚值线(Ⅱ)个别的理论 ………………… 180
　　导论 ……………………………………………………………… 180
　　本论 ……………………………………………………………… 186
　　　Ⅰ. 无限级半纯函数的聚值线之决定法 …………………… 186

1

Ⅱ. 有限级 $\rho > \frac{1}{2}$ 的半纯函数 ……………………………… 211

Ⅲ. 满足条件 $\varlimsup\limits_{r \to +\infty} \dfrac{T(r,f)}{(\log r)^2} = +\infty$ 的零级半纯函数 ……… 221

第五章 圆内半纯函数的聚值点 ……………………………… 227
  导论 ……………………………………………………………… 227
  本论 ……………………………………………………………… 236
    Ⅰ. 零级函数与正有限级函数 ………………………………… 236
    Ⅱ. 无限级的函数 ……………………………………………… 255

第一章 函数的规则化

导 论

从一个给定的实变量 r 的实函数 $f(r)$ 来作出一个和它紧密联系着的、满足某些条件(A)的函数 $\varphi(r)$，叫做**按条件(A) 规则化** $f(r)$ 为 $\varphi(r)$。函数的规则化理论在整函数和半纯函数论中，在函数之近似法理论和准解析函数论中有着广泛的应用。因此，掌握函数规则化理论在函数论工作上有着重大的意义。

在这里我们先叙述三个启蒙定理，然后在本章中讨论几个特殊的规则化问题作为处理本书中心问题的准备。

1. Du Bois-Reymond 氏定理. 设 $\varphi_n(x)$ 为 $x_0 \leqslant x < +\infty$ 上之正值函数，有界于其存在区间上每一有界区间者 $(n=1,2,\cdots)$，则必有不减函数 $F(x)$ 存在，致

$$\lim_{x \to +\infty} \frac{F(x)}{\varphi_n(x)} = +\infty \quad (n=1,2,\cdots).$$

命

$$f(n) = \max\left(\sup_{x_0 \leqslant x \leqslant n+1} \varphi_1(x), \cdots, \sup_{x_0 \leqslant x \leqslant n+1} \varphi_n(x)\right); \tag{1}$$

当 $n \leqslant x \leqslant n+1$ 时，命

$$f(x) = f(n) + (x-n)[f(n+1) - f(n)]. \tag{2}$$

由(1)，则 $f(n) \leqslant f(n+1)$；由(2) 则 $f(x)$ 为 x 之不减函数；又由(1)，则

$$\varphi_p(x) \leqslant f(n) \quad (p \leqslant n, x_0 \leqslant x \leqslant n+1). \tag{3}$$

如 $n \leqslant x$，则必有一正整数 m 使 $n \leqslant m \leqslant x < m+1$，由(3) 又见

$n \leqslant x$ 致
$$\varphi_n(x) \leqslant f(m) \leqslant f(x).$$
取任一不减函数 $H(x)$ 致 $\lim\limits_{x \to +\infty} H(x) = +\infty$ 者,命
$$F(x) = f(x)H(x),$$
则
$$\lim_{x \to +\infty} \frac{F(x)}{\varphi_n(x)} = \lim_{x \to +\infty} \frac{f(x)}{\varphi_n(x)} H(x) \geqslant \lim_{x \to +\infty} H(x) = +\infty.$$

2. Borel 氏定理. 设 $W(r)$ 为 r 在 $r \geqslant r_0'$ 上之正值不减的单值有限的函数,并令 $W(r) = W(r+0)$,且设 $\lim\limits_{r \to +\infty} W(r) = +\infty$,则不论 α 为如何小之正数必致

$$W\left(r + \frac{1}{\log W(r)}\right) < [W(r)]^{1+\alpha}, \tag{1}$$

但须除去区间 $r \geqslant r_0'$ 上可数多个长度之和为有限的小区间.

命 $k = 1 + \alpha$. 假设(1)式不完全成立,于 r 充分大时,取 r_0 相当大致
$$W(r_0) > 1,$$
$$W\left(r_0 + \frac{1}{\log W(r_0)}\right) \geqslant [W(r_0)]^k.$$
置
$$r_0' = r_0 + \frac{1}{\log W(r_0)}, \quad \Delta_0 = r_0' - r_0.$$
命 $r \geqslant r_0'$ 上不致(1)式之 r 的最小者为 r_1,则有
$$r_1' = r_1 + \frac{1}{\log W(r_1)}, \quad \Delta_1 = r_1' - r_1, \quad W(r_1') \geqslant [W(r_1)]^k.$$
依此进行,设 r_{n-1} 之意义已定,则命
$$r_{\nu-1}' = r_{\nu-1} + \frac{1}{\log W(r_{\nu-1})},$$
并令 $r \geqslant r_{\nu-1}'$ 上不致(1)式之 r 的最小者为 r_ν,则有
$$r_\nu' = r_\nu + \frac{1}{\log W(r_\nu)}, \quad \Delta_\nu = r_\nu' - r_\nu, \quad W(r_\nu') \geqslant [W(r_\nu)]^k.$$
这样,不致(1)式之 r 除包含在 $0 \leqslant r \leqslant r_1$ 上之部分区间上者外全

第一章　函数的规则化

部在一串区间
$$[r_\nu, r'_\nu] \quad (\nu = 1, 2, \cdots)$$
上. 现在可以证明这些区间的长度总和 $\sum_{\nu=1}^{+\infty} \Delta_\nu$ 为有限.

由 $W(r_\nu) \geqslant W(r'_{\nu-1}) \geqslant [W(r_{\nu-1})]^k$, 则
$$W(r_\nu) \geqslant [W(r_0)]^{k^\nu}. \tag{2}$$

故
$$\Delta_\nu = \frac{1}{\log W(r_\nu)} \leqslant \left(\frac{1}{k}\right)^\nu \frac{1}{\log W(r_0)},$$
$$\sum_{\nu=1}^{+\infty} \Delta_\nu \leqslant \frac{1}{\log W(r_0)} \sum_{\nu=1}^{+\infty} \left(\frac{1}{k}\right)^\nu.$$

定理得证.

注意: 由 (2) 可见 $\lim_{\nu \to +\infty} W(r_\nu) = +\infty$, 随之也见 $\lim_{\nu \to +\infty} r_\nu = +\infty$.

3. Nevanlinna 氏定理. $W(r)$ 之定义同前述 Borel 定理. 设 $\varphi(r)$ 为 r 在 $r \geqslant r'_1$ 上不增的正值函数, 可积分于每一有限区间内, 设
$$\int_{r_0}^{+\infty} \frac{\varphi(t)}{t \log t} dt < +\infty, \tag{1}$$
则不论 α 为如何小之正数, 必致
$$W(r + \varphi[W(r)]) < [W(r)]^{1+\alpha}, \tag{2}$$
但须除去区间 $r \geqslant r'_0$ 上可数多个区间其长的总和 L 致
$$L \leqslant \varphi(W_0) + \frac{1}{\log(1+\alpha)} \int_{W_0}^{+\infty} \frac{\varphi(t) dt}{t \log t} \quad (W_0 = W(r_0) > e)$$
者, 反之, 设
$$\int_{r_0}^{+\infty} \frac{\varphi(t)}{t \log t} dt = +\infty,$$
则必有 $W(r)$, 致
$$W(r + \varphi[W(r)]) \geqslant [W(r)]^{1+\alpha}.$$

就此定理, 令
$$\varphi(t) = \frac{1}{\log t} \quad (t > 1),$$

3

则此定理即是 Borel 定理.

现在来寻求 $\varphi(r)$ 所应满足之条件, 致
$$W(r) + \varphi[W(r)] \geqslant W(r) + 1 \qquad (3)$$
之 r 如果存在则必在可数多个长度之和为有限的区间内.

$W(r)$ 及 $\varphi(r)$ 均为单调函数, 其间断点都是第一类间断点, 这些点成一可数集合. 假设在间断点上
$$W(r) = W(r+0), \quad \varphi(r') = \varphi(r'+0).$$
下面用 W_ν 表 $W(r_\nu)$.

命 r_1 为 r 之最小值, 致
$$W(r_1 + \varphi[W(r_1)]) \geqslant W_1 + 1$$
者; 以 $r(W)$ 表示 $W(r)$ 之反函数, 则
$$r_1 + \varphi(W_1) \geqslant r(W_1 + 1).$$
致
$$\Delta_1 = r(W_1 + 1) - r_1 \leqslant \varphi(W_1).$$
命 r_2 为 r 在区间 $r \geqslant r(W_1 + 1)$ 上之最小值, 致
$$W(r_2 + \varphi(W_2)) \geqslant W_2 + 1$$
者, 则
$$\Delta_2 = r(W_2 + 1) - r_2 \leqslant \varphi(W_2), \quad r_2 \geqslant r(W_1 + 1).$$
准此, 可用数学归纳法定出 $r_3, r_4, \cdots$, 致
$$r_0 \leqslant r_1 \leqslant r_2 \leqslant \cdots \leqslant r_\nu \leqslant \cdots,$$
$$\Delta_\nu = r(W_\nu + 1) - r_\nu \leqslant \varphi(W_\nu), \qquad (4)$$
$$r_{\nu+1} \geqslant r(W_\nu + 1) = r_\nu + \Delta_\nu, \qquad (5)$$
在这里 $r_{\nu+1}$ 为 r 在区间 $r \geqslant r(W_\nu + 1)$ 上之最小值, 致
$$W(r_{\nu+1} + \varphi(W_{\nu+1})) \geqslant W_{\nu+1} + 1$$
者. 容易看见 (3) 式在 $r_\nu + \Delta_\nu \leqslant r < r_{\nu+1}$ 上不成立, 其反面成立:
$$W(r + \varphi[W(r)]) < W(r) + 1, \quad r_\nu + \Delta_\nu \leqslant r < r_{\nu+1}.$$
如 r_n 有无限多个, 则必 $\lim r_n = +\infty$. 若果 $\lim r_n = r_\infty = R < +\infty$, 则从
$$W(r_\infty) \geqslant W(r_n) \geqslant W + n - 1 \quad (\text{不论 } n \text{ 为如何大})$$
立得一个矛盾. 又从次式:

$$\sum_{\nu=1}^{n}\Delta_{\nu}\leqslant\sum_{\nu=1}^{n}\varphi(W_{\nu})\leqslant\sum_{\nu=1}^{n}\varphi(W_0+n-1)<\varphi(W_0)+\int_{W_0}^{W_n}\varphi(t)\mathrm{d}t$$

亦见 Δ_ν 之和随 $\int_{t_0}^{+\infty}\varphi(t)\mathrm{d}t<+\infty$ 而为有限. 故得:

Ⅰ. 设 $\int_{t_0}^{+\infty}\varphi(t)\mathrm{d}t<+\infty$, 则 r 之值致不等式

$$W(r+\varphi[W(r)])\geqslant W(r)+1$$

者必在可数多个区间内其长之和小于

$$\varphi(W_0)+\int_{W_0}^{W}\varphi(t)\mathrm{d}t.$$

由此结果出发, 立可推得定理之前段.

如果(2)式成立, 即令 $k=1+\alpha$, 应有

$$\frac{\log\log W(r+\varphi[W(r)])}{\log k}<1+\frac{\log\log W(r)}{\log k}.$$

令

$$W_1(r)=\frac{\log\log W(r)}{\log k},\quad \varphi_1(W_1)=\varphi(W).$$

则上式化为下式:

$$W_1(1+\varphi(W_1))<1+W_1(r). \tag{6}$$

反之, 如此式成立, 则得(2)式. 又

$$\int_{W_0}^{\infty}\varphi_1(W_1)=\int_{W_0}^{\infty}\varphi(W)\frac{\mathrm{d}W_1}{\mathrm{d}W}\mathrm{d}W$$
$$=\int_{W_0}^{\infty}\frac{\varphi(W)}{\log k}\frac{\mathrm{d}W}{W\log W}<+\infty,$$

此由(1)式可见. 因此Ⅰ之结果可应用于函数 $W_1(r)$ 及 $\varphi_1(t)$, 定理前段得证.

现在来证明定理之后段.

命 $\varphi(t)$ 为不增函数致 $\int_{t_0}^{+\infty}\varphi(t)\mathrm{d}t=+\infty$ 者, 则

$$r=r(W)=\int_0^W\varphi(t)\mathrm{d}t$$

之反函数 $W=W(r)$ 为不减函数, $r\to+\infty$ 时 $W(r)\to+\infty$.

但
$$W(r+\varphi[W]) = W(r) + W'(r+\theta\varphi)\varphi(W) \quad (0<\theta<1)$$
$$= W(r) + \frac{\varphi(W)}{\varphi(W[r+\theta\varphi])} \geqslant W(r)+1,$$

故得:

II. 设 $\int_{t_0}^{+\infty} \varphi(t)\mathrm{d}t = +\infty$,则必有不减函数 $W(r)$ ($r \to +\infty$ 时 $W(r) \to +\infty$) 致 $W(r+\varphi[W(r)]) \geqslant W(r)+1$ 者存在.

据此结果施用前段的转化,则得定理后段之证.

本　论

I. Blumenthal 氏函数型

1. 在前述 Borel 氏定理之证法中已经得出如次之结果: 设 $W(x)$ 为 x 在 $x \geqslant x_0'$ 上之正值不减的单值有限的函数, $W(x) \to +\infty$ 当 $x \to +\infty$ 时; α 为任何正数,则在 $x \geqslant x_0 (x_0 \geqslant x_0')$ 上不致

$$W\left(x + \frac{1}{\log W(x)}\right) < [W(x)]^{1+\alpha} \tag{1}$$

之 x 必在一串其长之和 $L < \left(1+\dfrac{1}{\alpha}\right)\dfrac{1}{\log W(x_0)}$ 的间隔上,但 x_0 适当大致 $W(x_0) > 1$. 现在我们来推广这个结果作为制作 Blumenthal 氏函数型的论据.

为简化用语起见,本章一律用无穷小一辞来表示不增的连续正函数 $\varepsilon(x), \eta(x), \cdots$,此皆随 $\dfrac{1}{x}$ 而趋近于 0,虽然这个名称在微积分中的意义比较广泛. 这些无穷小量 $\varepsilon(x), \eta(x), \cdots$ 有时亦简写为 $\varepsilon, \eta, \cdots$. 但 $\alpha, \beta, \cdots$ 则用以表示正常数.

想用无穷小 $\varepsilon(x)$ (简写为 ε) 代换 (1) 式之 α,则可添加次列条件:

(E_a) 　εe^x 为不减函数;

(F) 　$\varepsilon \log W(x)$ 为不减函数且 $\lim \varepsilon \log W(x) = +\infty$.

试取 x_0 为相当大之值不致

$$(1_a) \quad W(x') < W(x)^{1+\varepsilon}, \quad x' = x + \frac{1}{\log W(x)},$$

而致 $\varepsilon_0 \log W(x_0) > 1$ ($\varepsilon_0 = \varepsilon(x_0)$) 者，试求 $x_0 \leqslant x \leqslant X$ ($X = x_0 + 1$) 中不致 (1_a) 之 x 所在区间之长度和！由 (E_a) 可见 $x_0 \leqslant x \leqslant X$ 必致

$$\varepsilon \geqslant \frac{\varepsilon_0 \mathrm{e}^{x_0}}{\mathrm{e}^x} \geqslant \frac{\varepsilon_0 \mathrm{e}^{x_0}}{\mathrm{e}^X} = \frac{\varepsilon_0}{\mathrm{e}}.$$

如果用 $\frac{\varepsilon_0}{\mathrm{e}}$ 代替 (1) 式之 α，则其例外间隔之长度和小于

$$\eta_0 = \frac{1}{\log W(x_0)}\left(1 + \frac{\mathrm{e}}{\varepsilon_0}\right), \quad \eta_0 \text{ 表 } \eta(x_0),$$

在这里，$\eta(x) = \frac{1}{\log W(x)}\left(1 + \frac{\mathrm{e}}{\varepsilon_0}\right)$ 为一无穷小 ($x \geqslant x_0$). 因此 (x_0, X) 间致 (1_a) 之区间（简称 (1_a) 之常区间）的长度之和大于 $1 - \eta_0$，于是得：

补题 1. 在 $[x_0, x_0 + 1]$ 上 (x_0 不致 (1_a) 之 x 且致 $W(x_0) > 1$ 者) (1_a) 之常区间之长度和与 (1_a) 之例外区间之长度和二者之比其极限随 x_0 而趋近于 $+\infty$. (此补题就 x_0 之集不为有界者而论，如充分大的 x 皆致 (1_a) 则不须此.)

现在来精密化此判断的内容. 设 m 为在 $[x_0, x_0+1]$ 上 (1_a) 之例外区间（此处指的是 Borel 定理的证法中的例外间隔）的个数，这些间隔可用以下符号标明之：

$$[x_0, X_0], [x_1, X_1], \cdots, [x_{m-1}, X_{m-1}],$$

则必至少有一整数 i ($0 \leqslant i \leqslant m-1$) 致

$$x_{i+1} - X_i > \frac{1-\eta_0}{\eta_0}(X_i - x_i), \quad \eta_0 = \frac{1}{\log W(x_0)}\left(1 + \frac{\mathrm{e}}{\varepsilon_0}\right). \quad (2)$$

否则 $[x_0, x_0+1]$ 之长将小于 1，此不可能.

由 Borel 氏定理之证法，则知 $[x_j, X_j]$ 至少含 $[x_j, x'_j]$ $\left(x'_j = x_j + \frac{1}{\log W(x_j)}\right)$ ($j = 0, 1, 2, \cdots, m-1$)，故由 (2) 式得出

$$x_{i+1} - X_i > \frac{1-\eta_0}{\eta_0} \frac{1}{\log W(x_i)}. \quad (3)$$

Borel 氏定理之推广一. 设无穷小 $\varepsilon(x)$ 致(F) 及次列条件:

(E_b) εx 为不减函数;

$W(x)$ 之意义同前, 则在区间 $[x_0, ex_0]$ 上次式:

$$(1_b) \quad W(x') < W(x)^{1+\varepsilon}, \quad x' = x\left[1 + \frac{1}{\log W(x)}\right]$$

的例外区间的长度和与原区间长度之比随 $\frac{1}{x_0}$ 而趋近于 0, 在这里 x_0 为 (1_b) 之例外值(如 x_0 之集为有界则不须此).

把 (1_a) 写成如次形式:

$$U(y') < U(y)^{1+\varepsilon}, \quad y' = y + \frac{1}{\log U(y)};$$

它在 $[y_0, y_0 + 1]$ 上例外区间之长度和小于

$$\left(1 + \frac{e}{\varepsilon_0}\right)\frac{1}{\log U(y_0)},$$

在这里, $\varepsilon = \varepsilon(y)$, 而 εe^y 为不减函数, 然后令

$$y = \log x, \quad U(y) = U(\log x) = W(x),$$

则得

$$(1_{a'}) \quad W(x') < W(x)^{1+\varepsilon}, \quad x' = xe^{\frac{1}{\log W(x)}},$$

(E_b) εx 为不减函数, $\varepsilon = \varepsilon(\log x)$;

其例外区间尚待讨论.

因

$$e^{\frac{1}{\log W(x)}} > 1 + \frac{1}{\log W(x)} \quad (W(x) > 1 \text{ 时}),$$

由 $(1_{a'})$ 得

$$(1_b) \quad W(x') < W(x)^{1+\varepsilon}, \quad x' = x\left[1 + \frac{1}{\log W(x)}\right],$$

其例外区间尽含于 $(1_{a'})$ 之例外区间内.

$(1_{a'})$ 之例外区间在 $[x_0, \overline{X}]$ ($\overline{X} = ex_0$) 上者设为

$$[x_0, X_0], [x_1, X_1], \cdots, [x_{m-1}, X_{m-1}],$$

则由前述知必有

$$(\log X_0 - \log x_0) + (\log X_1 - \log x_1) + \cdots$$
$$+ (\log X_{m-1} - \log x_{m-1}) < \left(1 + \frac{e}{\varepsilon_0}\right)\frac{1}{\log W(x_0)},$$

x_0 充分大且为 $(1_{a'})$ 之例外值.

由中值定理及 $\dfrac{\mathrm{d}x}{\mathrm{d}\log x} = x$,则

$$(x_i, X_i) = X_i - x_i = \xi_i(\log X_i - \log x_i) \quad (x_i < \xi_i < X_i).$$

故 $\xi_i < \overline{X}$,得出

$$(x_0, X_0) + (x_1, X_1) + \cdots + (x_{m-1}, X_{m-1})$$
$$< \left(1 + \frac{e}{\varepsilon_0}\right)\overline{X}\frac{1}{\log W(x_0)}$$
$$= \frac{e}{e-1}\left(1 + \frac{e}{\varepsilon_0}\right)\frac{\overline{X} - x_0}{\log W(x_0)}.$$

据此,计及(F),则见 $(1_{a'})$ 及 $(1_{b'})$ 在 $[x_0, \overline{X}]$ 上之例外区间的长度和与常区间的长度和之比随 $\dfrac{1}{x_0}$ 而减少,并以 0 为极限.

上述 Borel 氏定理之推广一得证.

注意,(2)式转换为次形:

$(2_b) \quad \log x_{i+1} - \log X_i > \dfrac{1-\eta}{\eta}(\log X_i - \log x_i),$

$$\eta = \left(1 + \frac{e}{\varepsilon_0}\right)\frac{1}{\log W(x_0)};$$

(3)式转化为次形:

$(3_b) \quad \log x_{i+1} - \log X_i > \dfrac{1-\eta}{\eta}\dfrac{1}{\log W(x_i)},$

在这里 i 为某一固定指标 $(0 \leqslant i < m)$.

应用上面的结果于 $U(y)$,然后令 $y = \log x$,$U(y) = W(x)$,则得:

Borel 氏定理之推广二. 设 $W(x)$ 为 x 在 $x \geqslant x_0'$ 上之正值不减的单值有限的函数致 $\lim\limits_{x \to +\infty} W(x) = +\infty$ 者;设 $\varepsilon(x)$ 为无穷小致次列条件:

(F) $\quad \varepsilon(x)\log W(x)$ 为不减的函数且 $\lim\limits_{x \to +\infty} \varepsilon(x)\log W(x) = +\infty$;

(E_c)　$\varepsilon(x)\log x$ 为不减函数

者. 则必

$$W(x') < W(x)^{1+\varepsilon}, \quad x' = x^{1+\frac{1}{\log W(x)}};$$

但若存在有充分大的例外值 x_0，则在 $[x_0, x_0^e]$ 上必有一常区间 $[X_i, x_{i+1}]$ 及一例外区间 $[x_i, X_i]$ 致次列关系：

(2_c)　$\log\log x_{i+1} - \log\log X_i > \dfrac{1-\eta}{\eta}(\log\log X_i - \log\log x_i),$

$$\eta = \left(1 + \frac{e}{\varepsilon_0}\right)\frac{1}{\log W(x_0)};$$

(3_c)　$\log\log x_{i+1} - \log\log X_i > \dfrac{1-\eta}{\eta}\dfrac{1}{\log W(x_i)}.$

以后所用唯此定理，读者留意！

2. Blumenthal 氏定理 A. 设 $W(r)$ 为 r 在 $r \geqslant r_0 \geqslant 0$ 上之正值不减的连续函数，且 $\lim\limits_{r\to+\infty} W(r) = +\infty$；设 $\eta(r) > \dfrac{4}{\log W(r)}$ 为一无穷小，以致必有另一无穷小 $\varepsilon(x)$ 致如次之条件者存在：

(A)　$\varepsilon(r) \leqslant \eta(r) - \dfrac{4}{\log W(r)}$，此即 $W(r)^{\eta(r)} \geqslant e^4 W(r)^{\varepsilon(r)}$；

(B)　$\varepsilon(r)\log r$ 及 $\varepsilon(r)\log W(r)$ 均为不减的；

(C)　$\varepsilon(r)W(r)^{\frac{\varepsilon(r)}{2}} > \log W(r)$，当 $W(r) > 1$ 时.

则必存在函数 $U(r)$，满足次列条件：

1°　$U(r)$ 为 $r \geqslant r_0$ 上之正值不减的连续函数，$\lim\limits_{r\to+\infty} U(r) = +\infty$；

2°　当 r 充分大时，必致 $U(r) \geqslant W(r)$；

3°　至少有一串 $\{r_n\} \to \infty$ 致 $U(r_n) = W(r_n)$；

4°　当 r 充分大时，必致 $U(r^{1+\frac{1}{U(r)^\eta}}) \leqslant U(r)^{1+\eta}$；

5°　$\lim\limits_{r\to+\infty} U(r)^{\eta(r)} = +\infty.$

此定理中之函数 $U(r)$，乃按照条件 1°—5° 来规则化 $W(r)$ 而得之函数. 定义为关于函数 $W(r)$ 及无穷小 $\eta(r)$ 之 **B-** 函数型.

定理中之 5° 可由 (A),(C) 及 1°,2° 得出，兹先证明之如次：命

第一章 函数的规则化

$$F(X) = \frac{\varepsilon(r) X^{\frac{\varepsilon(x)}{2}}}{\log X},$$

则得

$$F'(X) = \frac{\varepsilon X^{\frac{\varepsilon}{2}-1}(\varepsilon \log X - 2)}{2(\log X)^2}.$$

当 $W(r) > 1$ 时,由(C)得

$$\log \varepsilon + \frac{\varepsilon}{2} \log W > \log \log W,$$

因之又得

$$\varepsilon \log W - 2 > \log \log W - \log \varepsilon - 2.$$

则当 r 充分大时,$\varepsilon(r)$ 充分小,故 $-\log \varepsilon - 2 > 0$,而

$$\varepsilon \log W - 2 > 0.$$

但 $U \geqslant W$ 致 $\varepsilon \log U - 2 \geqslant \varepsilon \log W - 2$,故亦致

$$\varepsilon \log U - 2 > 0.$$

由此可见,固定每一充分大的 r,则 $U \geqslant W$ 致 $F'(U) \geqslant 0$,而 $F(X)$ 在 $X = W$ 处当为上升的,得出 $F(U) \geqslant F(W)$.

$$\frac{\varepsilon U(r)^{\frac{\varepsilon}{2}}}{\log U(r)} \geqslant \frac{\varepsilon W(r)^{\frac{\varepsilon}{2}}}{\log W(r)} > 1,$$

此中第二不等式从(C)得之,故 r 充分大时,必致

$$\varepsilon U(r)^{\frac{\varepsilon}{2}} > \log U(r), \quad \varepsilon < 1,$$
$$U(r)^{\varepsilon} > [\log U(r)]^2.$$

由 1° 则 $\log U(r) \to +\infty$,故 $U(r)^{\varepsilon} \to +\infty$,计及(A)可见

$$\lim_{r \to +\infty} U(r)^{\eta(r)} = +\infty.$$

此即条件 5°.

现在来进行定理中其他部分的证明.

假使 r 充分大时必致

$$W(r^{1+\frac{1}{\log W(r)^{\varepsilon}}}) < W(r)^{1+\varepsilon}, \tag{1}$$

则自 $\eta(r) > \varepsilon(r)$,应得

$$W(r^{1+\frac{1}{\log W(r)^{\eta}}}) < W(r)^{1+\eta},$$

这样的 $W(r)$ 可作为 $U(r)$.

假设(1)式之例外值所成集不为有界,则可推见(1)之每一充分大之例外值必亦为 Borel 氏定理之推广二中的不等式:
$$W(r^{1+\frac{1}{\log W(r)}}) < W(r)^{1+\varepsilon} \tag{2}$$
之例外值. 其实,(1)式之例外值 r' 如为充分大必致
$$r'^{1+\frac{1}{W(r')^{\varepsilon}}} < r'^{1+\frac{1}{\log W(r')}}. \tag{3}$$
因之,从 $W(r'^{1+\frac{1}{W(r')^{\varepsilon}}}) \geqslant W(r')^{1+\varepsilon}$ 立得
$$W(r'^{1+\frac{1}{\log W(r')}}) \geqslant W(r')^{1+\varepsilon}.$$
但(3)式可化为 $W(r')^{\varepsilon} > \log W(r')$,而此从(C)立可推得,只须 r' 充分大.

因此,(2)式之常区间必含于(1)式之常区间内(r 充分大时);为制作 $U(r)$,可从 Borel 氏定理推广二关于(2)式之常区间入手. 据此,则(2)有一串常区间其端点所成之串递增于 $+\infty$:
$$[a_1, b_1], [a_2, b_2], \cdots, [a_\nu, b_\nu], \cdots,$$
使在其内常致(1)式;就中 $b_\nu^e < a_{\nu+1}$,a_1 充分大,且
$$\log\log b_\nu - \log\log a_\nu > \frac{1-\eta'}{\eta'} \frac{1}{\log W(b_{\nu-1}^*)},$$
$$\eta' = \left[1 + \frac{e}{\varepsilon(b_{\nu-1})}\right] \frac{1}{\log W(b_{\nu-1}^*)} \quad (b_{\nu-1} \leqslant b_{\nu-1}^* < a_\nu). \tag{4}$$
由(C)可知 η' 与 $\frac{1}{b_{\nu-1}}$ 同时趋近于 0,故如 ν 相当大时,η' 可小于任何已给之正数.

容易证明 $[a_\nu, b_\nu]$ 上必存在一区间 L_ν: $[a_\nu, d_\nu]$,使其上之点致
$$\log\log b_\nu - \log\log \xi_\nu \geqslant \frac{1-\eta'}{2\eta'} \frac{1}{\log W(\xi_\nu)}. \tag{5}$$
其实,$x \geqslant a_\nu$ 致
$$\frac{1-\eta'}{2\eta'} \frac{1}{\log W(x)} \leqslant \frac{1-\eta'}{2\eta'} \frac{1}{\log W(b_{\nu-1}^*)}.$$
由(4),则

$$\log\log b_\nu - \log\log a_\nu > \frac{1-\eta'}{2\eta'}\frac{1}{\log W(x)} \quad (x \geqslant a_\nu).$$

取连续函数

$$\Phi(x) = \log\log b_\nu - \log\log x - \frac{1-\eta'}{2\eta'}\frac{1}{\log W(x)}$$

加以检查，则 $\Phi(b_\nu) < 0$，$\Phi(a_\nu) > 0$；故在 (a_ν, b_ν) 内必至少有 $\Phi(x) = 0$ 之根；而 a_ν 不能为此方程之根所成集之聚结点亦不能为其下确界，故 $\Phi(x) = 0$ 之根所成集之下确界 $d_\nu > a_\nu$. 故 $a_\nu \leqslant \xi_\nu \leqslant d_\nu$ 致 $\Phi(\xi_\nu) \geqslant 0$.

取一组正交坐标轴 (Ox, Oy).

曲线方程 $y = \varphi_\nu(x)$ 中之函数 $\varphi_\nu(x)$ 由次式决定之：

$$\frac{1}{\varepsilon_\nu}\frac{1}{W(\xi_\nu)^{\frac{\varepsilon_\nu}{2}}} - \frac{1}{\varepsilon}\frac{1}{\varphi_\nu(x)^{\frac{\varepsilon}{2}}} = \log\log x - \log\log \xi_\nu, \tag{6}$$

就中 $(\xi_\nu, W(\xi_\nu))$ 表示 $y = W_\nu(x)$ 之一点，$y = W_\nu(x)$ 为曲线 $y = W(x)$ 在 $[a_\nu, b_\nu]$ 上一段之方程，$\varepsilon_\nu = \varepsilon(\xi_\nu)$，$\varepsilon = \varepsilon(x)$.

设 x_1, x_2 充分大，$x_1 < x_2$，则由 (5) 应得

$$\frac{1}{\varepsilon(x_1)}\frac{1}{\varphi_\nu(x_1)^{\frac{\varepsilon(x_1)}{2}}} - \frac{1}{\varepsilon(x_2)}\frac{1}{\varphi_\nu(x_2)^{\frac{\varepsilon(x_2)}{2}}}$$
$$= \log\log x_2 - \log\log x_1 > 0.$$

因之

$$\varepsilon(x_1)\varphi_\nu(x_1)^{\frac{\varepsilon(x_1)}{2}} < \varepsilon(x_2)\varphi_\nu(x_2)^{\frac{\varepsilon(x_2)}{2}};$$

但 $\varepsilon(x_1) \geqslant \varepsilon(x_2)$，故

$$\varphi_\nu(x_1) \leqslant \varphi_\nu(x_2),$$

此即表示：$\varphi_\nu(x)$ 为 x 之不减函数. $\varphi_\nu(x)$ 既为 x 之不减函数，则当 $x \uparrow x_\nu$ 时 $\lim \varphi_\nu(x)$ 存在. 根据 (6) 式，取 x_ν 之方程

$$\frac{1}{\varepsilon_\nu}\frac{1}{W(\xi_\nu)^{\frac{\varepsilon_\nu}{2}}} = \log\log x_\nu - \log\log \xi_\nu$$

之实根，则

$$\lim_{x \uparrow x_\nu}\varphi_\nu(x) = +\infty.$$

设 $(x', \varphi_\nu(x'))$ 为曲线 $y = \varphi_\nu(x)$ 上之一点，则从 (6) 式用减法得出：

$$\frac{1}{\varepsilon'}\frac{1}{\varphi_\nu(x')^{\frac{\varepsilon'}{2}}} - \frac{1}{\varepsilon}\frac{1}{\varphi_\nu(x)^{\frac{\varepsilon}{2}}} = \log\log x - \log\log x',$$

就中, $\varepsilon' = \varepsilon(x')$, $\varepsilon = \varepsilon(x)$. 由此令 $x \to x_\nu$, 则得

$$\frac{1}{\varepsilon'}\frac{1}{\varphi_\nu(x')^{\frac{\varepsilon'}{2}}} = \log\log x_\nu - \log\log x'. \tag{7}$$

现在来证明: 曲线 $y = W_\nu(x)$ 上必至少有一点 $(\xi_\nu, W(\xi_\nu))$ 致 $x_\nu = b_\nu$, 此中 ξ_ν 满足方程:

$$\frac{1}{\varepsilon_\nu}\frac{1}{W(\xi_\nu)^{\frac{\varepsilon_\nu}{2}}} = \log\log b_\nu - \log\log \xi_\nu. \tag{8}$$

此就 ν 充分大时立论.

在 $L_\nu : [a_\nu, d_\nu]$ 上之点 ξ_ν 致

$$\log\log b_\nu - \log\log \xi_\nu \geq \frac{1-\eta'}{2\eta'}\frac{1}{\log W(\xi_\nu)} > \frac{1-\eta'}{2\eta'}\frac{1}{\varepsilon_\nu W(\xi_\nu)^{\frac{\varepsilon_\nu}{2}}}$$

$$> \frac{1}{\varepsilon_\nu W(\varepsilon_\nu)^{\frac{\varepsilon_\nu}{2}}}, \quad \text{当 } \eta' < \frac{1}{4}.$$

取连续函数

$$\Phi(x) = \log\log b_\nu - \log\log x - \frac{1}{\varepsilon(x)W(x)^{\frac{\varepsilon(x)}{2}}},$$

易见 $\Phi(b_\nu) < 0$, 由上列不等式亦可见当 x 在 L_ν 上时 $\Phi(x) > 0$; 故 $\Phi(x) = 0$ 至少有一实根 ξ_ν 在 $[a_\nu, b_\nu]$ 内.

据此, 则可从相应于 $x_\nu = b_\nu$ 之 $(\xi_\nu, W(\xi_\nu))$ 来决定 $\varphi_\nu(x)$, 以下的 $\varphi_\nu(x)$ 指此而言. 就此, 我们来证明: $1°$ 曲线 $y = W_\nu(x)$ 上相应于 $x_\nu = b_\nu$ 之点 $(\xi_\nu, W(\xi_\nu))$ 必在曲线 $y = \varphi_\nu(x)$ 上; $2°$ 反之, $y = W_\nu(x)$ 与 $y = \varphi_\nu(x)$ 之每一交点 $(\xi'_\nu, W_\nu(\xi'_\nu))$ 必相应于 $x_\nu = b_\nu$, 即满足 (8) 式.

$1°$ 之证. 既然 $(\xi_\nu, W_\nu(\xi_\nu))$ 相应于 $x_\nu = b_\nu$, 则

$$\frac{1}{\varepsilon_\nu}\frac{1}{W(\xi_\nu)^{\frac{\varepsilon_\nu}{2}}} = \log\log b_\nu - \log\log \xi_\nu;$$

$\varphi_\nu(x)$ 又由 (7) 式令 $x_\nu = b_\nu$ 而定, 则

$$\frac{1}{\varepsilon_\nu}\frac{1}{\varphi(\xi_\nu)^{\frac{\varepsilon_\nu}{2}}} = \log\log b_\nu - \log\log \xi_\nu.$$

故得 $W(\xi_\nu) = \varphi(\xi_\nu)$，而 $(\xi_\nu, W(\xi_\nu))$ 在曲线 $y = \varphi_\nu(x)$ 上．

2°之证. 由 (7) 式令 $x_\nu = b_\nu$，则 $y = \varphi_\nu(x)$ 与 $y = W_\nu(x)$ 之每一交点 $(\xi'_\nu, W_\nu(\xi'_\nu))$ 由于 $\varphi_\nu(\xi') = W_\nu(\xi_\nu)$，应满足 (8) 式，即

$$\frac{1}{\varepsilon(\xi'_\nu)}\frac{1}{W(\xi'_\nu)^{\frac{\varepsilon(\xi'_\nu)}{2}}} = \log\log b_\nu - \log\log \xi'_\nu,$$

亦即 $(\xi'_\nu, W(\xi'_\nu))$ 相应于 $x_\nu = b_\nu$．

总结这一系列的论证，我们可以定出连续曲线 $y = \varphi_\nu(x)$（$a_\nu \leqslant x < b_\nu$）满足次列条件：

(1°) $\lim\limits_{x \uparrow b_\nu} \varphi_\nu(x) = +\infty$；

(2°) $\dfrac{1}{\varepsilon(x)}\dfrac{1}{\varphi_\nu(x)^{\frac{\varepsilon_\nu(x)}{2}}} = \log\log b_\nu - \log\log x$；

(3°) $y = W_\nu(x)$ 与 $y = \varphi_\nu(x)$ 之交点横量所成集与方程 (8)：

$$\psi(x) \equiv \frac{1}{\varepsilon}\frac{1}{W(x)^{\frac{\varepsilon}{2}}} - \log\log b_\nu + \log\log x = 0$$

之实根之集合全同，在这里，ν 当为充分大．

显然可见，方程 (8) 之实根必小于 b_ν，由于 $\psi(x)$ 连续于 $[a_\nu, b_\nu]$ 上，则此方程有最大根 λ_ν，而 $(\lambda_\nu, W_\nu(\lambda_\nu))$ 实即 $y = W_\nu(x)$ 与 $y = \varphi_\nu(x)$ 两曲线之最后交点．

据此，可以作出定理中所要求之函数型 $U(r)$．

保持前面的正交坐标轴 (Ox, Oy) 以及 $y = W_\nu(x)$ 和 $y = \varphi_\nu(x)$（相应于 $x_\nu = b_\nu$）两曲线之意义．从原曲线 $y = W(x)$ 上之点 $(a_{\nu+1}, W(a_{\nu+1}))$ 作一直线与 Ox 轴平行，此与 $y = \varphi_\nu(x)$ 必然相交于一点 $(\mu_\nu, \varphi(\mu_\nu))$．

因

$$\varphi_\nu(\mu_\nu) = W(a_{\nu+1}) \geqslant W_\nu(b_\nu) \geqslant W_\nu(\lambda_\nu) = \varphi_\nu(\lambda_\nu),$$

故必 $\mu_\nu \geqslant \lambda_\nu$．

命
$$U(r) \equiv \begin{cases} W(r), & \text{当 } a_\nu \leqslant r \leqslant \lambda_\nu, \\ \varphi_\nu(r), & \text{当 } \lambda_\nu \leqslant r \leqslant \mu_\nu, \\ \varphi_\nu(\mu_\nu), & \text{当 } \mu_\nu \leqslant r \leqslant a_{\nu+1}, \end{cases} \quad \nu = \nu_0, \nu_0+1, \cdots;$$

$U(r) = W(a_{\nu_0})$,当 $r_0 \leqslant r \leqslant a_{\nu_0}$ 时;在这里 a_{ν_0} 充分大.

现在来证明 $U(r)$ 满足定理所要求之条件.

1° 容易看出 $U(r)$ 为 $r \geqslant r_0$ 上之连续函数. $U(r)$ 不减于 $[a_\nu, \lambda_\nu]$ 上增加于 $[\lambda_\nu, \mu_\nu]$ 上,全等于 $\varphi_\nu(\mu_\nu)$ 于 $[\mu_\nu, a_{\nu+1}]$ 上,而 $\varphi_\nu(\mu_\nu) > \varphi_\nu(r)$ ($\lambda_\nu \leqslant r \leqslant \mu_\nu$). 故 $U(r)$ 为不减函数,但 $\lim\limits_{\nu \to +\infty} a_\nu = +\infty$, $\lim\limits_{r \to +\infty} W(r) = +\infty$;故 $\lim\limits_{r \to +\infty} U(r) = +\infty$.

2° $U(r) \equiv W(r)$ 于 $[a_\nu, \lambda_\nu]$ 上,$U(r) \equiv \varphi_\nu(r) > W(r)$ 于 $[\lambda_\nu, \mu_\nu]$ 上,此由 $(\lambda_\nu, \varphi_\nu(\lambda_\nu))$ 为 $y = W_\nu(x)$ 与 $y = \varphi_\nu(x)$ 之最后交点及 $\varphi_\nu(x) \uparrow +\infty$ 知其然;$U(r) \equiv \varphi_\nu(\mu_\nu) = W(a_{\nu+1}) \geqslant W(r)$ 于 $[\mu_\nu, a_{\nu+1}]$ 上,此不论 ν 为 $\nu_0, \nu_0+1, \cdots$ 无不然. 又 $r_0 \leqslant r \leqslant a_{\nu_0}$ 时 $U(r) \equiv W(a_{\nu_0}) \geqslant W(r)$. 故得 $U(r) \geqslant W(r)$.

3° $U(a_\nu) = W(a_\nu)$, $\lim\limits_{\nu \to +\infty} a_\nu = +\infty$.

以上证明了 $U(r)$ 满足 1°,2° 及 3° 三个条件.

既然 $U(r) \geqslant W(r)$,则开始时所述即已证明 $\lim U(r)^{\eta(r)} = +\infty$; 5° 得证.

4° 之证. 此最繁复,进行如次:

命 $r' = r^{1+\frac{1}{U(r)^{\epsilon(r)}}}$,就以下三种情况讨论之:(a) $\mu_{\nu-1} \leqslant r < r' < \lambda_\nu$;(b) $\mu_{\nu-1} \leqslant r < \lambda_\nu < r'$;(c) $\lambda_\nu \leqslant r < \mu_\nu$. 如果就此三者都能证明 $U(r') \leqslant U(r)^{1+\epsilon(r)}$,则 $U(r^{1+\frac{1}{U(r)^{\eta(r)}}}) \leqslant U(r)^{1+\eta(r)}$ 立可推得,此由 $0 \leqslant \epsilon(r) < \eta(r)$ 可见,但 r 须充分大. 注意 $r' < r^2$ (r 充分大时) 因 $U(r)^\epsilon \to +\infty$ 之故.

(a) 设 $\mu_{\nu-1} \leqslant r < r' < \lambda_\nu$. 在此情况,如果又有 $a_\nu \leqslant r < r' < \lambda_\nu$,则不等式 $U(r') < U(r)^{1+\epsilon(r)}$ 与不等式 $W(r') < W(r)^{1+\epsilon}$ 全同,而后者在 $[a_\nu, b_\nu]$ 上成立,当然亦在 $[a_\nu, \lambda_\nu]$ 上成立. 如果 $\mu_{\nu-1} \leqslant r < a_\nu$,

则 $U(r) \equiv W(a_\nu)$；而由 $r' < a_\nu^{1+\frac{1}{W(a_\nu)^{\epsilon(a_\nu)}}}$ 又计及 $\mu_{\nu-1} \leqslant r' < \lambda_\nu$，致 $U(r') \equiv W(r')$，则

$$U(r') \leqslant W(a_\nu^{1+\frac{1}{W(a_\nu)^{\epsilon(a_\nu)}}}) \leqslant W(a_\nu)^{1+\epsilon(a_\nu)} \leqslant U(r)^{1+\epsilon(r)}.$$

总之在此情况，必得 $U(r') \leqslant U(r)^{1+\epsilon(r)}$.

(b) 设 $\mu_{\nu-1} \leqslant r < \lambda_\nu < r'$. 在此情况，试取曲线 $y = \varphi_\nu(x)$ 来考察其分割带状域 $\lambda_\nu \leqslant x \leqslant b_\nu$ 之两部分，其一在曲线之上方，其二在曲线之下方. 命

$$A(x,y) = \frac{1}{\epsilon_\nu} \frac{1}{(W\lambda_\nu)^{\frac{\epsilon_\nu}{2}}} - \frac{1}{\epsilon} \frac{1}{y^{\frac{\epsilon}{2}}} - (\log\log x - \log\log \lambda_\nu); \quad (9)$$

$\epsilon_\nu = \epsilon(\lambda_\nu)$, $\epsilon = \epsilon(x)$. 由 $\varphi_\nu(x)$ 及 λ_ν 之定义，则

$$A(x, \varphi_\nu(x)) \equiv 0.$$

在曲线 $y = \varphi_\nu(x)$ 之上方 $y(x) > \varphi_\nu(x)$，则 $A(x,y(x)) > 0$；在其下方，$y(x) < \varphi_\nu(x)$，则 $A(x,y(x)) < 0$. 在带状域 $\lambda_\nu \leqslant x \leqslant b_\nu$ 中曲线 $y = U(x)$ 或与 $y = \varphi_\nu(x)$ 全同，或在其下方，故

$$\lambda_\nu \leqslant x < b_\nu \quad 致 \quad A(x, U(x)) \leqslant 0.$$

据此易见

$$b_\nu \leqslant x \leqslant a_{\nu+1} \text{ 亦致 } A(x, U(x)) \leqslant 0,$$

因为此时

$$U(x) = W(a_{\nu+1}) = C(\mu_\nu) \text{ 而 } x > \mu_\nu, A(\mu_\nu, U(\mu_\nu)) \leqslant 0.$$

注意 $r' < r^2$，并计及选取常间隔串时，曾有条件 $a_{\nu+1} > b_\nu^e$，则当 $a_{\nu-1} \leqslant r \leqslant b_\nu$ 时，必致 $r' \leqslant b_\nu^2 < a_{\nu+1}$. 因此，在假设(b)下，必有 $\lambda_\nu < r' < a_{\nu+1}$. 据此则在(b)之限制下，

$$A(r', U(r')) \leqslant 0. \quad (10)$$

此时我们可将 r_0 充分大的意义强化使 $r \geqslant r_0$ 致

$$\epsilon(r) < \frac{1}{4}, \quad \log W(r) > 4.$$

在 $\mu_{\nu-1} \leqslant r \leqslant \lambda_\nu$ 上，由于假设 $r > \lambda_\nu$，则

$$U(r) \geqslant W(r')^{\frac{1}{1+\epsilon}} \geqslant W(\lambda_\nu)^{\frac{1}{1+\epsilon}};$$

当 $a_\nu \leqslant r \leqslant \lambda_\nu$ 时，$U(r) = W(r)$，此不等式即由 $[a_\nu, b_\nu]$ 为常区间之性

质而得；其在 $\mu_{\nu-1} \leqslant r < a_\nu$ 时，
$$U(r) = W(a_\nu) \geqslant W(\lambda_\nu)^{\frac{1}{1+\epsilon(a_\nu)}} \geqslant W(\lambda_\nu)^{\frac{1}{1+\epsilon_\nu}}.$$

故得
$$U(r)^\epsilon \geqslant W(\lambda_\nu)^{\frac{\epsilon}{1+\epsilon}} \geqslant W(\lambda_\nu)^{\frac{\epsilon_\nu}{1+\epsilon_\nu}} \geqslant W(\lambda_\nu)^{\frac{\epsilon_\nu}{2}},$$

又得
$$\log\log r' - \log\log\lambda_\nu < \log\log r' - \log\log r$$
$$< \frac{1}{U(r)^\epsilon} \leqslant \frac{1}{W(\lambda_\nu)^{\frac{\epsilon_\nu}{2}}}. \tag{11}$$

将此不等式代入等式(9)则得
$$A(r', U(r')) > \frac{1}{\epsilon_\nu} \frac{1}{W(\lambda_\nu)^{\frac{\epsilon_\nu}{2}}} - \frac{1}{\epsilon'} \frac{1}{U(r')^{\frac{\epsilon'}{2}}} - \frac{1}{W(\lambda_\nu)^{\frac{\epsilon_\nu}{2}}}.$$

由此，据(10)则得
$$\frac{1}{\epsilon_\nu} \frac{1}{W(\lambda_\nu)^{\frac{\epsilon_\nu}{2}}} - \frac{1}{\epsilon'} \frac{1}{U(r')^{\frac{\epsilon'}{2}}} - \frac{1}{W(\lambda_\nu)^{\frac{\epsilon_\nu}{2}}} < 0;$$

从而得出
$$U(r')^{\frac{\epsilon'}{2}} < \frac{\epsilon_\nu}{\epsilon'} \frac{W(\lambda_\nu)^{\frac{\epsilon_\nu}{2}}}{1-\epsilon_\nu}. \tag{12}$$

此式需要作进一步的处理. 为此，可就 $\epsilon(x)\log x$ 为不减的性质入手. 据此及 $r' > \lambda_\nu$，则由(11)可有次式：
$$\epsilon' \geqslant \epsilon_\nu \frac{\log\lambda_\nu}{\log r'} > \epsilon_\nu e^{-\frac{1}{W(\lambda_\nu)^{\epsilon_\nu/2}}} > \epsilon_\nu e^{-\frac{\epsilon_\nu}{\log W(\lambda_\nu)}},$$

在这里，还应用了条件(C)：
$$\epsilon(r)W(r)^{\frac{\epsilon(r)}{2}} > \log W(r).$$

由此将 ϵ' 与 ϵ_ν 之不等式关系代入(12)之转式
$$U(r') < \left(\frac{\epsilon_\nu}{\epsilon'} \frac{1}{1-\epsilon_\nu}\right)^{\frac{2}{\epsilon'}} W(\lambda_\nu)^{\frac{\epsilon_\nu}{\epsilon'}}$$

中，容易得出
$$U(r') < e^4 W(\lambda_\nu).$$

据此，计及(2)之详细内容：

$U(r) = W(r)$, $W(\lambda_\nu) \leqslant W(r)^{1+\varepsilon(r)}$, 当 $a_\nu \leqslant r \leqslant \lambda_\nu$ 时；

$U(r) = W(a_\nu)$, $W(\lambda_\nu) \leqslant W(a_\nu)^{1+\varepsilon(a_\nu)}$, 当 $\mu_{\nu-1} \leqslant r \leqslant a_\nu$ 时，

并引用条件(A)，则得

$$U(r') < \begin{cases} e^4 W(r)^{1+\varepsilon} \leqslant W(r)^{1+\eta(r)} \leqslant U(r)^{1+\eta(r)}, \\ \qquad\qquad\qquad 当 a_\nu \leqslant r \leqslant \lambda_\nu 时； \\ e^4 W(a_\nu)^{1+\varepsilon(a_\nu)} \leqslant W(a_\nu)^{1+\eta(a_\nu)} \leqslant U(r)^{1+\eta(r)}, \\ \qquad\qquad\qquad 当 \mu_{\nu-1} \leqslant r < a_\nu 时. \end{cases}$$

由此可见在(b)之假设下，亦得

$$U(r') \leqslant U(r)^{1+\varepsilon(r)}, \quad r' = r^{1+\frac{1}{U(r)^{\varepsilon(r)}}}.$$

(c) 设 $\lambda_\nu \leqslant r < \mu_\nu$. 在此情况，$U(r) \equiv \varphi_\nu(r)$. 命

$$A(x,y) = \left[\frac{1}{\varepsilon}\frac{1}{\varphi_\nu(r)^{\frac{\varepsilon}{2}}} - \frac{1}{\varepsilon(x)}\frac{1}{y^{\frac{\varepsilon(x)}{2}}}\right] - (\log\log x - \log\log r),$$

前段之证法兼可施用于此，得出

$$A(r', U(r')) \leqslant 0;$$

以 $\log\log r' - \log\log r < \dfrac{1}{\varphi_\nu(r)^\varepsilon} \leqslant \dfrac{1}{\varphi_\nu(r)^{\frac{\varepsilon}{2}}}$ 代入之得出

$$U(r')^{\frac{\varepsilon'}{2}} < \frac{\varepsilon}{\varepsilon'}\frac{\varphi_\nu(r)^{\frac{\varepsilon}{2}}}{1-\varepsilon}.$$

据此，可用前法得出

$$U(r') < e^4 \varphi_\nu(r) < \varphi_\nu(r)^{1+\eta} = U(r)^{1+\eta(r)},$$

在这里，运用了下列不等式：

$$\varepsilon(r) < \eta(r) - \frac{4}{\log W(r)} \leqslant \eta(r) - \frac{4}{\log \varphi_\nu(r)}.$$

Blumenthal 氏定理 A 至此完全得证.

3. Blumenthal 氏定理 B. 设 $W(r)$ 为 $r \geqslant r_0 \geqslant 0$ 上之连续函数致 $\lim\limits_{r \to +\infty} W(r) = +\infty$ 者，则可选定无穷小 $\eta(r)$ 使必至少有一不减的正值连续函数 $U(r)$ 满足次列条件：

1° $\lim\limits_{r\to+\infty} U(r) = +\infty$;

2° 充分大之 r 必致 $W(r) \leqslant U(r)$;

3° 必至少有一串 r 之值 $\{r_n\} \to \infty$ 致 $U(r_n) = W(r_n)$;

4° 充分大之 r 必致
$$U(r^{1+\frac{1}{U(r)^\eta}}) \leqslant U(r)^{1+\eta};$$

5° $\lim\limits_{r\to+\infty} U(r)^{\eta(r)} = +\infty$.

定理中 $U(r)$ 为按照条件 1°—5° 来规则化 $W(r)$ 而得之函数,亦叫做 $W(r)$ 之 B- 函数型.

命 $W_1(r) = \max\limits_{\xi\leqslant r} W(\xi)$,则 $W_1(r)$ 为 r 之不减的正值连续函数于 $r \geqslant r_0$ 上且 $\overline{\lim\limits_{r\to+\infty}} W_1(r) = +\infty$. 对于 $W_1(r)$ 来说,可依前定理 A 选定无穷小 $\eta(r)$ 并按照该定理 1°—5° 诸条件规则化 $W_1(r)$ 为 B- 函数型 $U(r)$. 因 $W_1(r) \geqslant W(r)$,故 $U(r)$ 与 $W(r)$ 间具有本定理中 1°, 2°, 4°, 5° 诸性质至为显明,至于条件 3° 能否满足则尚待检验;此可进行如次.

假使自充分大之 r 后 $W(r)$ 常为不减,则必有 r_0' 使 $r > r_0'$ 致 $W_1(r) \equiv W(r)$,此时条件 3° 被满足无疑义.

假使 $W(r)$ 不满足前面的假设,则曲线 $y = W_1(x)$ 乃由 $y = W(x)$ 之弧与平行于 Ox 轴之直线段所组成;此等直线段之端点皆在 $y = W(x)$ 上.

据定理 A 之证法,从 $W_1(r)$ 来作出 $U(r)$,首先确定一串关于不等式
$$W_1(r^{1+\frac{1}{W_1(r)^\varepsilon}}) \leqslant W_1(r)^{1+\varepsilon}$$

之常区间 $[a_\nu, b_\nu]$ $(\nu = 1, 2, \cdots)$. 容易看见,如果构成 $y = W_1(x)$ 之直线段上有一点 P,其横量 x 在某一常区间上,则其端点必亦在常区间上,此种端点常可选为 a_ν,而此 a_ν 常致 $W(a_\nu) = U(a_\nu)$. 其常区间对应于曲线 $y = W_1(x)$ 之弧不含有上述之直线段,当全部为 $y = W(x)$ 之弧,则此常区间之左端致 $W = U$. 由此可见,常区间可选定为左端致 $W = U$ 者. 此常区间之左端如所选定而以 $+\infty$ 为极限,故有 $\{a_\nu\} \to$

$+\infty$ 致
$$U(a_\nu) = W(a_\nu).$$
$U(r)$ 可使满足条件 3° 无疑义!

Blumenthal 氏定理 B 得证.

4. $W(r)$ 为定理 B 所假定. 命 $W(r) = W_1(\rho)$, $\rho = e^r$. 应用定理 B 于 $W_1(\rho)$ 得出函数型 $U_1(\rho)$. 命 $U(r) = U_1(e^r)$, 则得次列定理:

Blumenthal 氏定理 C. 设 $W(r)$ 为 $r \geqslant r_0 \geqslant 0$ 上之连续函数致 $\varlimsup\limits_{r \to +\infty} W(r) = +\infty$ 者, 则必可选定无穷小 $\eta(r)$ 使必有不减的正值函数 $U(r)$ 满足次列条件:

1° $\lim\limits_{r \to +\infty} U(r) = +\infty$;

2° 充分大之 r 致 $U(r) \geqslant W(r)$;

3° 必至少有一串 r 之值 $\{r_n\} \to \infty$ 致 $U(r_n) = W(r_n)$;

4° 充分大之 r 致
$$U\left(r + \frac{r}{U(r)^{\eta(r)}}\right) \leqslant U(r)^{1+\eta(r)};$$

5° $\lim\limits_{r \to +\infty} U(r)^{\eta(r)} = +\infty$.

$U(r)$ 为按照条件 1°—5° 来规则化 $W(r)$ 而得之函数, 亦叫做 $W(r)$ 之 B-函数型.

在上述 Blumenthal 氏定理 A 及 B 中, 本书著者有所增益, 非复原状; 原证过简, 读者病之, 故详为剖析如上. Blumenthal 用他的定理 B 于无限级整函数论, 事在 1910 年. 著者应用定理 B 于无限级半纯函数, 事在 1934 年. 定理 C 则系著者所推出, 用于半纯函数之统一理论中, 事在 1936 年. 其后著者又运用这一类型的定理于整函数之插补法中, 于准解析函数论中, 结果迄未发表. 无可置疑的是, 这种函数型可以应用于微分方程理论、区域之测度性理论、甚至于实变量函数论中将有更广泛的应用. 可惜从事这方面工作的人却太少了. 其次, 这些定理应该可以推广到多个变量的函数上去, 但此问题却不曾为任何数学家所注目, 这也是值得惋惜的事!

Ⅱ. Valiron 氏函数型

1. 设 $\mu(r)$ 为 r 在 $r \geqslant r_0 (r_0 > e^e)$ 上之正值连续函数致
$$\varlimsup_{r \to +\infty} \mu(r) = \rho \quad (0 < \rho < +\infty)$$
且具次列性质：

1° 区间 $r \geqslant r_0$ 可分成无限或有限多个相邻小区间（每一有界区间 $[r_0, r']$ 仅含有限多个此种小区间）：
$$\Delta_i : X_i \leqslant x \leqslant X_{i+1} \quad (i=1,2,\cdots),$$
使 $\mu(x)$ 在 Δ_i 上可展成 $(x-X_i)^{\frac{1}{s_i}}$ 之幂级数，s_i 为正整数；并假定此幂级数所定义之多值解析函数以 X_{i+1} 为常点；

2° $W(r) = r^{\mu(r)}$ 为 r 之不减函数.

在这种特殊情况下，按照 Blumenthal 的方法来规则化 $W(r)$ 为另 B-函数型 $U(r)$，所得结果不够精细，因此，Valiron 采取新的方法来处理这个问题得出下列定理，事在 1914 年.

Valiron 氏定理 A. 设 $\mu(r)$ 具有上述性质，$W(r) = r^{\mu(r)}$，则必可作出连续函数 $\rho(r)$ $(r \geqslant r_0)$ 来满足次列条件：

1° $\lim\limits_{r \to +\infty} \rho(r) = \rho$；

2° 在某一组其和为 $r \geqslant r_0$ 的相邻小区间之每一小区间内，$\rho'(r)$ 存在且连续，于是这些小区间的端点则为 $\rho'(r)$ 之第一类间断点，且
$$\lim_{r \to +\infty} \rho'(r) r \log r = 0;$$

3° $\rho(r) \geqslant \mu(r)$，等式必至少在一串以 $+\infty$ 为极限之点上成立，因之
$$\varlimsup_{r \to +\infty} \frac{W(r)}{U(r)} = 1, \quad U(r) = r^{\rho(r)};$$

4° $\lim\limits_{r \to +\infty} \dfrac{rU'(r)}{U(r)} = \rho$；

5° $\lim\limits_{r \to +\infty} \dfrac{U(kr)}{U(r)} = k^\rho$，不论 k 为任何有限的正数.

据 $\mu(x)$ 所满足之条件 1°，则 $\mu(z)$ 为 (X_i, X_{i+1}) 上之多值解析函数之一支而以 X_i 为支点，故 $\mu'(z)$ 及 $F(z) = \mu'(z) \pm \dfrac{1}{z \log z \log_2 z}$ 亦同具此性质. 因此，$F(z)$ 仅可能具有有限多个零点于 $[X_i, X_{i+1}]$ 上. 由此可见，在 Δ_i 上

$$\mu'(x) \pm \frac{1}{x \log x \log_2 x}$$

仅可能具有有限多个零点. 显然，曲线 $\Gamma: y = \mu(x)$ 与下列两组平行曲线：

$$C(\lambda): y = \log_3 x + \lambda,$$
$$C'(\lambda): y = -\log_3 x + \lambda$$

之相切点在每一 Δ_i 上之投影至多不过有限个. 因此，如果相切点有无限多个，则切点在 Ox 轴上之投影以 $+\infty$ 为极限.

依照上升次序来排列 (Γ) 与 $C(\lambda)$ 之切点在 Ox 轴上之投影与各 Δ_i 之端点，重合之点仅算一次，得：

$$X_1', X_2', X_3', \cdots.$$

如此的一串点为无限的，则 $X_n' \to +\infty$. 由这些点所分成之小区间以 Δ_i' 表之.

依照上升次序来排列 (Γ) 与 $C'(x)$ 之切点在 Ox 轴上之投影与各 Δ_i 之端点，重合之点仅算一次，得：

$$X_1'', X_2'', X_3'', \cdots.$$

如此的一串点为无限的，则 $X_n'' \to +\infty$. 由这些点所分成之小区间以 Δ_i'' 表之.

命

$$y_{1,n}(x) \equiv \begin{cases} 0, & \text{当 } x > X_n', \\ \mu(X_n') + \log_3 x - \log_3 X_n', & \text{当 } r_0 \leqslant x \leqslant X_n'; \end{cases}$$

$$y_{2,n}(x) \equiv \begin{cases} 0, & \text{当 } r_0 \leqslant x < X_n'', \\ \mu(X_n'') + \log_3 X_n'' - \log_3 x, & \text{当 } x \geqslant X_n''. \end{cases}$$

设 β_1 为致 $0 < \beta_1 < \rho$ 之任一常数. 用 C_n 及 C_n' 依次表出曲线 $y = y_{1,n}(x)$ 及曲线 $y = y_{2,n}(x)$，用 D 表示直线 $y = \beta_1$.

注意这样的性质：任二曲线 C_n 及 C_m ($n<m$) 如果有一交点其纵量不为 0，则 C_n 上纵量不为 0 之弧全在 C_m 上；C_n 与 C'_m 之交点其纵量不为 0 者数不过 1；D 与 C_n 及 C'_n 两者之交点为数均不过 1.

因 $\varlimsup\limits_{r\to+\infty}\mu(r)=\rho$，则 $\mu(r)$ 为有界（计及 $\mu(r)\geqslant 0$）。所以已给 x，则当 n 充分大时，即当 $n\geqslant n_0(x)$ 时

$$\mu(X'_n)+\log_3 x-\log_3 X'_n < 任何一已给数.$$

取此已给数为 $y_{1,1}(x)$，则在 $n<n_0(x)$ 时 $y_{1,n}(x)$ 之最大值即为所有 $y_{1,n}(x)$ 之最大值，此最大值以 $Y_1(x)$ 表之。同理，已给 x，则所有 $y_{2,n}(x)$ 之最大值存在，此以 $Y_2(x)$ 表之。

由前面的注意，$Y_1(x)=y_{1,p}(x)$ 在一点 $x\in\Delta'_i$ 势必对应于 Δ_i 的每一曲线

$$y=y_{1,j}(x)\quad(j\neq p),$$

若不与曲线 $y=y_{1,p}(x)$ 相重即在其下，而 $x\in\Delta'_i$ 必致 $Y_1(x)\equiv y_{1,p}(x)$。总之，在每一相邻区间 $[X'_i,X'_{i+1}]$ 上 $Y_1(x)$ 与某一 $y_{1,p}(x)$ 全等，区间不同，p 亦不必同。因此 $Y_1(x)$ 连续于每一 $[X'_i,X'_{i+1}]$ 上，但就区间 $x\geqslant r_0$ 来说，$Y_1(x)$ 可能以 X'_i 为第一类间断点，且

$$Y_1(X'_i-0)=\mu(X'_i).$$

同样，$Y_2(x)$ 连续于每一区间 $[X''_i,X''_{i+1}]$ 上而与某一 $y_{2,q}(x)$ 全同，其在整个区间 $x\geqslant r_0$ 上则可能以 X''_i 为第一类间断点，且

$$Y_2(X''_i+0)=\mu(X''_i).$$

命

$$\rho(x)=\max(\mu(x),Y_1(x),Y_2(x),\beta_1).$$

如 $\rho(x)$ 不与 $\mu(x)$ 全同于充分接近 $+\infty$ 之区间内，则必互与 $\mu(x)$ 及 $Y_1(x),Y_2(x),\beta_1$ 全同于相邻区间上，$\rho(x)$ 在 $Y_1(x),Y_2(x)$ 之连续点上连续，无可疑。如果 x' 为 $Y_1(x)$ 或 $Y_2(x)$ 之间断点，而 $\rho(x')=\max(\mu(x'),\beta_1)$，则 x' 为 $\rho(x)$ 之连续点亦无可议。假使 x' 为 $Y_1(x)$（或 $Y_2(x)$）之间断点，即是 x' 为 X'_i（或 X''_i）之形，而又 $\rho(X'_i)=Y_1(X'_i)=\mu(X'_i)$（或 $\rho(X''_i)=Y_2(X''_i)=\mu(X''_i)$），则必有一含 X'_i（或 X''_i）之区间 $[\alpha_i,\beta_i]$ 使在 $[\alpha_i,X'_i],[X'_i,\beta_i]$ 上（或 $[\alpha_i,X''_i],[X''_i,\beta_i]$ 上）$\rho(x)$ 与 $Y_1(x),Y_2(x),\mu(x),\beta$ 四者之一全同；故此时 $\rho(x)$ 亦连续于

X_i' 及 X_i'' 上. 总之,$\rho(x)$ 为 $x \geqslant r_0$ 上之连续函数. $\rho(x)$ 既互与 $\mu(x)$,$Y_1(x),Y(x),\beta$ 函数全同于相邻区间上,则除此等区间之端点与 X_i',$X_i''(i=1,2,\cdots)$ 外,$\rho'(x)$ 当为连续,且在 $\rho'(x)$ 之间断点上,$\rho'(x+0)$ 与 $\rho'(x+0)$ 均应存在. 因此 $\rho'(x)$ 连续于相邻闭区间上.

假设在某一区间上 $\rho(x)$ 与 $Y_1(x),Y_2(x)$ 及 β 之一全同,则必

$$\rho'(x) = \begin{cases} \pm \dfrac{1}{x \log x \log_2 x}, \\ 0. \end{cases} \tag{1}$$

在 $\rho'(x)$ 之间断点上,则以 $\rho'(x+0)$ 或 $\rho'(x-0)$ 代替 $\rho'(x)$.

假设在某区间 (S) 上,$\rho(x) \equiv \mu(x)$,则必

$$\rho'(x) - \frac{1}{x \log x \log_2 x} \leqslant 0, \quad \rho'(x) + \frac{1}{x \log x \log_2 x} \geqslant 0.$$

理由是这样的:考察函数(注意,因 $r_0 \geqslant e^e$,故所有 $\log_3 x \geqslant 0$!)

$$\varphi(x) \equiv \rho(x) - \log_3 x \equiv \mu(x) - \log_3 x.$$

假使 $\varphi'(x) > 0$ 于某一区间 $(S_1) \subset (S)$ 上,则可扩大 (S_1) 甚至超出 (S) 而成为最大的区间 (S_1') 使其右端为 X,在 (S_1') 内保持 $\varphi'(x) > 0$.

如果 X 为有限,势必 $\varphi'(x) = 0$,于是 X 必须为某一 X_i. 这时 $\varphi(x)$ 于 (S_1') 上为增加的,而有 $\varphi(X_i') > \varphi(x)$,即

$$\mu(x) < \mu(X_i') - \log_3 X_i' + \log_3 x, \quad x \in (S_1) \subset (S_i').$$

但 $x \in (S_1)$ 致 $\rho(x) \equiv \mu(x)$,故亦致 $\mu(x) \geqslant \mu(X_i') - \log_3 X_i' + \log_3 x$,矛盾.

如果 $X = +\infty$,则固定 $x \in (S_1)$ 可取 x' 充分大使

$$\mu(x') - \log_3 x' + \log_3 x < 0,$$

这样从 $\varphi(x') > \varphi(x)$ 即得

$$\mu(x) < \mu(x') - \log_3 x' + \log_3 x < 0.$$

但 $\mu(x) \geqslant 0$,矛盾.

由此可见,$\varphi'(x)$ 在 (S) 上之每一连续点不能为正,否则将在 (S) 的一小区间上为正,此与前述结果相反. 在 $\varphi'(x)$ 之间断点上则前述论证仍为正确,如果用 $\varphi'(x+0)$ 或 $\varphi'(x-0)$ 来代替 $\varphi'(x)$ 的话. 故得如下的判断:

$\rho(x) \equiv \mu(x)$ 于某一区间 (S) 上，必致
$$\rho(x) - \frac{1}{x \log x \log_2 x} \leqslant 0, \quad x \in (S). \tag{2}$$
同理可证
$$\rho(x) + \frac{1}{x \log x \log_2 x} \geqslant 0, \quad x \in (S). \tag{3}$$
唯需注意在 $\rho(x)$ 之间断点上当以 $\rho(x+0)$ 或 $\rho(x-0)$ 来代替 (2),(3) 两式之 $\rho(x)$.

由 (1),(2) 两式则可立见：每一致 $\rho(x) \equiv \mu(x)$ 之区间必致
$$|\rho'(x) x \log x \log_2 x| \leqslant 1 \quad (\rho'(x) \text{ 在其间断点上应以}$$
$$\rho'(x+0) \text{ 或 } \rho'(x-0) \text{ 代替之}). \tag{4}$$
由 (1) 则 (4) 式虽在一般仍然成立．因此得出
$$\lim_{r \to +\infty} \rho'(r) r \log r = 0,$$
式中 $\rho'(r)$ 在其间断点上当以 $\rho'(r+0)$ 或 $\rho'(r-0)$ 代替之．条件 2° 获证．

由 $\rho(r)$ 之定义，则不等式 $\rho(r) \geqslant \mu(r)$ 成立，不待证而明．现在来证明等式 $\rho(r) = \mu(r)$ 必至少在一串以 $+\infty$ 为极限的 r 上成立. a) 当 r 充分大时，$\rho(r) \equiv \mu(r)$，在此情形不证自明；b) 如前设非是，即当 r 充分大时，$\rho(r) \not\equiv \mu(r)$；在此情形，由 $\overline{\lim} \rho(r) = \rho > \beta_1$ 则必有一串以 $+\infty$ 为极限之区间使在其内，
$$\rho(r) = \max[\mu(r), Y_1(r), Y_2(r)].$$
由此亦易看出上述判断之正确．

由 $\rho(r)$ 之定义，容易看出
$$\overline{\lim_{r \to +\infty}} \rho(r) = \rho.$$
由此则必有一串 $\{r_n\} \to +\infty$ 致 $\lim_{n \to +\infty} \rho(r_n) = \rho$. 如果
$$\underline{\lim} \rho(r) = \beta < \rho,$$
取 β' 致 $\beta < \beta' < \rho$，则由前述知在一串 (E) 以 $+\infty$ 为极限之 r 上致 $\rho(r) = \mu(r) \geqslant \beta'$. 选取一增加数串 $\{\beta_i\} \uparrow \rho$. (E) 上致 $\rho(r) = \mu(r) \geqslant \beta_i$ 之最小值以 x_{β_i} 表之，则
$$x_{\beta_i} < x_{\beta_{i+1}}, \quad \lim_{i \to +\infty} x_{\beta_i} = +\infty.$$

命 $\rho_1(x) = \max(\rho(r), \beta_i)$，当 $r \in [x_{\beta_i}, x_{\beta_{i+1}}]$ 时 $(i = 1, 2, \cdots)$，则
$$\lim_{r \to +\infty} \rho_1(r) = \rho.$$
这样我们得到次列论断：如果上述所作 $\rho(r)$ 不能满足条件 $1°$，则可以 $\rho_1(x)$ 代替 $\rho(x)$，此一 $\rho_1(r)$ 满足 $\rho(r)$ 之 $2°$，$3°$ 两性质且更具有条件 $1°$.

总之，我们可以作 $\rho(r)$ 满足 $1°$，$2°$，$3°$ 诸条件，以下 $\rho(r)$ 乃是满足 $1°$，$2°$，$3°$ 之新的 $\rho(r)$，亦即定理中之 $\rho(r)$. 就此，容易证明条件 $4°$，$5°$ 皆被满足.

从
$$U'(r) = \left(\rho'(r)\log r + \frac{\rho(r)}{r}\right)U(r)$$
得出
$$r\frac{U'(r)}{U(r)} = \rho'(r)r\log r + \rho(r),$$
故
$$\lim_{r \to +\infty} r\frac{U'(r)}{U(r)} = \lim_{r \to +\infty} \rho'(r)r\log r + \lim_{r \to +\infty} \rho(r) = \rho.$$
此由 $1°$，$2°$ 两条件可见，得条件 $4°$ 之证.

现在来证明条件 $5°$ 亦为 $\rho(r)$ 所满足：
$$\lim_{r \to +\infty} \frac{U(kr)}{U(r)} = k^\rho. \tag{5}$$
当 $k = 1$ 时此式显然成立，当 $k < 1$ 时条件 (5) 式之成立可自 (5) 成立于 $k > 1$ 推得：命 $kr = r_1$，则 $r = \frac{1}{k}r_1$，则

$$\lim_{r \to +\infty} \frac{U(kr)}{U(r)} = \lim_{r_1 \to +\infty} \frac{U(r_1)}{U\left(\frac{1}{k}r_1\right)} = \frac{1}{\lim_{r_1 \to +\infty} \frac{U\left(\frac{1}{k}r_1\right)}{U(r_1)}} = \frac{1}{\left(\frac{1}{k}\right)^\rho} = k^\rho.$$
$$\tag{6}$$

故仅须证当 $k > 1$ 时 (5) 式成立. 就 $k > 1$，命 $K = \log k$，$r = e^x$，$U(r) = e^{xw(x)}$，$w(x) = \rho(e^x)$，则 (5) 式与次式同时成立：
$$\lim_{x \to +\infty} [(K+x)w(x+K) - xw(x)] = \rho K.$$

但
$$\lim_{x\to+\infty}[(K+x)w(x+K)-xw(x)]$$
$$=\lim_{x\to+\infty}\int_x^{x+K}(xw(x))'\,\mathrm{d}x$$
$$=\lim_{x\to+\infty}\int_x^{x+K}xw'(x)\,\mathrm{d}x+K\rho,$$

由 2° 则有 $\lim_{x\to+\infty}x\cdot w'(x)=0$；故
$$\int_x^{x+K}xw'(x)\,\mathrm{d}x=0.$$

(6) 式得证，而 $\rho(r)$ 满足条件 5°. 定理至此证完.

Valiron 应用这个定理于有限正级整函数中，事在 1914 年；其后复应用于半纯函数论中，事在 1932 年. 本书著者加强定理之条件 1°（原作以 $\overline{\lim}_{r\to+\infty}\rho(r)=\rho$，$\underline{\lim}_{r\to+\infty}\rho(r)=\beta<\rho$ 为条件 1°）并添加了条件 4° 与条件 5° 而为现今之形式，并应用之于正级半纯函数论中，事在 1938 年. 很明显的是：这个定理的应用，尚可强化 В. Л. Гончаров 在正有限级整函数的插补法所作的优秀成果.

2. 然而前节定理中，在 $\mu(r)$ 的性质里却引入了解析性，效用究有限制. 1937 年 Valiron 复推广此结果于 $\mu(r)$ 仅仅为正值连续函数时，而且证法亦相当简化. 但是他仅用很短的篇幅说明了证法的大概. 据此本书著者乃得详为推证，事在 1940 年. 这个新的推广形式如次：

Valiron 氏定理 B. 设 $\mu(r)$ 为 $r\geqslant r_0(r_0\geqslant e^e)$ 上之正值连续函数致 $W(r)=r^{\mu(r)}$ 为不减的且致 $\overline{\lim}_{r\to+\infty}\mu(r)=\rho$ $(0<\rho<+\infty)$，则必可作出正值连续函数 $\rho(r)$ 具次列各性质：

1° $\lim_{r\to+\infty}\rho(r)=\rho$；

2° 在相邻闭区间（端点 $\to+\infty$）上 $\rho(r)$ 之微商 $\rho'(r)$ 为连续，在 $r\geqslant r_0$ 之间断点（即各区间之端点）上 $\rho'(r+0)$ 及 $\rho'(r-0)$ 存在，且
$$\lim_{r\to+\infty}\rho'(r)r\log r=0;$$

3° $\varlimsup\limits_{r\to+\infty} \dfrac{W(r)}{U(r)} = 1, \quad U(r) = r^{\rho(r)};$

4° $\lim\limits_{r\to+\infty} \dfrac{rU'(r)}{U(r)} = \rho;$

5° $\lim\limits_{r\to+\infty} \dfrac{U(kr)}{U(r)} = k^\rho$, k 为有限.

命 $r_1 > 25$, 定 r_p 使

$$W(r_p) = \left(1+\frac{1}{p}\right)W(r_{p-1}) \quad (p=2,3,\cdots). \tag{1}$$

由此计及 $W(r)$ 为不减的, 可见 $r_p > r_{p-1}$. 迭次施用(1)式, 可得

$$W(r_p) = \left(1+\frac{1}{p}\right)\left(1+\frac{1}{p-1}\right)\cdots\left(1+\frac{1}{2}\right)W(r_1).$$

但 $\prod\limits_{p=2}^{+\infty}\left(1+\dfrac{1}{p}\right)$ 为发散的, 故得

$$\lim\limits_{p\to+\infty} W(r_p) = +\infty.$$

据此, 非有 $\lim\limits_{p\to+\infty} r_p = +\infty$ 不可. 故 $\{r_p\}\uparrow +\infty$.

其次由 $W(r)$ 之不减性, 则

$$r_{p-1} \leqslant r \leqslant r_p \tag{2}$$

致

$$W(r_{p-1}) \leqslant W(r) \leqslant W(r_p) = \left(1+\frac{1}{p}\right)W(r_{p-1}). \tag{3}$$

由(1)及(2), 得出

$$\frac{\log W(r_{p-1})}{\log r_p} \leqslant \frac{\log W(r)}{\log r} \leqslant \frac{\log W(r_p)}{\log r_{p-1}} = \frac{\log\left(1+\frac{1}{p}\right)}{\log r_{p-1}} + \frac{\log W(r_{p-1})}{\log r_{p-1}}.$$

此即

$$\mu(r_{p-1})\frac{\log r_{p-1}}{\log r_p} \leqslant \mu(r) \leqslant \mu(r_{p-1}) + \frac{\log\left(1+\frac{1}{p}\right)}{\log r_{p-1}} \quad (r_{p-1}\leqslant r\leqslant r_p).$$

故得

$$\varlimsup\limits_{r\to+\infty} \mu(r) \leqslant \varlimsup\limits_{p\to+\infty} \mu(r_{p-1}) = \varlimsup\limits_{p\to+\infty} \mu(r_p).$$

但

$$\varlimsup_{p\to+\infty}\mu(r_p)\leqslant \varlimsup_{r\to+\infty}\mu(r),$$

故得

$$\varlimsup_{r\to+\infty}\mu(r)=\varlimsup_{p\to+\infty}\mu(r_p)=\rho.$$

因此必有 $\{r_p\}$ 之一串 $\{r_{r_i}\}$ 致

1° $\lim\limits_{i\to+\infty} r_{r_i}=+\infty$;   2° $\lim\limits_{i\to+\infty}\mu(r_{r_i})=\rho$.

命

$$y_q(x)=\begin{cases}\mu(r_q)+\log_3 x-\log_3 r_q, & \text{如 } x\leqslant r_q,\\ 0, & \text{如 } x>r_q;\end{cases}$$

$$Y_q(x)=\begin{cases}0, & \text{如 } x<r_q,\\ \mu(r_q)-\log_3 x+\log_3 r_q, & \text{如 } x\geqslant r_q.\end{cases}$$

固定每一 x, $\{y_q(x)\}$ 必有最大值, 此最大值为某一 $y_{q_1}(x)$; $\{Y_{q_2}(x)\}$ 亦必有最大值, 此最大值为某一 $Y_{q_2}(x)$, 在这里, $q_i=q_i(x)$ $(i=1,2)$. 令 $R(x)=\max(y_{q_1}(x),Y_{q_2}(x))$, 与前定理之证法一样, 容易看到 $R(x)$ 在一串相邻区间 Δ_i: $[r_{\lambda_i},r_{\lambda_{i+1}}]$ $(i=1,2,\cdots)$ $(r_{\lambda_i}\to+\infty)$ 上具有如次之性质: 一般 $[r_{\lambda_i},r_{\lambda_{i+1}}]$ 可分为 $[r_{\lambda_i},\beta]$ 及 $[\beta,r_{\lambda_{i+1}}]$ 二区间. 在 $[r_{\lambda_i},\beta]$ 上, $R(x)\equiv Y_{\lambda_i}(x)$; 在 $[\beta,r_{\lambda_{i+1}}]$ 上, $R(x)\equiv y_{\lambda_{i+1}}(x)$; 但 β 可能不存在, 此时在 $[r_{\lambda_i},r_{\lambda_{i+1}}]$ 上, $R(x)\equiv Y_{\lambda_i}(x)$ 或 $y_{\lambda_{i+1}}(x)$. 由此可见, $R(x)$ 为 x 之连续函数, 而且

$$R(r_{\lambda_i})=\mu(r_{\lambda_i}) \quad (i=1,2,\cdots).$$

据此, 如果 $\{r_{\lambda_i}\}$ 及 $\{r_{r_i}\}$ 有一公共的无限串 $\{r_{\mu_i}\}$, 则由 $R(r_{\mu_i})=\mu(r_{\mu_i})$, 应得

$$\lim_{i\to+\infty} R(r_{\mu_i})=\lim\mu(r_{\mu_i})=\rho.$$

如果前面的假设不成立, 则 $\{r_{r_i}\}$ 必分在 $\Delta_i(i=1,2,\cdots)$ 之内, 除了有限多个能与端点相重者外; 每一 Δ_i 含有限多个 r_{r_i}. 设

$$\Delta_{\delta_1},\Delta_{\delta_2},\cdots,\Delta_{\delta_s},\cdots \quad (\delta_s\uparrow+\infty)$$

尽含 $\{r_{r_i}\}$ 之元, 则必有 $\{r_i\}$ 之某一子串 $\{s_i\}$ 致

$$\mu(r_{t_i})>\mu(r_{s_i}), \quad t_i=\lambda_{\delta_i+1}.$$

由此可见

第一章 函数的规则化

$$\lim_{i\to+\infty} \mu(r_{t_i}) \geqslant \lim_{i\to+\infty} \mu(r_{s_i}) = \rho.$$

但

$$\varlimsup_{i\to+\infty} \mu(r_{t_i}) \leqslant \rho,$$

故

$$\lim_{i\to+\infty} R(r_{t_i}) = \lim_{i\to+\infty} \mu(r_{t_i}) = \rho.$$

总之，$\{r_{\lambda_i}\}$ 必至少有一子串 $\{r_{t_i}\}$ 存在致

$$R(r_{t_i}) = \mu(r_{t_i}) \quad (i=1,2,\cdots),$$
$$\lim_{i\to+\infty} \mu(r_{t_i}) = \rho.$$

由上述 $R(x)$ 的结构，知 Δ_i 可分为三小区间，在每一小区间内 $R'(x)$ 必存在，在其端点上 $R'(x+0)$ 及 $R'(x-0)$ 均存在. 不论 $R'(x), R'(x-0)$ 或 $R'(x+0)$ 都不出下列三个形式之一：

$$\frac{1}{x\log x \log_2 x}, \quad 0, \quad -\frac{1}{x\log x \log_2 x}.$$

注意，任一与 Ox 平行而不与之相重之直线必至多与曲线 $y=y_p(x)$ 及 $y=Y_q(x)$ 相交于一点.

设 $\sigma(x)$ 定义于 $x \geqslant r_{\lambda_1}$ 上使 $x\in\Delta_i$ 致 $\sigma(x)=\beta_i (i=1,2,\cdots)$，在这里，$\beta_i < \mu(r_{\lambda_i}), \beta_{i-1} < \beta_i$ 且 $\lim_{i\to+\infty}\beta_i = \rho$.

命

$$\rho(x) = \max(\sigma(x), R(x)),$$

则 $y=\rho(x)$ 在 Δ_i 上由 $y=R(x)$ 与 $y=\beta_i$ 之弧作成，故连续函数 $\rho(x)$ 的微商 $\rho'(x)$ 在相邻闭区间上连续，在其各端点上 $\rho'(x+0)$ 及 $\rho'(x-0)$ 均存在，不论 $\rho'(x), \rho'(x+0)$ 或 $\rho'(x-0)$ 必具次列三形式之一：

$$\pm\frac{1}{x\log x\log_2 x}, 0.$$

故得

$$\lim_{x\to+\infty} x\log x\, \rho'(x) = 0.$$

由 $R(x)$ 之结构，则得

$$\varlimsup_{x\to+\infty} R(x) \leqslant \rho, \quad \lim_{x\to+\infty} \sigma(x) = \rho;$$

故

$$\varlimsup_{x\to+\infty}\rho(x)\leqslant\rho.$$

又由 $\rho(x)\geqslant\sigma(x)$,则
$$\varliminf_{x\to+\infty}\rho(x)\geqslant\lim_{x\to+\infty}\sigma(x)=\rho.$$

故
$$\lim_{x\to+\infty}\rho(x)=\rho.$$

命 $U(r)=r^{\rho(r)}$,则由前面所述
$$\mu(r_p)\leqslant R(r_p) \quad (p=1,2,\cdots).$$

于是应得
$$\mu(r_p)\leqslant\rho(r_p) \quad (p=1,2,\cdots),$$

因之
$$W(r_{p-1})\leqslant W(r)\leqslant\left(1+\frac{1}{p}\right)W(r_{p-1})\leqslant\left(1+\frac{1}{p}\right)U(r_{p-1})$$
$$(r_{p-1}\leqslant r\leqslant r_p, \, p=1,2,\cdots). \tag{4}$$

从
$$U'(r)=\frac{\rho'(r)\log r+\rho(r)}{r}U(r),$$

则
$$\lim_{r\to+\infty}\frac{rU'(r)}{U(r)}=\rho>0.$$

故当 r 充分大时,必致 $U'(r)>0$; $U(r)$ 为增加的函数.

由此则 $r_{p-1}\leqslant r$ (p 为充分大) 致
$$U(r)\geqslant U(r_{p-1}).$$

据此代入(4)式,则得
$$\frac{W(r)}{U(r)}\leqslant 1+\frac{1}{p} \quad (r_{n-1}\leqslant r\leqslant r_p),$$

因之
$$\varlimsup_{r\to+\infty}\frac{W(r)}{U(r)}\leqslant 1.$$

但前面已证 $U(r_{t_i})=W(r_{t_i})$ ($i=1,2,\cdots$; $r_{t_i}\to+\infty$),故
$$\varlimsup_{r\to+\infty}\frac{W(r)}{U(r)}\geqslant 1.$$

最后得出
$$\varlimsup_{r\to+\infty}\frac{W(r)}{U(r)}=1.$$

总结上述，则 $1°,2°,3°,4°$ 诸条件得证，条件 $5°$ 完全照前定理之证可证.

Valiron 氏定理 B 证完. 此定理在半纯函数论中与定理 A 有同等作用.

3. Valiron 氏定理 C. 设 $Y(x)$ 为 x 在 $x\geqslant x_0$ 上之连续的不减的正值凸函数，致

$$\varlimsup_{x\to+\infty}\frac{Y(x)}{x}=+\infty, \tag{1}$$

$$\lim_{x\to+\infty}\frac{\log Y(x)}{x}=0, \tag{2}$$

则可作出同一区间上之连续函数 $W(x)\geqslant Y(x)$ 且致 $W'(x)$ 为 $x>x_1$ 内之不减的正值连续函数，并具次列性质：

$$\frac{1}{2}W(x_n)<Y(x_n)\quad(n=1,2,\cdots,\ x_{n+1}>x_n,\ x_n\to+\infty). \tag{3}$$

$$\frac{W'(x)}{W(x)}\text{ 为不增函数且 }\lim_{x\to+\infty}\frac{W'(x)}{W(x)}=0, \tag{4}$$

在这里，$W(x)$ 为按照(3),(4)及连续的不减的条件来规则化 $Y(x)$ 而得之函数型.

命 x_1 为大于 x_0 之任一数. 定出 $x_n(n=1,2,\cdots)$ 使

$$Y(x_n)=2Y(x_{n-1})\quad(n=2,3,\cdots). \tag{5}$$

由(1)与(5)，则有

$$\lim_{x\to+\infty}Y(x)=+\infty,\quad Y(x_n)=2^{n-1}Y(x_1).$$

故

$$\lim_{n\to+\infty}Y(x_n)=+\infty,$$

随之

$$\lim_{n\to+\infty}x_n=+\infty.$$

现在可以应用 Newton 氏多边形方法来进行. 取正交位标轴 Ox 及

Oy. 描 $A_n:\{x_n,\log Y(x_n)\}$ $(n=1,2,\cdots)$ 于平面上. 以 O 为定点旋转半线 Oy, 向 $\overrightarrow{Ox}$ 首次与 A_n 接触,则其他的 A_n 不在 $\overrightarrow{OA_{n_1}}$ 上便在此线之右下方,在这里 A_{n_1} 为 $\overrightarrow{OA_{n_1}}$ 上指标最大的. 以 A_{n_1} 为定点,则以 A_{n_1} 为始点与 $\overrightarrow{Oy}$ 平行之半线在直线 OA_{n_1} 之左上方,旋转此半线向 $\overrightarrow{Ox}$ 使首次与某些 A_n 接触其中指标之最大者为 A_{n_2},则 A_{n_2} 必在直线 OA_{n_1} 之右下方. 又固定 A_{n_2} 将以 A_{n_2} 为始点与 $\overrightarrow{Oy}$ 平行之半线向 $\overrightarrow{Ox}$ 旋转使首次与某些 A_n 接触,其中具最大之指标者为 A_{n_3},则 A_{n_3} 在直线 $A_{n_1}A_{n_2}$ 之右下方. 继续下去,则得关于 A_n 而凸向 Oy 轴之 Newton 多边形 (π),以 $O,A_{n_1},A_{n_2},\cdots,A_{n_i},\cdots$ 为顶点. 由于条件 (2) 之限制,此多边形可以作出. 由于 (1) 之限制,此多边形上纵量为横量之不减的函数,以 $\log S(x)$ 表之. (π) 之方程则可表为

$$y = \log S(x), \quad 0 \leqslant x < +\infty.$$

容易看见,所有的 (A_n) 不在 (π) 上便在 (π) 之右下方,而且在 (π) 之每一边上仅有有限多个点存在. 因此得出

$$Y(x_n) \leqslant S(x_n), \tag{6}$$

等式至少在 (x_{n_i}) 上成立,可能尚有其他. 容易看见,(π) 之各边 $\overline{OA_{n_1}}, \overline{A_{n_1}A_{n_2}}, \cdots, \overline{A_{n_{i-1}}A_{n_i}}, \cdots$ 之斜度排成减少的数串,而以 0 为极限:

$$\alpha_1, \alpha_2, \cdots, \alpha_i, \cdots \downarrow 0.$$

从 x_n 之定义及 $S(x)$ 之不减性,则

$$x_{n-1} < x < x_n$$

致

$$Y(x) < 2Y(x_{n-1}) \leqslant 2S(x_{n-1}) \leqslant 2S(x) \quad (n=1,2,\cdots).$$

故得

$$x > x_1$$

致

$$Y(x) < 2S(x). \tag{7}$$

与 (π) 对应之曲线 $(S): y = S(x)$ 由一段一段的弧形 $\Phi_p: y = \lambda_p e^{\alpha_p x}$ 所组成,$\{\alpha_p\} \downarrow 0$. Φ_p 对应于 $\overline{x_{n_p} x_{n_{p+1}}}$.

由 (7) 计及 (1) 式,立见

$$\lim_{x \to +\infty} \frac{S(x)}{x} = +\infty. \tag{8}$$

从直接计算可以立刻证出每两个弧 Φ_p 及 Φ_q 必有唯一之公切线. 作 Φ_1 与 $\Phi_p(p=1,2,\cdots)$ 之公切线, 取其斜度之最小者设为 Φ_1 与 Φ_{q_2} 之公切线, 依(8)此最小斜度存在, 因之最小斜度之公切线存在. 以公切线在二切点间之一段代替(S)在此二切点间之弧. 又自 Φ_{q_2} 始对 Φ_p ($p > q_2$) 作公切线取其斜度之最小者为 Φ_{q_3}, 以此二切点间之公切线段代替(S)在此二切点间之弧. 依此继续进行至无限次, 则(S)得出一曲线(W^*): $y = W^*(x)$. 命 $W(x) = 2W^*(x)$, 则曲线(W): $y = W(x)$ 可以代替 $y = 2S(x)$, 在这里, $W(x)$ 当为凸向 Oy 轴之函数, 且为不大于 $2S(x)$ 之最大的凸函数. 但 $Y(x)$ 为 x 不大于 $2S(x)$ 的凸函数, 故得

$$Y(x) \leqslant W(x).$$

由前所述

$$Y(x_{n_i}) = S(x)_{n_i} \quad (i=1,2,\cdots),$$

而 $2S(x) \geqslant W(x)$, 故得:

$$Y(x_{n_i}) \geqslant \frac{W(x_{n_i})}{2} \quad (i=1,2,\cdots).$$

曲线 $y = \frac{1}{2}W(x)$ 由 Φ_p 之弧与其切线交错而成. 在 Φ_p 弧上则有

$$W'(x) = \alpha_p W(x),$$

在 Φ_p 之切线上得

$$W'(x) = \alpha_p W(x^{(p)}) \quad (x^{(p)} \text{为切点之横量}).$$

由此可见 $W'(x)$ 连续于 $x \geqslant x_1$ 上. 但 $W(x)$ 为凸函数, 故 $W'(x)$ 为不减的; 但由 $\{\alpha_p\} \downarrow 0$, 则得:

$$\lim_{x \to +\infty} \frac{W'(x)}{W(x)} = 0.$$

这样定出的 $W(x)$ 显然已证其满足定理中所要求之条件.

定理 C 至此证完. Valiron 用此定理于零级半纯函数, 事在 1935 年. 本书作者用此定理于正规化的无限级之构造, 事在 1939 年. 在这种理论中还需要引用次列的性质:

(A) 如果 x 充分大，且 $W(x') = 2W(x)$，则
$$W'(x') < 2W(x);$$
(B) 每一定数 $h > 1$ 必致（当 x 充分大时）
$$\frac{W(x+\log h)}{W(x)} < K(h);$$
$$\frac{W'(x+\log h)}{W'(x)} < K(h).$$

这两个性质的证明，非常简单；我们可以这样地进行：

从 $\lim\limits_{x \to +\infty} Y(x) = +\infty$ 及 $W(x) \geqslant Y(x)$，则 $\lim\limits_{x \to +\infty} W(x) = +\infty$. 又 $W(x)$ 为不减的，故如 x 充分大，x' 可使大于任何已给正数. 据此依 (4) 则得

$$\frac{W'(x')}{W(x')} < 1,$$

此与上等式合得出

$$W'(x') < 2W(x).$$

性质 (A) 证完.

从

$$\log W(x+\log h) - \log W(x) = \log h \frac{W'(x+\varepsilon \log h)}{W(x+\varepsilon \log h)}$$
$$< \log h k_1(h)$$

应得

$$\frac{W(x+\log h)}{W(x)} < k(h).$$

又从

$$W'(x) = \eta(x)W(x), \quad \eta(x) \downarrow 0 \text{ 当 } x \uparrow +\infty \text{ 时},$$

则

$$W'(x+\log h) = \eta(x+\log h)W(x+\log h)$$
$$< K(h)\eta(x+\log h)W(x)$$
$$< K(h)\frac{\eta(x+\log h)}{\eta(x)}W'(x)$$
$$< K(h)W'(x).$$

性质(B) 证完.

4. 在附加的条件下，Valiron 氏定理 C 尚可精确化为：

Valiron 氏定理 D. 设 $Y(x)$ 为 x 在 $x \geqslant x_0$ 上之连续的不减的正值凸函数致次列条件者：

$$\lim_{x \to +\infty} \frac{Y(x)}{x} = +\infty,$$

$$\lim \frac{\log Y(x)}{x} = 0,$$

$$\overline{\lim} \frac{Y(x)}{x^2} = +\infty,$$

则必可规则化 $Y(x)$ 为函数型 $W(x)$，致 $W'(x)$ 为 $x > x_1$ 内之不减的正值的连续函数并具次列性质：

1° $\overline{\lim} \dfrac{Y(x)}{W(x)} = 1$, $\lim \dfrac{W(x)}{x^2} = +\infty$；

2° $\dfrac{W(x+\log h)}{W(x)} < K(h)$ （对每一常数 $h > 1$）；

3° $\dfrac{W'(x+\log h)}{W'(x)} < K(h)$ （对每一常数 $h > 1$）.

命 $\lambda(x) = x^2$，以 $S^1(x)$ 表示关于点串

$$A_n : (x_n, \log Y(x_n)) \quad (n = 1, 2, \cdots)$$

之 Newton 氏多边形所表之函数；以 $S_p(x)$ 表示关于点串

$$B_n : (x_n, \log[p\lambda(x_n)]) \quad (n = 1, 2, \cdots)$$

之 Newton 氏多边形所表之函数，在这里 x_n 依照次式而定义：

$$Y(x_n) = 2Y(x_{n-1}) \quad (n = 2, 3, \cdots; x_1 \text{ 为} \geqslant x_0 \text{ 之任一数}).$$

若 $S^1(x)$ 自某一 x 值后常大于 $S_1(x)$，则命 $S^2(x) = S^1(x)$；在相反的情况下，则以 $S^2(x)$ 表示同时大于或等于 $S^1(x)$ 及 $S_1(x)$ 的最小的向上凸函数. ($S^1(x)$ 及 $S_p(x)$ 均依前节的向上凸的 Newton 氏多边形而定.)

如果 $S^2(x)$ 恰好大于或等于 $S_2(x)$ (x 自某一值开始)，则命 $S^3(x) = S^2(x)$；在相反的情况下，设 x' 致 $S^2(x') = S_2(x')$ 并设同时

有一最大的 $x_{n_0} < x'$ 致 $S^2(x_{n_0}) > S_2(x)$，则对 $x \leqslant x_{n_0}$ 命 $S^3(x) = S_2(x)$ 而对 $x > x_{n_0}$ 则命 $S^3(x)$ 表示大于或等于 $S^2(x)$ 之最小的向上凸函数. 准此继续进行, 则得一向上凸函数 $S(x)$. 命 $s(x) = e^{S(x)}$, 则
$$s(x_n) = Y(x_n), \quad \{x_n\} \to +\infty,$$
$$s(x) \geqslant Y(x),$$
$$s(x_n) \geqslant p\lambda(x_n), \text{不论 } p \text{ 为如何大之正整数}, n > n(p).$$

凸向于负 x 轴而小于 $2s(x)$ 之最大的函数仍然大于或等于 $Y(x)$；于 $x > x_1$ 时；在 x_n 上则小于或等于 $2Y(x_n)$；且在 x 之某值后仍然大于或等于 $p\lambda(x)$. 命此函数为 $W_1(x)$, 得出
$$\frac{1}{2} \leqslant \tau = \lim_{x \to +\infty} \frac{Y(x)}{W_1(x)} \leqslant 1, \quad \lim_{x \to +\infty} \frac{W_1(x)}{\lambda(x)} = +\infty.$$

命 $W(x) = \tau W_1(x)$, 则得
$$\lim_{x \to +\infty} \frac{Y(x)}{W(x)} = 1, \quad \lim_{x \to +\infty} \frac{W(x)}{\lambda(x)} = +\infty.$$

其余性质可仿照前节所述方法证实之.

Ⅲ. 熊氏函数型

本节将据 Valiron 的方法来证明熊氏函数型之存在, 这个方法的大纲刊布在 1938 年. 本书作者依此大纲详为推证, 其目的在于探求推广这些结果的道路, 事在 1939 年与 1940 年间. 熊庆来氏函数型由其本人作出, 目的在无限级整函数与半纯函数之处理, 其事开始在 1933 年至 1935 年, 全证的刊布则在 1935 年. 但是由熊氏函数型所能获致之结果无一不可以用 Blumenthal 氏函数型得出, 此本书作者虽在 1935 年间亦已洞见.

1. 熊氏定理. 设 $\mu(r)$ 为 r 在 $r \geqslant r_0$ 上之连续的正值的函数致如次性质者：1° $\overline{\lim_{r \to +\infty}} \mu(r) = +\infty$；2° $W(r) = r^{\mu(r)}$ 为 r 之不减的函数. 设 $\chi(t)$ 为 t 在 $t \geqslant 1$ 上之减少的正值的函数, 致
$$\int_1^{+\infty} \chi(t) dt < +\infty,$$

且致
$$\chi(t) < \frac{A}{t} \quad (t > t_0)$$
者，则必可作一不减的正值的连续函数 $\rho(r)$ 满足次列条件：

$1°$ $\quad\lim\limits_{r \to +\infty} \rho(r) = +\infty;$ \hfill (1)

$2°$ $\quad\overline{\lim\limits_{r \to +\infty}} \dfrac{W(r)}{U(r)} = 1;$

$3°$ $\quad U[r + \omega(U(r))] < e^{\tau}U(r) \quad (\tau \text{ 为一正数}),$ \hfill (2)

在这里 $U(r) = r^{\rho(r)}$, $\omega(x) = \chi(\log x)$.

取 $h(x)$ 为一连续函数致在每一区间 $x_{n-1} \leqslant x \leqslant x_n$ 上此函数为线性的；x_n 与 $h(x)$ 由次式决定之：
$$x_0 = 0, \quad x_1 = \chi(1), \quad h(x_0) = 1;$$
$$x_n = x_{n-1} + \chi[h(x_{n-2})], \quad h(x_n) = h(x_{n-1}) + \frac{1}{2}\tau,$$
在这里，τ 为一已给之正数. 容易看见 $h(x)$ 为 x 之增加的凸函数，其存在区间为 $0 \leqslant x < X$, 且 $\lim\limits_{x \to X} h(x) = +\infty$. X 之存在尚须证实之如次：从
$$\begin{aligned}
x_n &= x_{n-1} + \chi[h(x_{n-2})] = x_1 + \sum_{j=0}^{n-2} \chi[h(x_j)] \\
&= x_1 + \chi(1) + \frac{2}{\tau}\sum_{j=1}^{n-2} \chi[h(x_j)][h(x_j) - h(x_{j-1})] \\
&< x_1 + \chi(1) + \frac{2}{\tau}\int_0^{+\infty} \chi(t)\,dt < +\infty
\end{aligned}$$
推知 $\{x_n\}$ 为有界，因此这一增加串必以一定数 X 为极限，此即其上确界. 故
$$\lim_{n \to +\infty}\{x_n\} = X \quad (X > x_n, \; n = 0, 1, 2, \cdots).$$
容易看见，$0 \leqslant x < X$ 致
$$h(x + \chi[h(x)]) < h(x) + \tau. \tag{3}$$
取适当的 n 使 $x_{n-1} \leqslant x \leqslant x_n$, 则

$$h(x+\chi[h(x)]) \leqslant h(x_n + \chi[h(x_{n-1})]) \leqslant h(x_n) + \frac{\tau}{2};$$

但

$$h(x_n) = h(x_{n-1}) + \frac{\tau}{2} \leqslant h(x) + \frac{\tau}{2},$$

故得(3)式.

命 $\lambda(y)$ 为 $y = h(x)$ 之反函数.

定出 $\{r_p\}$ 致

$$W(r_p) = \left(1 + \frac{1}{p}\right) W(r_{p-1}).$$

则必 $W(r_p) \to +\infty$；因此 $r_p \to +\infty$，此由 $W(r)$ 为不减的连续函数可见.

取

$$V(r) \geqslant \log r, \quad \text{如 } r > e;$$
$$V(r) \geqslant 1, \quad \text{如 } r \leqslant e.$$

当 r 充分大时，命

$$V(r) \equiv \max[y_p(r), Y_p(r)] \quad (p = p_0, p_0 = 1, \cdots) \tag{4}$$
$$(\text{设 } \log W(r_{p_0}) > 1),$$

在这里

$$y_p(r) \equiv \mu(r_p) \log r, \quad \text{如 } r_p \leqslant r;$$
$$Y_p(r) \equiv h(r - r_p + \lambda[\log W(r_p)]), \quad \text{如 } r_p - \lambda[\log W(r_p)] \leqslant r \leqslant r_p.$$

取正交坐标轴 Ox, Oy，则在 $r_p \leqslant x < +\infty$ 上之曲线 $y = y_p(x)$ 为凸向 Oy 轴之凸曲线；在 $r_p - \lambda[\log W(r_p)] \leqslant x \leqslant r_p$ 上所定出之曲线为凸向 Ox 轴之凸曲线. 因 $y_p(r_p) = Y_p(r_p)$，故 $y_p(r)$ 与 $Y_p(r)$ 合成一在 $(r_p - \lambda[\log W(r_p)], +\infty)$ 上之连续曲线. 又易见曲线 $y = y_p(x)$ 如不全在曲线 $y = y_q(x)$ $(q < p)$ 上，则必不与之相交；曲线 $y = Y_p(x)$ 与 $y = Y_q(x)$ $(q < p)$ 之相互关系殆亦类似，即二者在一公共区间上或全同或不相交. $y = y_q(x)$ 及 $y = Y_{q'}(x)$ 最多不过有两个交点，因为直线 $y = x - r_p + \lambda[\log W(r_p)]$ 与上升曲线 $y = \lambda(\mu(r_{q'}) \log x)$ 最多仅能有一交点. 在这里 q 或与 q' 相等或不相等. 由以上所述各几何性质，计及 $r_p \to +\infty$ 并默认(4)式中对于每一 r 的值

如某些 $Y_p(r)$，$y_p(r)$ 没有定义，则这些就可在 max 中不加提及；则 $V(r)$ 显然完全决定，且曲线 $y=V(x)$ 必为 $y=y_p(x)$，$y=Y_q(x)$ 这些曲线之弧所组成，且有限距离内最多不过有限多个弧；更具体地说是这样的：$y=y_{p_1}(x)$ 之弧 y_{p_1} 之后接着 $y=Y_{p_2}(x)$ 之弧 Y_{p_2}，接着是 $y=y_{p_2}(x)$ 之弧 y_{p_2} …… 在这里
$$p_1<p_2<p_3<\cdots<p_n<\cdots.$$
因此 $V(r)$ 为不减的函数. 当 $y=V(x)$ 与 y_{p_i} 相重时，则
$$\frac{V(r)}{\log r}=\frac{\log W(r_{p_i})}{\log r_{p_i}}=\mu(r_{p_i});$$
当 $y=V(x)$ 与 Y_{p_i} 相重时，则 $\frac{V(r)}{\log r}$ 为增加的；故 $\frac{V(r)}{\log r}$ 为不减的函数.

命
$$U(r)=r^{\rho(r)}=\mathrm{e}^{V(r)},$$
此为 r 之不减函数，且 $\rho(r)=\frac{V(r)}{\log r}$ 当 r 充分大时为不减函数.

由 $V(r)$ 之作法，则
$$\frac{V(r_p)}{\log r_p}\geqslant \mu(r_p),$$
故
$$U(r_p)\geqslant W(r_p),\tag{5}$$
在这里，等式在 $p=p_1,p_2,\cdots,p_i,\cdots$ 上成立，故
$$\rho(r_{p_i})=\mu(r_{p_i}),\quad U(r_{p_i})=W(r_{p_i}).\tag{6}$$
从
$$W(r_p)\leqslant W(r)\leqslant W(r_p)\left(1+\frac{1}{p+1}\right)$$
$$\leqslant \left(1+\frac{1}{p+1}\right)U(r_p)$$
$$\leqslant \left(1+\frac{1}{p+1}\right)U(r),$$
立见
$$\varlimsup_{r\to+\infty}\frac{W(r)}{U(r)}\leqslant 1,$$

由(6)则此等式成立. 故得
$$\varlimsup_{r\to+\infty}\frac{W(r)}{U(r)}=1. \tag{7}$$

依据(7), 则
$$W(r)=(1+\varepsilon(r))U(r) \quad (\varepsilon(r)\to 0, \varepsilon(r)>0),$$
得出
$$\mu(r)\leqslant\frac{\log(1+\varepsilon(r))}{\log r}+\rho(r).$$

但由 $\varlimsup\limits_{r\to+\infty}\mu(r)=+\infty$, 则必有 $\{R_n\}\to+\infty$ 致
$$\lim_{n\to+\infty}\mu(R_n)=+\infty,$$
故得
$$\lim_{n\to+\infty}\rho(R_n)=+\infty;$$

但 $\rho(r)$ 为不减的, 故应得出
$$\lim_{r\to+\infty}\rho(r)=+\infty.$$

以上我们已证 $\rho(r)$ 满足定理所要求之条件 1° 及 2°, 现在来证明它满足条件 3°:
$$U(r+\omega[U(r)])<e^r U(r), \quad \omega(x)=\chi(\log x).$$

保留前面 $\{r_{p_j}\}$ 的定义.

注意次列各性质:

1° $\lambda[\log W(x)]<X$;

2° 当 r 充分大时必致 $\lambda[\log W(r)]>X-\delta$, 在这里, δ 为已给任何正数, X 的意义同前.

对于每一 p_j, 取区间
$$I_{p_j}: r_{p_j}-\lambda[\log W(r_{p_j})]\leqslant r\leqslant r_{p_j}-\lambda[\log W(r_{p_j})]+X,$$
它的端点在 r_{p_j} 之右方, 此由上列性质 1° 可见.

曲线
$$y=h(x-r_{p_j}+\lambda[\log W(r_{p_j})]), \quad x\in I_{p_j} \tag{8}$$

由曲线 $y=h(x)$ ($0\leqslant x\leqslant X$) 循 Ox 之方向平行迁移而得, $h(x)$ 为不减的, 故曲线(8)在曲线 $y=h(x)$ 之右下方.

第一章 函数的规则化

I. 设 $[r, V(r)]$ 为 Y_{p_j} 上之一点，则有

$$r_{p_j} - \lambda[\log W(r_{p_j})] \leqslant r \leqslant r_{p_j},$$
$$V(r) = h(\bar{r}),$$
$$\bar{r} = r - r_{p_j} + \lambda[\log W(r_{p_j})],$$
$$r + \omega[U(r)] = r + \chi[V(r)] = r + \chi[h(\bar{r})]$$
$$= \bar{r} + \chi[h(\bar{r})] + r_{p_j} - \lambda[\log W(r_{p_j})]$$
$$< r_{p_j} - \lambda[\log W(r_{p_j})] + X,$$

故

$$V(r + \omega[U(r)]) \leqslant h(\bar{r} + \chi[h(\bar{r})])$$
$$< h(\bar{r}) + \tau = V(r) + \tau.$$

II. 设 $[r, V(r)]$ 为 y_{p_j} 上之一点且设 $r < r_{p_{j+1}} - \lambda[\log W(r_{p_{j+1}})]$，则可分两情形立论：$1°$ $[r+\chi[V(r)], V(r+\chi[V(r)])]$ 为 y_{p_j} 之点；$2°$ $[r+\chi[V(r)], V(r+\chi[V(r)])]$ 为 $Y_{p_{j+1}}$ 之点. 当 r_{p_j} 为充分大时，由假设中之不等式立得：$r+\chi[V(r)] < r_{p_{j+1}}$；故唯此两情形为可能.

就 $1°$ 而论，则

$$V(r) = \frac{\log r}{\log r_{p_j}} \log W(r_{p_j}),$$
$$V(r + \chi[V(r)]) = \frac{\log(r + \chi[V(r)])}{\log r_{p_j}} \log W(r_{p_j}),$$

计及 $\chi(t) < \dfrac{A}{t}$（t 充分大时），应有

$$V(r + \chi[V(r)]) < V(r) + A \frac{1+\delta}{rV(r)} \frac{\log W(r_{p_j})}{\log r_{p_j}} \quad (r_{p_j} > r'_0, \delta > 0)$$
$$< V(r) + \frac{(1+\delta)A}{r \log r}$$
$$< V(r) + \tau \quad (r_{p_j} > r'_0 \text{ 时}).$$

就 $2°$ 而论，则当 r_{p_j} 充分大时，

$$V(r) = \frac{\log r}{\log r_{p_j}} \log W(r_{p_j}) > h(0) = 1,$$
$$V(r + \chi[V(r)]) = h(r + \chi[V(r)] - r_{p_{j+1}} + \lambda[\log W(r_{p_{j+1}})]);$$

但
$$r + \chi[V(r)] - r_{p_{j+1}} + \lambda[\log W(r_{p_{j+1}})]$$
$$< r_{p_{j+1}} - \lambda[\log W(r_{p_{j+1}})] + \chi[h(0)]$$
$$- r_{p_{j+1}} + \lambda[\log W(r_{p_{j+1}})]$$
$$= \chi[h(0)],$$

故得
$$V(r + \chi[V(r)]) < h(\chi[h(0)]) < h(0) + \tau$$
$$< V(r) + \tau.$$

Ⅲ. 设$[r, V(r)]$为y_{p_j}上之一点，且设$r \geqslant r_{p_{j+1}} - \lambda[\log W(r_{p_{j+1}})]$，此时
$$V(r) > h(r - r_{p_{j+1}} + \lambda[\log W(r_{p_{j+1}})]),$$

则
$$r + \chi[V(r)] < r + \chi[h(r - r_{p_{j+1}} + \lambda[\log W(r_{p_{j+1}})])]$$
$$< X + r_{p_{j+1}} - \lambda[\log W(r_{p_{j+1}})].$$

兹分两种情形立论：1° 设$[r+\chi[V(r)], V(r+\chi[V(r)])]$为$y_{p_j}$上之点；2° 设$[r+\chi[V(r)], V(r+\chi[V(r)])]$为$Y_{p_{j+1}}$上之点.

就 1° 来说，此与(Ⅱ,1°)所证相同，得出
$$V(r+\chi[V(r)]) < V(r) + \tau.$$

就 2° 来说，亦得
$$V(r+\chi[V(r)]) < h(r - r_{p_{j+1}} + \lambda[\log W(r_{p_{j+1}})]$$
$$+ \chi[h\{r - r_{p_{j+1}} + \lambda[\log W(r_{p_{j+1}})]\}])$$
$$< h(r - r_{p_{j+1}} + \lambda[\log W(r_{p_{j+1}})]) + \tau$$
$$< V(r) + \tau.$$

总结上述，则当r充分大时，必致
$$V(r+\chi[V(r)]) < V(r) + \tau;$$

故得条件 3° 之证：
$$U(r+\omega[U(r)]) < e^{\tau} U(r).$$

定理证完.

Ⅳ. 推广函数型

1. 设 τ 为已给之正数，$\chi(t)$ 为 $t \geqslant 1$ 上之减少的连续函数致
$$\int_e^{+\infty} \chi(\log t)\, dt < +\infty \text{ 且 } \chi(t) < \frac{A}{e^x} \quad (x > x_0)$$
者. 用 $h(x)$ 表示 x 之连续函数，而为线性函数于一串之区间 $x_{n-1} \leqslant x \leqslant x_n (n=1,2,3,\cdots)$ 上者，在这里，我们假定有如下的条件：
$$x_0 = 0, \quad x_1 = \chi(h(x_0)), \ h(x_0) \text{ 为充分大之正数};$$
$$x_n = x_{n-1} + \chi[h(x_{n-2})], \quad e^{h(x_n)} = e^{h(x_{n-1})} + \frac{1}{2}\tau$$
$$(n=1,2,3,\cdots).$$

这个条件显然唯一地决定了 $h(x)$.

(E) 适当选择 $\chi(t)$ 及 $h(x_0)$ 使
$$I_n = \frac{h(x_n) - h(x_{n-1})}{x_n - x_{n-1}} = \frac{\log\left[1 + \frac{1}{2}\tau e^{-h(x_{n-1})}\right]}{\chi[h(x_{n-2})]}$$
$$= \frac{\log\left[1 + \frac{1}{2}\tau\left(e^{h(x_{n-2})} + \frac{1}{2}\tau\right)^{-1}\right]}{\chi[h(x_{n-2})]}$$

为增加的，则 $h(x)$ 当为 x 之凸函数. 例如，命
$$\chi(t) = \frac{1}{t^{1+\varepsilon} e^t} \quad (\varepsilon > 0),$$

则上列 I_n 化为次形：
$$I_n = h(x_{n-2})^{1+\varepsilon} e^{h(x_{n-2})} \log\left[1 + \frac{1}{2}\tau\left(e^{h(x_{n-2})} + \frac{1}{2}\tau\right)^{-1}\right]. \quad (1)$$

现在来探索下列函数的性质：
$$I(t) = t^{1+\varepsilon} e^t \log\left(1 + \frac{\frac{1}{2}\tau}{e^t + \frac{1}{2}\tau}\right).$$

求其对 t 之微商，则得

$$I'(t) = [(1+\varepsilon)t^\varepsilon e^t + t^{1+\varepsilon} e^t]\log\left[1 + \frac{\frac{1}{2}\tau}{e^t + \frac{1}{2}\tau}\right]$$

$$- t^{1+\varepsilon} e^t \frac{1}{e^t + \tau} \frac{\frac{1}{2}\tau e^t}{e^t + \frac{1}{2}\tau}.$$

要决定 $I'(t)$ 之为正值，可决定次式具正值：

$$P(t) = \log\left[1 + \frac{\frac{1}{2}\tau}{e^t + \frac{1}{2}\tau}\right] - \frac{\frac{1}{2}\tau e^t}{(e^t + \tau)\left(e^t + \frac{1}{2}\tau\right)}$$

$$= \log(1+S) - S\frac{1-S}{1+S} \quad \left\{S = \frac{\frac{1}{2}\tau}{e^t + \frac{1}{2}\tau}, S < 1\right\}$$

$$= S\left[\left(1+\frac{1}{2}\right)S - \left(1+\frac{2}{3}\right)S^2 + \cdots\right.$$

$$\left. + (-1)^{n-1}\left(1+\frac{n-1}{n}\right)S^n + \cdots\right]$$

$$= S\left[S\left\{\left(1+\frac{1}{2}\right) - \left(1+\frac{2}{3}\right)S\right\} + \cdots\right.$$

$$\left. + S^{2n-1}\left\{\left(1+\frac{2n-1}{2n}\right) - \left(1+\frac{2n}{2n+1}\right)S\right\} + \cdots\right].$$

故如

$$S < \frac{1 + \frac{2n-1}{2n}}{1 + \frac{2n}{2n+1}} \quad (n=1,2,\cdots),$$

则 $P(t) > 0$. 但

$$\frac{1 + \frac{2n-1}{2n}}{1 + \frac{2n}{2n+1}} = 1 - \frac{1}{8n^2 + 2n} \quad (n=1,2,\cdots).$$

故此诸值之最小者为 $1-\frac{1}{10}=\frac{9}{10}$. 因此 $S<\frac{9}{10}$, 则 $P(t)>0$.

$S<\frac{9}{10}$ 又与 $e^t>\frac{1}{18}\tau$ 相应, 故若 $e^t>\frac{1}{18}\tau$, 则 $P(t)>0$, 因之 $I'(t)>0$.

由此可见, 如选 $\tau<18, h(x_0)=1$, 则必致 $I_n>0$. 但若选 $\tau>18$, 则当选 $h(x_0)<\log\frac{\tau}{18}$ 方能获致 $I_n>0$. 总之不论 τ 为如何小正数, 当 $h(x_0)$ 充分大时恒致 $I_n>0$, 而 $h(x)$ 为 x 之增加凸函数, 此就 $\chi(t)=\frac{1}{t^{1+\varepsilon}e^t}$ 而论. 以下单就 $\chi(t)=\frac{1}{t^{1+\varepsilon}e^t}$ 来进行讨论.

设
$$x_n = x_{n-1} + \chi[h(x_{n-2})]$$
$$= x_1 + \sum_{j=0}^{n-2}\chi[h(x_j)]$$
$$= x_1 + \chi[h(x_0)] + \frac{2}{\tau}\sum_{j=1}^{n-2}\chi[h(x_j)](e^{h(x_j)}-e^{h(x_{j-1})}),$$

此式右端之和号管领之项小于
$$\int_{e^{h(x_0)}}^{+\infty}\chi(\log t)dt,$$

故增加的数串 $\{x_n\}$ 为有界, 则必 $\lim_{n\to+\infty}x_n=X$ $(0<X<+\infty)$. 容易看见
$$\lim_{x\to X}h(x)=+\infty.$$

设 $x_{n-1}\leqslant x\leqslant x_n$, 则
$$e^{h(x+\chi[h(x)])}\leqslant e^{h(x_n+\chi[h(x_n)])}\leqslant e^{h(x_0)}+\frac{\tau}{2}.$$

但
$$e^{h(x_n)}=e^{h(x_{n-1})}+\frac{\tau}{2}\leqslant e^{h(x)}+\frac{\tau}{2},$$

故得

(A) $\quad x_{n-1}\leqslant x\leqslant x_n$ 致 $e^{h(x+\chi[h(x)])}\leqslant e^{h(x)}+\tau.$

2. 现在我们来证明：

定理 A. 设 $W(x)$ 为 $r \geqslant \rho_0 (\geqslant 0)$ 上之不减的连续函数致
$$\varlimsup_{r \to +\infty} \frac{\log_2 W(r)}{\log r} = +\infty.$$
已给任何正数 τ，选定 $\chi(t)$ 致前节之条件 (E)，则必可作出一不减的连续函数 $\theta(r)$ ($r \geqslant r_0$) 致次列条件：

$1°\quad \lim\limits_{r \to +\infty} \theta(r) = +\infty$；

$2°\quad$ 令 $U(r) = r^{r^{\theta(r)}} = r^{\rho(r)}$，则必有一串 $\{R_n\} \to +\infty$ 致 $W(R_n) = U(R_n)$，且
$$\varlimsup_{r \to +\infty} \frac{W(r)}{U(r)} = 1;$$

$3°\quad U(r + \chi[\log_2 U(r)]) < e^\tau U(r)$.

取 $h(x)$ 如前节所定. 命 $\lambda(y)$ 为 $y = h(x)$ 之反函数，则
$$\lim_{y \to +\infty} \lambda(y) = X \quad (X \text{ 同前节所定}).$$
固定 $r_0 > 0$，定出 $r_1, r_2, \cdots, r_p, \cdots$ 致
$$W(r_p) = \left(1 + \frac{1}{p}\right) W(r_{p-1}),$$
则必 r_p 为增加的数串以 $+\infty$ 为极限，又必 $\lim\limits_{p \to +\infty} W(r_p) = +\infty$.

取
$$\begin{aligned} V(r) &\geqslant 1, & \text{如 } r \leqslant e; \\ V(r) &\geqslant \log r, & \text{如 } r > e; \end{aligned}$$
当 r 充分大时
$$V(r) = \max[y_p(r), Y_p(r) \ (p = p_0, p_0 + 1, \cdots)]$$
$$(\text{设 } \log_2 W(r_{p_0}) > h(x_0)),$$
在这里
$$y_p(r) \equiv \frac{\log_2 W(r_p)}{\log r_p} \log r, \quad \text{如 } r_p \leqslant r;$$
$$Y_p(r) \equiv h(r - r_p + \lambda[\log_2 W(r_p)]),$$
$$\text{如 } r_p - \lambda[\log_2 W(r_p)] \leqslant r \leqslant r_p.$$

取正交坐标轴 (Ox, Oy)，则在区间 $x \geqslant r_p$ 上所定之曲线 $y = y_p(x)$ 为凸向 Oy 轴之凸曲线，在区间 $r_p - \lambda[\log_2 W(r_p)] \leqslant x \leqslant r_p$ 上所定之曲线 $y = Y_p(x)$ 为凸向 Ox 之凸曲线. 又 $y_p(r_p) = Y_p(r_p)$, 故此两曲线联合成一在区间 $x \geqslant r_p - \lambda[\log_2 W(r_p)]$ 上之连续曲线 Γ_p. 容易看见，曲线 $y = y_p(x)$ 如不全在 $y = y_q(x)$ $(p < q)$ 上，则必不与之相交. 曲线 $y = Y_p(x)$ 及 $y = Y_q(x)$ $(p \neq q)$ 之关系也是如此. 曲线 $y = y_p(x)$ 与 $y = Y_{p'}(x)$ $(p \geqslant p_0, p' \geqslant p_0)$ 至多有一交点.

由此可见，当 x 充分大时，曲线 $y = V(x)$ 为 $y = y_p(x)$ 与 $y = Y_p(x)$ 之弧交织而成；计及 $r_p \to +\infty$, 则有限距离仅仅有有限多个弧. 于是，组成 $y = V(x)$ 所表之曲线 $\overline{V}$ 由 $y = y_{p_1}(x)$ 之弧 $\overline{y}_{p_1}$ 始（或以 $\overline{Y}_{p_1}$ 始），继之以 $y = Y_{p_2}(x)$ 之弧 $\overline{Y}_{p_2}$, 继之以 $y = y_{p_2}(x)$ 之弧 $\overline{y}_{p_2}$, 又继之以 $y = Y_{p_3}(x)$ 之弧 $\overline{Y}_{p_3}$ …… 故可依次以符号表之：

$$\overline{V} = \overline{y}_{p_1} + \overline{Y}_{p_2} + \overline{y}_{p_2} + \overline{Y}_{p_3} + \overline{y}_{p_3} + \cdots$$

或

$$\overline{V} = \overline{Y}_{p_1} + \overline{y}_{p_1} + \overline{Y}_{p_2} + \overline{y}_{p_2} + \cdots,$$

在这里

$$p_1 < p_2 < \cdots < p_i < p_{i+1} < \cdots.$$

但由此构造与 $V(r)$ 的意义，易见

$$\frac{\log_2 W(r_{p_i})}{\log r_{p_i}} \leqslant \frac{\log_2 W(r_{p_{i+1}})}{\log r_{p_{i+1}}}.$$

据此计及 $y_p(x)$ 与 $Y_p(x)$ 皆为增加的函数，故 $V(r)$ 为增加的函数.

当 r 充分大时，$\dfrac{V(r)}{\log r}$ 必为不减的函数，因为在 $\overline{V}$ 之 $\overline{y}_{p_i}$ 弧上，$\dfrac{V(r)}{\log r} = \log_2 W(p_i)$; 在 $\overline{V}$ 之 $\overline{Y}_{p_i}$ 弧上，$\dfrac{V(r)}{\log r}$ 为增加的. 根据 $\dfrac{V(r)}{\log r} = \dfrac{V(r)}{r} \cdot \dfrac{r}{\log r}$ 并计及 $\overline{Y}_{p_i}$ 之增加性及凸向 Ox 轴性看出 $\dfrac{V(r)}{r}$ 为增的；当 $\log r \geqslant 1$ 时，$\dfrac{r}{\log r}$ 亦为增加的，于是看出这一事实.

命

$$U(r) = r^{r^{\theta(r)}} = e^{e^{V(r)}},$$

则
$$\theta(r) = \frac{V(r)}{\log r} - \frac{\log_2 r}{\log r}$$
当 r 充分大时，为不减的函数．

由 $V(r)$ 之定义，则
$$U(r_p) \geqslant W(r_p) \quad (p = 1, 2, \cdots);$$
等式在 $p = p_i (i = 1, 2, \cdots)$ 时成立．$\theta(r)$ 既为不减，于 r 充分大时，$U(r)$ 为增加的；故 $r_p \leqslant r \leqslant r_{p+1}$ 致
$$W(r_p) \leqslant W(r) \leqslant \left(1 + \frac{1}{p+1}\right) W(r_p)$$
$$\leqslant \left(1 + \frac{1}{p+1}\right) U(r_p)$$
$$\leqslant \left(1 + \frac{1}{p+1}\right) U(r),$$
故
$$\varlimsup_{r \to +\infty} \frac{W(r)}{U(r)} \leqslant 1.$$
但 $W(r_{p_i}) = U(r_{p_i})$，故此中等式成立，得出
$$\varlimsup_{r \to +\infty} \frac{W(r)}{U(r)} = 1. \quad (\text{此证 } 2° \text{ 满足}) \tag{1}$$
由此，则对 $\varepsilon > 0$ 必有 r_0' 使 $r > r_0'$ 致
$$W(r) < (1 + \varepsilon) U(r);$$
由此则
$$\frac{\log_2 W(r)}{\log r} \leqslant \frac{\log_2 U(r)}{\log r} + \frac{\log(1 + \log(1 + \varepsilon))}{\log r},$$
故
$$\frac{\log_2 W(r)}{\log r} \leqslant \theta(r) + \frac{\log_2 r}{\log r} + \frac{\log(1 + \log(1 + \varepsilon))}{\log r}.$$
而有
$$\varlimsup_{r \to +\infty} \frac{\log_2 W(r)}{\log r} \leqslant \varlimsup_{r \to +\infty} \theta(r).$$

但由假设此式左端为 $+\infty$, 故得
$$\varlimsup_{r\to+\infty}\theta(r)=+\infty.$$
但 $\theta(r)$ 为增加的函数,故此等式即意味着下式:
$$\lim_{r\to+\infty}\theta(r)=+\infty.$$
条件 1° 至此证完.

最后需要证明条件 3° 亦被满足(作者原证欠妥,次列证法为崔建瑞所修正):即 r 充分大时,必有
$$U(r+\chi[\log_2 U(r)])<e^\tau U(r).$$
此式与次式:
$$e^{V(r+\chi[V(r)])}<\tau+e^{V(r)}$$
同时成立. 如果令
$$W_1(r)=\log W(r),$$
则 $e^{V(r)}$ 与 $W_1(r)$ 之关系正与熊氏函数型中之 $V(r)$ 与 $W(r)$ 之关系相似. 本定理之 $\chi(t)$ 致
$$\int^\infty \chi(\log t)dt<+\infty,$$
$$\chi(\log t)<\frac{A}{t}\quad(0<A<+\infty),$$
故 $\chi(\tau)<\dfrac{A}{e^\tau}<\dfrac{A}{\tau}$. $\chi(t)$ 既为减少的,则 $\chi(t)<\chi(\log t)$,
$$\int^\infty \chi(t)dt<\int^\infty \chi(\log t)dt<+\infty.$$
此正与熊氏定理中所要求之 $\chi(t)$ 相应. 不但如此,而且
$$x_n=x_{n-1}+\chi[h(x_{n-2})]$$
致
$$e^{h(x_n)}=e^{h(x_{n-1})}+\frac{1}{2}\tau;$$
据此,次式可依从前所用的方法得出之:
$$e^{h(x+\chi[h(x)])}<e^{h(x)}+\tau.$$
因此,熊氏函数型证法中所须之条件,此处均具有之,应得

$$e^{V(r+\chi[V(r)])} < e^{V(r)} + \tau^{1)} \quad (r \text{ 充分大时}).$$

定理 A 至此证完.

3. 定理 B. 设 $W(r)$ 为 $r \geqslant r_0'(\geqslant 0)$ 上之不减的连续函数,且致函数 $\theta(r) = \dfrac{\log_2 W(r)}{\log r}$ 具有 Valiron 氏定理 A 或 B 之性质,而

---

1) 此时,熊氏函数型的类似不等式都能得到.

Ⅰ. $[r, V(r)]$ 为 $\overline{Y}_{p_j}$ 上之点,有 $r_{p_j} - \lambda[\log_2 W(r_{p_j})] \leqslant r \leqslant r_{p_j}$,

$$h(\bar{r}) = V(r), \quad \bar{r} = r - r_{p_j} + \lambda[\log_2 W(r_{p_j})],$$

$$r + \chi[V(r)] = r + \chi[h(\bar{r})]$$
$$= \bar{r} + \chi[h(\bar{r})] + r_{p_j} - \lambda[\log_2 W(r_{p_j})]$$

$$e^{V(r+\chi[V(r)])} = e^{h(\bar{r}+\chi[h(\bar{r})])} < e^{h(\bar{r})} + \tau = e^{V(r)} + \tau.$$

Ⅱ. 设 $[r, V(r)]$ 为 $\bar{y}_{p_j}$ 上之点. $r < r_{p_{j+1}} - \lambda[\log_2 W(r_{p_{j+1}})]$ 分两情形兹论其一:

1° $[r + \chi[V(r)], V(r + \chi[V(r)])]$ 为 $\overline{Y}_{p_{j+1}}$ 上之点. 有

$$e^{V(r)} = e^{\log r \cdot \frac{\log_2 W(r_{p_j})}{\log r_{p_j}}} = r^{\frac{\log_2 W(r_{p_j})}{\log r_{p_j}}},$$

$$e^{V(r+\chi[V(r)])} = (r + \chi[V(r)])^{\frac{\log_2 W(r_{p_j})}{\log r_{p_j}}}.$$

因为 $\chi(t) < \dfrac{A}{e^t}$,故

$$e^{V(r+\chi[V(r)])} < \left(r + \frac{A}{e^{V(r)}}\right)^{\frac{\log_2 W(r_{p_j})}{\log r_{p_j}}} = e^{V(r)} \cdot \exp\left[V\left(1 + \frac{A}{re^{V(r)}}\right)^{\frac{\log_2 W(r_{p_j})}{\log r_{p_j}}}\right].$$

由二项式展开:

$$(1+x)^m = 1 + \frac{m}{1!}x + \frac{m(m-1)}{2!}x^2 + \cdots$$
$$+ \frac{m(m-1)\cdots(m-n+1)}{n!}x^n + R_n(x),$$

$$R_n(x) = \frac{m(m-1)\cdots(m-n)}{n!}\left(\frac{1-\theta}{1+\theta x}\right)^n (1+\theta x)^{m-1} x^{n+1}.$$

$|x| < 1$ 时,展式收敛. 故

$$\left[1 + \frac{A}{re^{V(r)}}\right]^{\frac{\log_2 W(r_{p_j})}{\log r_{p_j}}} = 1 + \frac{\log_2 W(r_{p_j})}{\log r_{p_j}} \cdot \frac{A}{re^{V(r)}} + \cdots + R_n(x).$$

第一章 函数的规则化

$$\overline{\lim_{r \to +\infty}} \theta(r) = \mu \quad (0 \leqslant \mu < +\infty),$$

则必可作出一不减的连续函数 $\mu(r)$ $(r \geqslant r_0')$，具有次之性质：

1° $\lim_{r \to +\infty} \mu(r) = \mu$；

2° 命 $U(r) = r^{r^{\mu(r)}} = r^{\rho(r)}$，则必有一串 $\{R_n\} \to +\infty$ 致 $U(R_n) = W(R_n)$ 且

$$\overline{\lim_{r \to +\infty}} \frac{W(r)}{U(r)} = 1;$$

3° $U\left(r + \dfrac{r}{\rho(r)\log r}\right) < e^{\rho+\delta} U(r) \quad (\delta > 0, r > r_0'')$.

由 Valiron 氏定理 A 或 B，我们可作出不减的连续函数 $\mu(r)$ 具有次之性质：

a) $\theta(r) \leqslant \mu(r)$ $(r > r_0'')$；等式在一串 $\{R_n\} \to +\infty$ 上成立；

b) $\lim_{r \to +\infty} \mu'(r) r \log r = 0$；

c) $\rho(r) = r^{\mu(r)}$ 及 $\dfrac{\rho(r)}{\log r}$ 当 r 充分大时为不减的，且 $\lim_{r \to +\infty} \dfrac{\rho(kr)}{\rho(r)} = k^\mu$. 命

$$U(r) = r^{r^{\mu(r)}} = e^{V(r)} = r^{\rho(r)},$$

则或

$$U(r) \geqslant W(r) \quad (\text{如用 Valiron 氏定理 A}),$$

或

$$\left(1 + \frac{1}{p}\right) U(r) \geqslant W(r)$$

（如用 Valiron 氏定理 B，$r_{p-1} \leqslant r \leqslant r_p$, $r_p \to +\infty$）.

由此均可得出

$$\overline{\lim_{r \to +\infty}} \frac{W(r)}{U(r)} \leqslant 1.$$

但 $U(R_n) = W(R_n)$ 于一串 $\{R_n\} \to +\infty$ 上，故上式中等式成立，得

$$\overline{\lim_{r \to +\infty}} \frac{W(r)}{U(r)} = 1.$$

从 $\rho(r) \log r = V(r)$，如有次式：

$$V\left(r+\frac{r}{V(r)}\right)-V(r)<\mu+\delta \quad (r>r_0'', \delta>0),$$

则条件 3° 可知其为满足. 但此式可由

$$V\left(r+\frac{r}{V(r)}\right)-V(r)=V'\left(r+\theta\frac{r}{V(r)}\right)\frac{r}{V(r)} \quad (0\leqslant\theta\leqslant 1)$$

一式计及 b) 及 c) 而得之, 故条件 3° 亦被满足.

定理 B 证完.

4. 定理 C. 设 $W(r)$ 为 r 在 $r\geqslant r_0\,(r_0\geqslant 0)$ 上之不减的连续函数, 致

$$(\alpha) \qquad \varlimsup_{r\to+\infty}\frac{\log W(r)}{\log r}=+\infty,$$

$$(\beta) \qquad \varlimsup_{r\to+\infty}\frac{\log_2 W(r)}{\log r}=0,$$

则必可作出不增的连续函数 $\theta(r)$, 具有以下性质:

1° $\rho(r)=r^{\theta(r)}$ 趋近于 $+\infty$, $\lim\limits_{r\to+\infty}\theta(r)=0$;

2° 命 $U(r)=r^{r^{\theta(r)}}=r^{\rho(r)}$, 则

$$\varlimsup_{r\to+\infty}\frac{W(r)}{U(r)}=1;$$

3° $U\left(r+\dfrac{r}{\rho(r)\log r}\right)<e^{\tau}U(r)\quad (r>r_0', \tau\text{ 为已给正数}).$

使 $W_1(r)$ 依次式决定之:

$W_1(r)=\max(\log W(r),\log r) \quad (r_0\leqslant r\leqslant r_1),$
$\quad\log W(r_2)\geqslant 2\log r_1;$

$W_1(r)=\max(\log W(r),2\log r) \quad (r_1<r\leqslant r_2),$
$\quad\log W(r_3)\geqslant 3\log r_2;$

$\cdots;$

$W_1(r)=\max(\log W(r),q\log r) \quad (r_{q-1}<r\leqslant r_q),$
$\quad\log W(r_{q+1})\geqslant (q+1)\log r_q;$

$\cdots.$

在这里显然可见的是, $\{r_q\}\to +\infty$, 此以 $\log W(r_q)\to +\infty$ 故.

再命
$$\log V(r) = (\log r)\max\left[\frac{\log W_1(x)}{\log x}, x \geqslant r\right],$$

当 q 固定，且 r_{q-1} 充分大时，则 $r > r_{q-1}$ 致 $\frac{\log(q\log r)}{\log r}$ 为减少的，故

a) $\log W(r) \leqslant V(r)$；等式至少在一串 $\{r_{q_i}\} \to +\infty$ 上成立．

容易看见

b) $\lim\limits_{r\to+\infty} \frac{V(r)}{\log r} = +\infty$．

因为
$$\frac{V(r)}{\log r} = \frac{e^{\log r \max\left[\frac{\log W_1(x)}{\log x}, x\geqslant r\right]}}{\log r} \geqslant \frac{e^{q\log r}}{\log r},$$

当 $r_{q-1} < r \leqslant r_q$ 时；故得 b)．

其次，更易看到

b) $\frac{\log V(r)}{\log r}$ 为不增的，$r > r_0''$．

由 (β) 及 $\frac{\log(q\log r)}{\log r} \to 0$，则此不增的函数趋近于 0，当 $r \to +\infty$ 时．

命
$$U(r) = r^{r^{\theta(r)}} = e^{V(r)} = r^{\rho(r)},$$

则由 b) 得出
$$\lim_{r\to+\infty}\rho(r) = +\infty.$$

从 b) 式之趋近于 0，则 $\theta(r) \to 0$．至此 1° 已证完．

由 a) 则有
$$U(r) \geqslant W(r),$$

等式在一串 $\{r_{q_i}\} \to +\infty$ 上成立．故
$$\lim_{r\to+\infty}\frac{W(r)}{U(r)} = 1.$$

至此 2° 已证完．

从
$$V(r) = r^{\frac{\log V(r)}{\log r}}$$

并计及 $\dfrac{\log V(r)}{\log r}$ 之不增性，则有正整数 k 使

$$V\left(r+\dfrac{r}{V(r)}\right)-V(r) \leqslant V(r)\left[\left(1+\dfrac{1}{V(r)}\right)^{\frac{\log V(r)}{\log r}}-1\right]$$
$$\leqslant V(r)\left[\left(1+\dfrac{1}{V(r)}\right)^{k}-1\right]<\tau,$$

当 r 充分大时.

此不等式也就意味着条件 3°：

$$U\left(r+\dfrac{r}{\rho(r)\log r}\right)<e^{\tau}U(r).$$

至此定理 C 证完.

5. 以上三个定理显示着这样的统一的结果：

统一定理 I. 设 $W(x)$ 为 r 在 $r\geqslant \rho_0 (\geqslant 0)$ 上之不减的连续函数 致

$$\varlimsup_{x\to +\infty}\dfrac{\log W(x)}{\log x}=+\infty \quad 及 \quad \varlimsup_{x\to +\infty}\dfrac{\log_2 W(x)}{\log x}=\theta>0,$$

在这里 θ 可以为有限可以为 $+\infty$，则必可作出连续函数 $\theta(r)$ 使满足次列条件：

1° $\lim\limits_{r\to +\infty}\rho(r)=+\infty,\ \lim\limits_{r\to +\infty}\theta(r)=\theta;$

2° 令 $U(r)=r^{\rho(r)}$，则

$$\varlimsup_{r\to +\infty}\dfrac{W(r)}{U(r)}=1;$$

3° $U\left(r+\dfrac{r}{\rho(r)^{1+\delta(r)}}\right)<e^{\tau}U(r)\quad (r>r_0',\ \delta(r)\to 0).$

统一定理 II. 设 $W(x)$ 为 r 在 $r\geqslant \rho_0(\geqslant 0)$ 上之不减的连续函数 致

$$\varlimsup_{x\to +\infty}\dfrac{\log W(x)}{\log x}=+\infty \quad 及 \quad \varlimsup_{x\to +\infty}\dfrac{\log_2 W(x)}{\log x}=\theta<+\infty,$$

在这里 θ 可为 0 或正数，则必可作出连续函数 $\theta(r)$ 使满足次列条件：命 $\rho(r)=r^{\theta(r)}$，

1° $\lim\limits_{r\to +\infty} \rho(r) = +\infty$, $\lim\limits_{r\to +\infty} \theta(r) = \theta$;

2° 令 $U(r) = r^{\rho(r)}$，则 $\varlimsup\limits_{x\to +\infty} \dfrac{W(x)}{U(x)} = 1$；

3° $U\left(r + \dfrac{r}{\rho(r)\log r}\right) < e^{\tau} U(r)$.

这些结果都是作者所得出，事在 1939 年．因为这种函数型具有更精确的构造，它不但可以代替 Blumenthal 及熊氏函数型在无限级半纯函数及整函数论中的作用，而且还可用于两此种函数型所不能解决的问题上．例如无限级整函数之两组填充圆问题，作者用此新结果解决于 1939 年，曾非正式地发表于 1943 年；又如无限级半纯函数及整函数之扁平圆问题，故助教王金湖解决于 1944 年，亦系应用此新的函数型所获致之结果．

第二章 半纯函数理论中的两个基础定理

在前世纪末，Borel 用简单证法证明了 Picard 氏定理而以更精密之结果丰富了 Picard 氏定理在整函数方面的内容；本世纪初，他又将此结果推广到半纯函数方面．其后 Blumenthal 及 Valiron 均应用 Jensen 氏公式于整函数，得出了愈益精确之结果．到了 1924 年，Nevanlinna 推广了 Valiron 的方法，运用 Poisson-Jensen 公式统一了整函数与半纯函数理论于两个基础定理上，更推广了 Picard-Borel 定理，其后 Valiron 及 Milloux 修正了 Nevanlinna 氏第二基础定理为更简明形式，因而引入填充圆与聚值线理论于半纯函数论中，事在 1928 年．作者曾就 Valiron 及 Milloux 的修正定理插入 Nevanlinna 的方法，修正为更精确之形式，事在 1938 年．本章在导论中讨论 Jensen-Poisson 之一般公式及第一基础定理；在本论中讨论第二基础定理之各种形式，并最后引出 Rauch 所推广的 Valiron-Milloux 定理为填充圆及聚值线理论的准备．关于这一连串理论的发展详况，将于次章开始时讨论，这里仅在两个基础定理问题上，说明其源流正变．

导 论

Ⅰ．Green 氏定理及 Jensen-Poisson 公式

1. 设 D 为平面上连通的、有界的开境域，它是有限多个可求长的简单连续曲线 Γ 所围成．在平面上取直角位标 Ox 与 Oy．设

$P(x,y), Q(x,y)$ 以及其第一级各偏微商均连续于 D 之闭鞘上，一般的 Green 氏定理可写成下列形式：

$$\int_{\Gamma^+} P\mathrm{d}y - Q\mathrm{d}x = \iint_D \left(\frac{\partial P}{\partial x} + \frac{\partial Q}{\partial y}\right)\mathrm{d}x\,\mathrm{d}y, \tag{1}$$

此一公式在上述一般性的 Γ 的条件下之证明方法发表在 Valiron 所著分析数学讲义中，事在 1950 年．但在本章所须用的形式仅仅为一般高等数学课本所证的，即是 Γ 由有限多个正规曲线所组成者．

以 S 表 Γ 上自某一点起弧长沿曲线之正向取正值负向取负值，其在个别的独立线上应当选个别的起点，正向亦就全体 Γ 对于 D 而言，此一般课本上已详细论及，不必赘述．半法线以内向法线为正向．

以 n 表示正向半法线，其方向余弦以 $\cos\alpha$ 与 $\cos\beta$ 表之，则有

$$\frac{\mathrm{d}x}{\mathrm{d}s} = \sin\alpha = \cos\beta, \quad \frac{\mathrm{d}y}{\mathrm{d}s} = \sin\beta = -\cos\alpha,$$

这样，(1) 式化为下列形式（$\mathrm{d}s$ 恒取正值）：

$$\int_{\Gamma^+} (P\cos\alpha + Q\cos\beta)\mathrm{d}s = \iint_D \left(\frac{\partial P}{\partial x} + \frac{\partial Q}{\partial y}\right)\mathrm{d}x\,\mathrm{d}y. \tag{2}$$

设 $U(x,y), V(x,y)$ 以及其第一、二各级偏微商均连续于 D 之闭鞘上，则可就 (2) 式命

$$P = V\frac{\partial U}{\partial x}, \quad Q = V\frac{\partial U}{\partial y},$$

并以 Δ 表示 Laplace 算子，得出次式：

$$\iint_D \left(\frac{\partial U}{\partial x}\frac{\partial V}{\partial x} + \frac{\partial U}{\partial y}\frac{\partial V}{\partial y}\right)\mathrm{d}x\,\mathrm{d}y + \iint_D V\Delta U\,\mathrm{d}x\,\mathrm{d}y$$

$$= -\int_{\Gamma^+} V\left(\frac{\partial U}{\partial x}\cos\alpha + \frac{\partial U}{\partial y}\cos\beta\right)\mathrm{d}s. \tag{3}$$

就此式互换 U, V，则得

$$\iint_D \left(\frac{\partial V}{\partial x}\frac{\partial U}{\partial x} + \frac{\partial V}{\partial y}\frac{\partial U}{\partial y}\right)\mathrm{d}x\,\mathrm{d}y + \iint_D U\Delta V\,\mathrm{d}x\,\mathrm{d}y$$

$$= -\int_{\Gamma^+} U\left(\frac{\partial V}{\partial x}\cos\alpha + \frac{\partial V}{\partial y}\cos\beta\right)\mathrm{d}s, \tag{4}$$

将 (3), (4) 两式相减，得出

$$\iint_D (V\Delta U - U\Delta V)\,dx\,dy = \int_{\Gamma^+} \left(U\frac{dV}{dn} - V\frac{dU}{dn} \right) ds, \tag{5}$$

在这里，一个函数 Φ 在 Γ 上沿正向半法线 n 之微商当是

$$\frac{d\Phi}{dn} = \frac{\partial \Phi}{\partial x}\cos\alpha + \frac{\partial \Phi}{\partial y}\cos\beta.$$

如果 $U(x,y)$ 及 $V(x,y)$ 为调和函数于 D 内，并保留前面的其他假设，则此二者均满足 Laplace 氏方程：

$$\Delta U = 0, \quad \Delta V = 0.$$

此时(5)式化为次形：

$$\int_{\Gamma^+} \left(U\frac{dV}{dn} - V\frac{dU}{dn} \right) ds = 0. \tag{6}$$

2. 设 $f(z)$ 为 $|z|<R$ 内之单值解析函数（亦称全纯函数——狭义的）且连续于闭区域 $|z|\leqslant R$ 上，据 Cauchy-Goursat 公式则有

$$f(z) = \frac{1}{2\pi i}\int_{|t|=R}\frac{f(t)}{t-z}dt, \quad |z|<R.$$

令 $z^* = \dfrac{R^2}{\bar{z}}$，$z = re^{i\theta}$，$t = Re^{i\varphi}$，则 $|z^*|>R$ 而 $\dfrac{f(z)}{z-z^*}$ 全纯于 $|z|<R$ 内、连续于 $|z|\leqslant R$ 上；此时 Cauchy-Goursat 定理给出

$$\frac{1}{2\pi i}\int_{|t|=R}\frac{f(t)}{t-z^*}dt = 0.$$

两式相减，则应得出

$$f(z) = \frac{1}{2\pi}\int_0^{2\pi} f(Re^{i\varphi})\left(\frac{Re^{i\varphi}}{Re^{i\varphi}-re^{i\theta}} - \frac{re^{i\varphi}}{re^{i\varphi}-Re^{i\theta}} \right)d\varphi, \quad |z|>R,$$

此即

$$f(z) = \frac{1}{2\pi}\int_0^{2\pi} f(Re^{i\varphi})\frac{R^2-r^2}{R^2+r^2-2Rr\cos(\varphi-\theta)}d\varphi, \quad |z|<R, \tag{7}$$

这个最后公式叫做 Poisson 积分公式，由此可以推出：设 $U(z)$ 为 $|z|<R$ 内之调和函数，并于 $|z|\leqslant R$ 内为连续，则得关于调和函数之 Poisson 公式：

$$|z|<R \text{ 致 } U(z) = \frac{1}{2\pi}\int_0^{2\pi} U(Re^{i\varphi})\frac{R^2-r^2}{R^2+r^2-2Rr\cos(\varphi-\theta)}d\varphi. \tag{8}$$

令 $z=0$,则得出 Gauss 氏之平均值公式:

$$U(0) = \frac{1}{2\pi}\int_0^{2\pi} U(Re^{i\varphi})d\varphi.$$

然而读者必须注意,在一般情况下,(8)式不能从(7)式令 $f(x) = U(z) + iV(z)$(在这里 $V(z)$ 为 $U(z)$ 之共轭调和函数)取两边之实数部分得出来,因为 $V(z)$ 不必连续于 $|z| \leqslant R$ 上,虽然 $U(z)$ 如此. 为此必须将 R 换上 $R' < R$,应用(7)式取其两端之实数部分得出

$$U(z) = \frac{1}{2\pi}\int_0^{2\pi} U(R'e^{i\varphi})\frac{R'^2 - r^2}{R'^2 + r^2 - 2R'r\cos(\varphi-\theta)}d\varphi,$$
$$|z| < R'. \qquad (9)$$

固定每一 z 致 $|z| < R$ 者,找出 R' 使 $|z| < R' < R$,则不论适合这个条件的那个 R' 总可有(9)式. 从 $U(z)$ 在 $|z| < R$ 上之一致连续性,则当 $R' \to R$ 时(9)式的积分号下的函数一致收敛于(8)式积分号下的函数,而(9)式右端趋近于(8)式右端为极限;另一方面,(9)式右端不因 R' 之改变而改变,因它等于 $U(z)$ 不因 R' 而变,故其极限亦应为 $U(z)$. 得到(8)式.

此证法稍加修改,尚可减弱公式(8)之条件,可设 $U(z)$ 为 $|z| < R$ 内之调和函数,且设当 z 沿半径 $\arg|z| = \varphi$ 到达圆周时 $U(z)$ 之极限 $U(e^{i\varphi})$ 存在于区间 $0 \leqslant \varphi \leqslant 2\pi$ 上(除一个 0 测度集外);并设在这正常的半径所成集上,$U(z)$ 为有界,或更一般设 $U(e^{i\varphi})$ 可广义 Lebesgue 积分,则(8)式仍然成立,此时可以 Lebesgue 积分为(8)中之积分.

3. 设区域 D 如 §1 所定,设 P 为 (D) 内任一定点,$G(P,M)$ 为 M 在 (D) 内之连续函数,满足次列条件者:

1° $G(P,M)$ 为 M 在开境域 $D - P$ 内之调和函数而连续于 $\overline{D} - P$ 上;

2° 在 P 之邻域内,$G(P,M) - \log\frac{1}{PM}$ 为一调和函数;

3° 当 M 在 Γ 上时 $G(P,M) = 0$.

这样的函数 $G(P,M)$ 叫做**关于** (D) **及** P **的 Green 氏函数**.

当 P 固定于 (D) 内时,Green 氏函数 $G(P,M)$ 唯一存在,这在一

般(D)非常复杂,在这里我们不给出它的证法;但在本书应用范围中则为非常特殊的(D),它容易被找出来,第一,当(D)为圆域时;第二,当(D)为半平面时;第三,当(D)为同心圆环形时,这些 Green 氏函数都在应用之列;它们的表示式亦易得出.

应用 Green 氏函数,容易推广 Poisson 氏公式于一般的(D).

设$U(z)$为(D)内的调和函数且连续于D之闭鞘上. 任取D内一点P,以P为中心充分小之半径ρ作一全在D内之圆(γ). 取 Green 氏函数$G(P,M)$,则可就 Green 氏定理(6)中将Γ^+换上$(\Gamma+\gamma)^+ = \Gamma^+ + \gamma^+$得出

$$\int_{\Gamma^+}\left(U\frac{\partial G}{\partial n}-G\frac{\partial U}{\partial n}\right)ds+\int_{\gamma^+}\left(U\frac{\partial G}{\partial n}-G\frac{\partial U}{\partial n}\right)ds=0, \quad (1)$$

在这里γ^+乃对D言$+$,即在其上n指向圆外,因之对圆内域言则为顺时针方向;在这里,ds在Γ^+及γ^+上均取为正,方向决定在半法线n上;n在Γ上则n由Γ向其内;n在γ^+上则n由γ向D之内即向γ外.

命

$$G_1(P,M) = G(P,M) - \log\frac{1}{\rho},$$

则$G_1(P,M)$为γ内之调和函数,在γ^+上n向外,则$\frac{\partial}{\partial n}=\frac{\partial}{\partial \rho}$,故

$$\frac{\partial G(P,M)}{\partial n}=\frac{\partial G(P,M)}{\partial \rho}=-\frac{1}{\rho}+\frac{\partial G_1(P,M)}{\partial n}.$$

而(1)式中

$$\int_{\gamma^+}\left(U\frac{\partial G}{\partial n}-G\frac{\partial U}{\partial n}\right)ds = -\frac{1}{\rho}\int_0^{2\pi}U\rho d\varphi+\int_0^{2\pi}\frac{\partial G_1}{\partial n}U\rho d\varphi$$

$$-\int_0^{2\pi}\log\frac{1}{\rho}\frac{\partial V}{\partial n}\rho d\varphi-\int_0^{2\pi}G_1\frac{\partial U}{\partial n}\rho d\varphi,$$

此式右端后三项当$\rho\to 0$时均以 0 为极限,唯第一式依 Gauss 定理当为$-2\pi U(P)$. 故就(1)式令$\rho\to 0$,则得 Poisson 公式之一般化形式:

$$U(P) = \frac{1}{2\pi}\int_{\Gamma^+}U(M)\frac{\partial G(P,M)}{\partial n}ds \quad (n\text{ 内向于 }D), \quad (2)$$

P为D之内点,M为Γ上之动点.

4. 区域 D 如前所述，Γ 为由有限多个闭的简单正规曲线所成. 设 $f(z)$ 为 D 之闭鞘 $\overline{D}$ 上之半纯函数，在 Γ 上无有零点及极点者，其在 D 内之零点及极点以 $a_\mu (\mu = 1, 2, \cdots, m)$ 及 $b_\nu (\nu = 1, 2, \cdots, n)$ 表之，这些零点及极点中每个 k 重的写成 k 个.

取 a 为 $f(z)$ 之 k 重零点，则在 a 之近邻
$$f(z) = (z-a)^k \varphi(z),$$
就中 $\varphi(z)$ 全纯于 a 之近邻且 $\varphi(a) \neq 0$，则
$$\log|f(z)| = k\log|z-a| + \log|\varphi(z)|,$$
$\log|\varphi(z)|$ 亦为调和函数于 a 之近邻. 因此函数
$$\log|f(z)| + kG(a, z) = \log|\varphi(z)| + kG_1(a, z)$$
亦为调和于 a 之近邻. 其在 a 为 k 重极点时上式中 k 以 $-k$ 换之.

由此可见
$$U(z) = \log|f(z)| + \sum_1^m G(a_\mu, z) - \sum_1^n G_1(b_\nu, z)$$
为 D 内之调和函数，并连续于 $\overline{D}$ 上. 应用 Poisson 公式之一般化形式于 $U(z)$，则得
$$\log|f(z)| = \frac{1}{2\pi} \int_{\Gamma^+} \log|f(\zeta)| \frac{\partial G(z, \zeta)}{\partial n} ds$$
$$- \sum_1^m G(a_\mu, z) + \sum_1^n G(b_\nu, z).$$

5. 现在我们就 D 为圆境域 $|z| < r$，Γ 为圆 $|z| = r$，$f(z)$ 为 $\overline{D}$ 上之半纯函数其零点及极点均在 D 内者加以具体的论述.

设 α 为 D 之内点，命 $\alpha' = \dfrac{r^2}{\bar{\alpha}}$，则当 ζ 在 Γ 上时，
$$\frac{|\zeta - \alpha|}{|\zeta - \alpha'|} = \frac{|\alpha|}{r},$$
简之得
$$\left| \frac{\bar{\alpha}\zeta - r^2}{r(\zeta - \alpha)} \right| = 1,$$
由此可见 $\log \left| \dfrac{\bar{\alpha}z - r^2}{r(z - \alpha)} \right|$ 具有次列三个性质：

1° 此为 $\log \dfrac{\bar{a}z - r^2}{r(z-\alpha)}$ 之实数部分，故为 $\overline{D} - \alpha$ 上之调和函数；

2° 在 $z = \alpha$ 之近邻，此函数与 $\log \dfrac{1}{|z-\alpha|}$ 之差亦为调和函数；

3° 此函数在 Γ：$|z| = r$ 上为 0.

因此 $\log \left|\dfrac{\bar{a}z - r^2}{r(z-\alpha)}\right|$ 为关于区域 D 及定点 α 之 Green 氏函数 $G(\alpha, z)$.

将此条件及结果施于前节之 Jensen-Poisson 公式之一般形式，得出：

$$\log|f(z)| = \frac{1}{2\pi}\int_{\Gamma^+}\log|f(\zeta)|\frac{\partial}{\partial n}\log\left|\frac{\bar{\zeta}\zeta - r^2}{r(\zeta - z)}\right|ds$$
$$- \sum_1^m \log\left|\frac{\bar{a}_\mu z - r^2}{r(z - a_\mu)}\right| + \sum_1^n \log\left|\frac{\bar{b}_\nu z - r^2}{r(z - b_\nu)}\right|. \quad (1)$$

注意 Cauchy-Riemann 公式之简化：设 $f(z) \equiv G + iH$ 为一闭的简单的正规曲线（Γ）上之全纯函数，则得次式：

$$\frac{\partial G}{\partial s} = \frac{\partial G}{\partial x}\frac{\partial x}{\partial s} + \frac{\partial G}{\partial y}\frac{\partial y}{\partial s}, \quad \frac{\partial H}{\partial n} = \frac{\partial H}{\partial x}\frac{\partial x}{\partial n} + \frac{\partial H}{\partial y}\frac{\partial y}{\partial n}.$$

计及方向余弦及 Cauchy-Riemann 方程：

$$\frac{\partial x}{\partial n} = -\frac{\partial y}{\partial s}, \quad \frac{\partial y}{\partial n} = \frac{\partial x}{\partial s}; \quad \frac{\partial G}{\partial x} = \frac{\partial H}{\partial y}, \quad \frac{\partial G}{\partial y} = -\frac{\partial H}{\partial x}$$

得出

$$\frac{\partial H}{\partial n} = \frac{\partial G}{\partial s},$$

此为 Cauchy-Riemann 方程之简化，表明 H 及 G 之共轭关系.

应用这个结果，我们可以计算 (1) 式中积分号下之项.

现在设 Γ 为圆周 $|z| = r$；命

$$\varphi(\zeta) = \log\frac{\bar{z}\zeta - r^2}{r(\zeta - z)} = G(z, \zeta) + iH,$$

取此函数之一支，此支当然会全纯于圆周 Γ 上除了起点 r 外.

函数 G 在 Γ 上为 0，故

$$\frac{\partial H}{\partial n} = \frac{\partial G}{\partial s} = 0, \quad \frac{\partial \varphi(\zeta)}{\partial n} = \frac{\partial G}{\partial n};$$

由 n 之为内面法线之故 $\dfrac{\partial}{\partial n}=-\dfrac{\partial}{\partial r}$ ($\zeta=r\mathrm{e}^{\mathrm{i}\theta}$)，则

$$\frac{\partial G}{\partial n}=\varphi'(\zeta)\frac{\partial r\mathrm{e}^{\mathrm{i}\theta}}{\partial n}=-\varphi'(\zeta)\mathrm{e}^{\mathrm{i}\theta}=-\varphi'(\zeta)\frac{\zeta}{r},$$

$$\varphi'(\zeta)=\frac{\overline{z}}{\overline{z}\,\zeta-r^2}-\frac{1}{\zeta-z}.$$

故得

$$r\frac{\partial G}{\partial n}=\frac{\zeta}{\zeta-z}+\frac{\overline{z}}{\dfrac{r^2}{\zeta}-\overline{z}}=\frac{\overline{z}}{\overline{\zeta}-\overline{z}}+\frac{\zeta}{\zeta-z}.$$

但 $r\dfrac{\partial G}{\partial n}$ 为一实数量，当与其共轭数相等，故就上式两端取共轭数得一式当为

$$r\frac{\partial G}{\partial n}=\frac{\overline{\zeta}}{\overline{\zeta}-\overline{z}}+\frac{z}{\zeta-z};$$

两者相加应得

$$2r\frac{\partial G}{\partial n}=\frac{\zeta+z}{\zeta-z}+\frac{\overline{\zeta}+\overline{z}}{\overline{\zeta}-\overline{z}}.$$

故有次式：

$$r\frac{\partial G}{\partial n}=\mathscr{R}\!\left(\frac{\zeta+z}{\zeta-z}\right),$$

据此则(1)式转化为次形：

$$\log|f(z)|=\frac{1}{2\pi}\!\int_{\Gamma^+}\log|f(\zeta)|\mathscr{R}\!\left(\frac{\zeta+z}{\zeta-z}\right)\!\frac{\mathrm{d}s}{r}$$
$$-\sum_1^m\log\left|\frac{\overline{a}_\mu z-r^2}{r(z-a_\mu)}\right|+\sum_1^n\log\left|\frac{\overline{b}_\nu z-r^2}{r(z-b_\nu)}\right|. \quad (2)$$

由此可见，$|z|<r$ 及 $z\neq a_\mu,b_\nu$ ($\mu=1,2,\cdots,m$；$\nu=1,2,\cdots,n$)，故

(A) $\quad\log f(z)=\dfrac{1}{2\pi}\!\displaystyle\int_0^{2\pi}\log|f(\zeta)|\mathscr{R}\!\left(\dfrac{\zeta+z}{\zeta-z}\right)\!\mathrm{d}\theta-\sum_1^m\log\dfrac{\overline{a}_\mu\zeta-r^2}{r(z-a_\mu)}$

$$+\sum_1^n\log\frac{\overline{b}_\nu z-r^2}{r(z-b_\nu)}+\mathrm{i}C,$$

其中 C 为一常数，$\zeta=r\mathrm{e}^{\mathrm{i}\theta}$.

将 $\zeta=r\mathrm{e}^{\mathrm{i}\theta}$，$z=\rho\mathrm{e}^{\mathrm{i}\varphi}$ 代入(2)式，则由于

$$\mathscr{R}\left(\frac{\zeta+z}{\zeta-z}\right) = \frac{r^2-\rho^2}{r^2+\rho^2-2r\rho\cos(\varphi-\theta)}$$

得出

(B) $\quad \log|f(\rho e^{i\varphi})| = \dfrac{1}{2\pi}\int_0^{2\pi} \log|f(re^{i\theta})| \dfrac{r^2-\rho^2}{r^2+\rho^2-2r\rho\cos(\varphi-\theta)} d\theta$

$$-\sum_1^m \log\left|\frac{\overline{a}_\mu z - r^2}{r(z-a_\mu)}\right| + \sum_1^n \log\left|\frac{\overline{b}_\nu z - r^2}{r(z-b_\nu)}\right|$$

($|z|<r$, $z\neq a_\mu, b_\nu$; $\mu=1,2,\cdots,m$; $\nu=1,2,\cdots,n$).

此即所谓 Jensen-Poisson 公式这就是在 $|z|=r$ 上不具有 a_μ, b_ν 者成立的公式.

这个公式当 $f(z)$ 在 $|z|=r$ 上有零点和极点的情况下仍然成立. 首先我们可以看到, 当 a_λ 在 $|z|=r$ 上时,

$$\left|\frac{\overline{a}_\lambda z - r^2}{r(z-a_\lambda)}\right| = 1, \quad \log\left|\frac{\overline{a}_\lambda z - r^2}{r(z-a_\lambda)}\right| = 0. \tag{3}$$

其次我们可以看到, 当 $f(z)$ 在 $|z|=r$ 上具有零点及极点时, (B) 式右端积分存在, 因此亦在广义 Lebesque 积分意义下存在. 应用(B) 式于 $|\zeta|=r'<r$, 然后令 $r'\to r$ 并插入为 0 之项关于 $|z|=r$ 上之极点及零点之项, 如(3)式所示者, 则得将(B) 式推广为一般形式, 即其中之 $|a_\mu|<r$, $|b_\nu|<r$ 之限制可改为弱条件.

关于(B)式中积分存在于 $f(z)$ 以 a 为 k 重点 $|a|=r$ 时的情况下这一问题, 如果注意, 在 a 之近邻 $f(z)=(z-a)^k\varphi(z)$, $\varphi(a)\neq 0$, 则在反常点 a 该积分存在问题转化为积分

$$\int_{\theta_0-\eta}^{\theta_0+\eta'} \log|\zeta-a| d\theta = \int_{\theta_0-\eta}^{\theta_0+\eta'} \log|e^{i(\theta-\theta_0)}-1| d\theta$$

$$= \int_{-\eta}^{\eta'} \log|e^{i\varphi}-1| d\varphi \quad (\zeta=re^{i\theta}, a=re^{i\theta_0})$$

的存在问题. 而此最后一积分之存在问题却与积分

$$\int_{-\eta}^{\eta'} \log|\varphi| d\varphi \quad (\eta>0, \eta'>0)$$

之存在问题一致, 而此积分显然是存在的.

就(B)式, 令 $z=0$, 则 $\rho=0$; 又设 $f(0)\neq 0,\infty$, 则得

第二章 半纯函数理论中的两个基础定理

(C) $\quad \log|f(0)| = \dfrac{1}{2\pi}\int_0^{2\pi}\log|f(re^{i\theta})|\,\mathrm{d}\theta - \sum_1^m \log\dfrac{r}{|a_\mu|}$
$\qquad\qquad + \sum_1^n \log\dfrac{r}{|b_\nu|}.$

此为 Jensen 公式.

设原点 $z=0$ 为 $f(z)$ 之零点或极点,则在原点近邻

$$f(z) = c_\lambda z^\lambda + c_{\lambda+1} z^{\lambda+1} + \cdots, \quad c_\lambda \neq 0.$$

当 $\lambda > 0$,此 $z=0$ 为 $f(z)$ 之 λ 重零点;当 $\lambda < 0$,此 $z=0$ 为 $f(z)$ 之 $|\lambda|$ 重极点. 以乘积 $z^{-\lambda}f(z)$ 代入 (C) 式立得次式:

(D) $\quad \log|c_\lambda| = \dfrac{1}{2\pi}\int_0^{2\pi}\log|f(re^{i\theta})|\,\mathrm{d}\theta - \sum_{0<|a_\mu|<r}\log\dfrac{r}{|a_\mu|}$
$\qquad\qquad + \sum_{0<|b_\nu|<r}\log\dfrac{r}{|b_\nu|} - \lambda\log r.$

此公式当 $\lambda = 0$ 时即为 Jensen 公式. Nevanlinna 氏第一基础定理即用此式仿照 Valiron 的方法得出. 其第二基础定理则由 (A) 得出.

II. Nevanlinna 氏第一基础定理

以上的讨论中,我们假定读者在函数论初级课本中已熟悉了半纯函数的定义. 但为了使本书讨论的主题有更明确的认识,我们应该详细地分析一下. 一个连通区域 D 内的**半纯函数**是一个单值的解析函数致 D 内的点或为其常点或为其极点而不能为任何他种异点,我们还可把单值的条件去掉而换上多值的条件,把这个定义推广于 D 内一般的多值半纯函数. 但为了本书主题中这个半纯函数专指单值的而言,故保留浅显的定义以免费辞. 如果有一个区域 D_1 全含 D 之闭鞘 $\overline{D}$,则所有 D_1 内的半纯函数都可以说是在闭区域 $\overline{D}$ 上的半纯函数. D 内没有极点的半纯函数就是 D 内的全纯函数. 当 D 为有限平面,即是从全复平面去掉 ∞ 而得的区域时,D 内的半纯函数简称为**半纯函数**. 半纯函数如果以 ∞ 为常点或极点,则必化为有理函数. 非有理的半纯函数必以 ∞ 为孤立的超性异点;所谓孤立超性异点,乃广义的非极点的异

点，即具有如次性质者：

1° 它不是常点也不是极点；

2° 它的充分小近邻内除了它自身外没有非极点异点.

所谓狭义的孤立超性异点，指的是满足次述条件的点：

1° 它不是常点也不是极点；

2° 它的充分小近邻内除了自身外没有异点.

这里的一连串术语，常点、极点、异点当然是对于一指定函数而言. 从 Laurent 级数的理论，我们对于单值解析函数的孤立异点可作出假异点、极点及狭义孤立超性异点的分类. 假异点近旁之 Laurent 级数其主要部分全不显现，而级数仍为幂级数，定义函数在该点之值为该幂级数在该点之值，则此原有函数之假异点即为推广了的函数之常点. 故通常把假异点看做是常点. 极点近旁之 Laurent 级数其主要部分含有有限整 n 个项；这个 n 叫做**极点的重数**. 当 z 在 D 内趋近于极点时，函数必以 ∞ 为极限值，因此函数在极点的值定义为 ∞，故极点叫做 ∞-**值点**. 如所周知，函数在极点充分小近邻取充分接近 ∞ 的每一值 n 次且仅 n 次. 其在狭义的孤立超性异点，则 Laurent 级数之主要部分含有无限多项. 此时则有著名的 Weierstrass 氏定理；即当 z 在 D 内趋近该异点时函数之极限值不存在，而且给出任何数，有限的或 ∞，必致至少有一串的 $\{z_n\}$ 以该异点为极限，同时函数在 z_n 的值所成集则以给出的数为极限. 这个特性是否说明了狭义的非孤立异点为函数的 a-值点呢？回答是否定的，没有. 还有 Weierstrass 定理对广义的孤立超性异点说明了什么没有呢？回答也是否定的，没有. 这样对于单值解析函数的孤立奇异点就提出了新的问题，这个问题的解决是 Picard 定理：单值解析函数之孤立超性异点（狭义的或广义的）之任何小近邻内必有无穷多个 a-值点，对于所有的复数 a（包括 ∞）仅仅可能有两个例外值. 这个定理也就回答了关于广义的孤立超性异点的 Weierstrass 氏定理之推广问题，因为即使 a' 是除外值它也是一串非除外值的极限.

由此可见对半纯函数来说，如果它不是有理函数，则必以 ∞ 为唯一的孤立超性异点. 唯一性显然可见，但为什么 ∞ 一定是孤立超性异点呢？如果 ∞ 不是孤立超性异点，则必不能为极点的聚结点；因此该函数也就不能有别的非极点异点于全平面上，于是极点的数目不能为无限；函数如果没有极点则为整函数，有极点则为一整函数与多项式之商，而这整函数却亦不能以 ∞ 为超性异点，因此它自身是一个多项式，这样原来的函数便为有理函数了．故 ∞ 一定是非有理的半纯函数之孤立超性异点．这样，半纯函数之异点问题主要是 Picard 定理所提出的问题．

以上我们就半纯函数立论，则此种半纯函数的存在境域不外全平面或有限平面两种：前者是有理函数的存在境域，其拓扑性是属于椭圆类型的；后者是属于非有理的或不退化的半纯函数存在境域，其拓扑性是属于抛物线类型的．假使 D 为属于抛物线类型的区域，则 D 内之半纯函数可用线型变换转化其独立变量使函数转化为半纯函数而加以研究．

当境域 D 为单连的而其界点多于 1 时，则其界点必成一连续，此时区域的拓扑性为双曲线型的．把 D 用等角写像表写于单位圆之内境域，则 D 内的半纯函数转化为单位圆内之半纯函数．因此研究单位圆内之半纯函数是有一般性的意义的．在这里，异点却可能成为线状异点了．

Nevanlinna 氏关于半纯函数之理论，其实就是关于单连区域内半纯函数的理论，由于其二基础定理的发现，我们对这类型的半纯函数已有很好的方法来进行研究了．

但是当 D 为重连的境域时，D 内半纯函数的这一类型的研究却一直没有很好地开展起来，在这里作者认为有提醒读者注意的必要．

其次作者在这里也愿意提出另外一个问题，即是把这一类型的理论在 Бернштейн 的思想指导下进行，以椭圆代替圆来进行椭圆内半纯函数之研究，这基本上是非常可能的，我期望读者能做出来．这里所说的 Бернштейн 的指导思想是他在整函数的多项式表写方面的理论中给出的启示．

1. 设 $f(z)$ 为圆境域 $|z|<R$ 内之半纯函数，其在原点近邻之 Laurent 展式设为

$$f(z) = c_\lambda z^\lambda + c_{\lambda+1} z^{\lambda+1} + \cdots \quad (c_\lambda \neq 0).$$

$\lambda > 0$ 则原点为 $f(z)$ 之 λ 重零点；$\lambda < 0$ 时则原点为 $f(z)$ 之 $|\lambda|$ 重极点；$\lambda = 0$ 则原点为 $f(z)$ 之常点 $f(0) \neq 0$. 对此函数有 Jensen 公式：

$$\text{(D)} \quad \log |c_\lambda| = \frac{r}{2\pi} \int_0^{2\pi} \log |f(re^{i\theta})| \, d\theta - \sum_{0 < |a_i| \leq r} \log \frac{r}{|a_i|}$$

$$+ \sum_{0 < |a_j| \leq r} \log \frac{r}{|b_j|} - \lambda \log r.$$

这在前面已经证明了. Nevanlinna 的第一基础定理就是这个公式的缩写. 现在我们来叙述这个缩写的方法.

用 $n(r,a)$ 或 $n(r, f = a)$ 表示 $f(z)$ 在 $|z| \leq r$ 上之 a- 值点的个数, 其在 a 为 0 时则是零点个数; 在 $a = \infty$ 时则是极点个数. 个数的计算是 k 重的算作 k 个. 当 $r < R$ 时, $n(r,a)$ 为有限且为 r 的不减函数, 因此它在 $[0,r]$ 上可 Riemann 积分. 容易看见, 当 a_i 为 $f(z)$ 在 $|z| \leq r$ 上之 a- 值点时,

$$\sum_{0 < |\alpha_i| \leq r} \log \frac{r}{|\alpha_i|} = \int_0^r \frac{n(t,a) - n(0,a)}{t} dt.$$

此等式右边加入 $n(0,a) \log r$, 通常以 $N(r,a)$ 或 $N(r, f = a)$ 表之：

$$N(r,a) = \int_0^r \frac{n(t,a) - n(0,a)}{t} dt + n(0,a) \log r.$$

据此则 Jensen 公式 (D) 中两个和可写成次形：

$$\sum_{0 < |a_i| \leq r} \log \frac{r}{|a_i|} = \int_0^r \frac{n(t,0) - n(0,0)}{t} dt.$$

$$\sum_{0 < |b_j| \leq r} \log \frac{r}{|b_j|} = \int_0^r \frac{n(t,\infty) - n(0,\infty)}{t} dt.$$

当 $f(0) = 0$ 时, (D) 式中 $\lambda = n(0,0)$; 当 $f(0) = \infty$ 时 $\lambda = -n(0,\infty)$, 当 $f(0) \neq 0, \infty$ 时 $\lambda = 0$. 因此 (D) 式右端 2, 3, 4 项和可写成次形：

$$-N(r,0) + N(r,\infty).$$

命

$$\log^+ \alpha = \begin{cases} \log \alpha, & \text{如 } \alpha \geq 1, \\ 0, & \text{如 } \alpha < 1, \end{cases}$$

则
$$\frac{1}{2\pi}\int_0^{2\pi} \log|f(re^{i\theta})|\,d\theta = \frac{1}{2\pi}\int_0^{2\pi}\log^+|f(re^{i\theta})|\,d\theta$$
$$-\frac{1}{2\pi}\int_0^{2\pi}\log^+\frac{1}{|f(re^{i\theta})|}\,d\theta.$$

对于 $|z|<R$ 内每一半纯函数 $\varphi(z)$，我们可以给出如次的记号：
$$m(r,\varphi) = \frac{1}{2\pi}\int_0^{2\pi}\log^+|\varphi(re^{i\theta})|\,d\theta,$$
于是
$$\frac{1}{2\pi}\int_0^{2\pi}\log|f(re^{i\theta})|\,d\theta = m(r,f) - m\!\left(r,\frac{1}{f}\right).$$

应用这些记号的结果，我们可以把公式(D)缩写成：

(D′)　　$\log|c_\lambda| + m\!\left(r,\dfrac{1}{f}\right) + N(r,\,f=0)$
$$= m(r,f) + N(r,\,f=\infty).$$

但有时为了形式的便利而将 $N(r,\varphi=\infty)$ 写成 $N(r,\varphi)$，这样(D′)又可记作

(D″)　　$\log|c_\lambda| + m\!\left(r,\dfrac{1}{f}\right) + N\!\left(r,\dfrac{1}{f}\right) = m(r,f) + N(r,f).$

我们能不能缩写这个式子为更简单的形式呢？不但可能，而且必要．

令
$$T(r,\varphi) = m(r,\varphi) + N(r,\varphi) = m(r,\varphi) + N(r,\,\varphi=\infty).$$
这叫 $\varphi(z)$ **之示性函数**，由 Nevanlinna 所定义，当然 $\varphi(z)$ 设为 $|z|<R$ 内之半纯函数，则(D″)式缩写成次列形式：

(D‴)　　$\log|c_\lambda| + T\!\left(r,\dfrac{1}{f}\right) = T(r,f).$

将 $\log|c_\lambda|$ 写作 $c[f]$，这就是 Nevanlinna 第一基础定理的主要部分．
将这一般性的结论施用于 $f(z)-a$（$|a|<+\infty$），则立见

(D^Ⅳ)　　$c[f-a] + T\!\left(r,\dfrac{1}{f-a}\right) = T(r,f-a).$

注意下面的容易证明的不等式：

$$(\alpha) \begin{cases} \log^+ |a \pm b| \leqslant \log^+ |a| + \log^+ |b| + \log 2, \\ \log^+ |a| \leqslant \log^+ (|a-b|+|b|) \\ \qquad \leqslant \log^+ |a-b| + \log^+ |b| + \log 2, \end{cases}$$

则
$$\log^+ |f-a| \leqslant \log^+ |f| + \log^+ |a| + \log 2,$$
$$\log^+ |f| \leqslant \log^+ |f-a| + \log^+ |a| + \log 2;$$

得出
$$|m(r, f-a) - m(r, f)| \leqslant \log^+ |a| + \log 2.$$

同时容易看见，$f(z)-a$ 的极点与 $f(z)$ 的极点全同，其重级亦全同. 故
$$N(r, f-a) = N(r, f-a = \infty) = N(r, f = \infty) = N(r, f),$$
因此
$$|T(r, f-a) - T(r, f)| \leqslant \log^+ |a| + \log 2.$$

命
$$(\alpha') \qquad h(r, a) = T\left(r, \frac{1}{f-a}\right) - T(r, f),$$

则
$$(\beta) \qquad |h(r, a)| = \left| T\left(r, \frac{1}{f-a}\right) - T(r, f) \right|$$
$$\leqslant \left| T\left(r, \frac{1}{f-a}\right) - T(r, f-a) \right|$$
$$+ |T(r, f-a) - T(r, f)|$$
$$\leqslant |c[f-a]| + \log^+ |a| + \log 2.$$

为了进一步运算的便利，我们对于这一个不等式 (β) 应当给予充分的注意，而这却为 Nevanlinna 本人所忽略. 适当地处理 $c[f-a]$ 成为必要.

若 $f(z)-a$ 在原点附近之 Laurent 展式为
$$f(z) - a = c'_{\lambda'} z^{\lambda'} + c'_{\lambda'+1} z^{\lambda'+1} + \cdots,$$
则 $c[f-a] = \log |c'_{\lambda'}|$. 如 $\lambda < 0$，则 $c'_{\lambda'}$ 为与 a 无关之常数 $c(f)$；如 $\lambda = 0$，则 $c'_{\lambda'} = f(0) - a$；如 $\lambda > 0$，则 $c'_{\lambda'} = \dfrac{f^{(\lambda')}(0)}{\lambda'!}$ 为与 a 无关之常

数 $k(f)$.

我们可以选用一个新的符号 $\boxed{\log|f(0)-a|}$，这是作者所用，为了便于计算及推论. 这是从下式定义的：

$$\boxed{\log|f(0)-a|} = \begin{cases} |\log|f(0)-a||, & \text{当 } f(0) \neq a \text{ 及 } \infty \text{ 时,} \\ 0, & \text{当 } f(0) = a \text{ 或 } \infty \text{ 时.} \end{cases}$$

这样，上面讨论的结果便可写成次形：

$$(\gamma) \qquad |c[f-a]| \leqslant \boxed{\log|f(0)-a|} + k(f),$$

在这里 $k(f)$ 为仅与 f 相关之常数. 因此得出：

Nevanlinna 第一基础定理. 设 $f(z)$ 为 $|z|<R$ (R 为有限或 $+\infty$) 内之半纯函数，则 $r<R$ 必致其示性函数满足下列不等式：

$$(\text{I}) \qquad T\!\left(r, \frac{1}{f-a}\right) = T(r,f) + h(r,a),$$

在这里，当 $a=0$ 时，$h(r,a) = -c[f]$；当 $a \neq 0$ 时，即

$$(\beta) \qquad |h(r,a)| \leqslant |c[f-a]| + \log^+|a| + \log 2,$$

$$(\gamma) \qquad |h(r,a)| \leqslant \log^+|a| + \boxed{\log|f(0)-a|} + k_1(f),$$

$k_1(f)$ 为仅与 f 有关之常数. 换言之，固定 a 时，$h(r,a)$ 有上界，$M_f(a) < +\infty$，$M_f(a)$ 与 r 无关.

定理中不等式 (γ) 是作者处理的形式.

注意 以后我们也将引用下列符号(a 为有限数)：

$$\boxed{\log^+ \frac{1}{|f(0)-a|}} = \begin{cases} \log^+ \dfrac{1}{|f(0)-a|}, & \text{当 } f(0) \neq a \text{ 及 } \infty \text{ 时,} \\ 0, & \text{当 } f(0) = a \text{ 或 } \infty \text{ 时.} \end{cases}$$

据此，则

$$\boxed{\log|f(0)-a|} < k(f) + \log|a| + \boxed{\log^+ \frac{1}{|f(0)-a|}},$$

$k(f)$ 为仅与 $f(z)$ 有关的常数.

2. 示性函数之简单性质　需要证明下列两个基本性质：

1° $T(r,f)$ 为 r 的不减函数；

2° $T(r,f)$ 为 $\log r$ 的凸函数.

我们叙述 H. Cartan 的简证.

首先证明下列等式：
$$\frac{1}{2\pi}\int_0^{2\pi}\log|A-e^{i\theta}|\,d\theta=\log^+|A|, \tag{1}$$
A 为有限常数.

其实当 $|A|\geqslant 1$ 时，$\log|A-z|$ 为 $|z|\leqslant 1$ 上的调和函数（但在 $|A|=1$ 时，则须除去 A 这一点）. 故由一般的 Poisson 公式所得的 Gauss 中值公式，(1) 之左端应为 $\log|A|=\log^+|A|$，当 $|A|<1$ 时，则可注意
$$|A-e^{i\theta}|=|Ae^{-i\theta}-1|=\left||A|e^{i\theta-\alpha}-1\right|,$$
并注意 $\log|z-1|$ 在 $|z|\leqslant A$ 上为调和函数，应用 Gauss 中值公式于 $\log|z-1|$，则得
$$\frac{1}{2\pi}\int_0^{2\pi}\log\left||A|e^{i\theta}-1\right|d\theta=\log 1=0=\log^+|A|,$$
亦得 (1) 式.

用 c_λ 表 $f(z)-e^{i\theta}$ 在原点的 Laurent 展式第一系数. 应用 Jensen 公式，得出
$$\frac{1}{2\pi}\int_0^{2\pi}\log|f(re^{i\varphi})-e^{i\theta}|\,d\varphi+N(r,f=\infty)$$
$$=N(r,f=e^{i\theta})+\log|c_\lambda|. \tag{2}$$

当 $f(0)\neq\infty,e^{i\theta}$ 时，$c_\lambda=|f(0)-e^{i\theta}|$；当 $f(0)=e^{i\theta}$ 时，c_λ 与 $e^{i\theta}$ 无关. 以 $\dfrac{d\theta}{2\pi}$ 乘 (2) 式两端，求其在 $[0,2\pi]$ 上的积分，应用 (1) 式，则得：
$$\frac{1}{2\pi}\int_0^{2\pi}\log^+|f(re^{i\varphi})|\,d\varphi+N(r,f=\infty)$$
$$=\frac{1}{2\pi}\int_0^{2\pi}N(r,f=e^{i\theta})d\theta+\frac{1}{2\pi}\int_0^{2\pi}\log|c_\lambda|\,d\theta,$$

$$\frac{1}{2\pi}\int_0^{2\pi}\log|c_\lambda|\,\mathrm{d}\theta = \begin{cases}\log^+|f(0)|, & \text{当 } f(0)\neq\infty \text{ 时,}\\ \log|c_\lambda|, & \text{当 } f(0)=\infty \text{ 时.}\end{cases}$$

此即

$$\begin{aligned}T(r,f) &= \frac{1}{2\pi}\int_0^{2\pi} N(r,\,f=\mathrm{e}^{\mathrm{i}\theta})\mathrm{d}\theta + C\\ &= \frac{1}{2\pi}\int_0^r \frac{\mathrm{d}t}{t}\int_0^{2\pi}[n(t,\,f=\mathrm{e}^{\mathrm{i}\theta}) - n(0,\,f=\mathrm{e}^{\mathrm{i}\theta})]\mathrm{d}\theta\\ &\quad + n(0,\,f=\mathrm{e}^{\mathrm{i}\theta})\log r + C.\end{aligned}$$

由此可见,

1° 在 $0 < r < +\infty$ 内 $T(r,f)$ 为 r 的不减函数;

2° $\dfrac{\mathrm{d}T(r,f)}{\mathrm{d}\log r}\geqslant 0$,因而 $T(r,f)$ 为 $\log r$ $(0<r<+\infty)$ 的凸函数.

合并上述 1°, 2° 两结果可成为一定理如次:

定理 A. $|z|<R$ 内半纯函数 $f(z)$ 之示性函数 $T(r,f)$ 为 r 在 $0<r<R$ 间之不减函数,亦为 $\log r$ 之凸函数,因之是 r 之连续函数.

这个定理中的连续性对本书所论非常重要,据此定理然后才能运用前章所论之函数规则化来处理 $T(r,f)$. 当然还得在添加某些条件下才能应用规则化理论.

容易看见,

$$\frac{\mathrm{d}N(r,\,f=a)}{\mathrm{d}\log r} = n(r,a) \geqslant 0,$$

且 $n(r,a)$ 为不减的. 故 $N(r,\,f=a)$ 为 $\log r$ 之不减的凸函数.

如果 $N(r,\,f=a)\equiv 0$,即函数不以 a 为值时,则

$$T\left(r,\frac{1}{f-a}\right) = m\left(r,\frac{1}{f-a}\right),$$

而 $m\left(r,\dfrac{1}{f-a}\right)$ 为 $\log r$ 之不减的凸函数. 例如,当 $f(z)$ 为全纯函数时,$m(r,f)$ 为 $\log r$ 之不减凸函数. 但在一般情形,$m(r,f)$ 的不减性和对 $\log r$ 之凸性都不必存在.

当 $f(z)$ 为 $|z|<R$ 内之全纯函数时,$T(r,f)$ 即 $m(r,f)$ 与函数 $f(z)$ 在 $|z|\leqslant r$ 上即 $|z|=r$ 之最大模 $M(r,f)$ 有一关系. 这个关系在

全纯函数理论中及其整函数理论中非常重要,此一关系为下列不等式关系:

3° $\quad T(r,f) \leqslant \log^+ M(r,f) \leqslant \dfrac{\rho+r}{\rho-r} T(\rho,f).$

(当 $f(z)$ 全纯于 $|z|<R$ 内,$r<\rho<R$ 时).

据 Jensen-Poisson 公式,则
$$\log|f(x)| = \frac{1}{2\pi}\int_0^{2\pi} \log|f(re^{i\theta})| \, \frac{\rho^2-r^2}{\rho^2+r^2-2\rho r\cos(\theta-\varphi)} d\theta$$
$$- \sum_{|a_i|\leqslant \rho} \log\left|\frac{\rho^2-\bar{a}_i x}{\rho(x-a_i)}\right|$$

$(x=re^{i\varphi}$,a_i 为 $f(z)$ 之零点$)$.

上式中之 $\sum$ 为正故得

$$\log^+ M(r,f) \leqslant \frac{\rho+r}{\rho-r}\frac{1}{2\pi}\int_0^{2\pi}\log^+|f(\rho e^{i\theta})|\, d\theta = \frac{\rho+r}{\rho-r} T(\rho,f).$$

又

$$T(r,f) = m(r,\rho) = \frac{1}{2\pi}\int_0^{2\pi}\log^+|f(re^{i\varphi})|\,d\rho$$
$$\leqslant \frac{1}{2\pi}\int_0^{2\pi}\log^+ M(r,f)\,d\varphi = \log^+ M(r,f),$$

得上述不等式之证.

3. 关于示性函数之简单运算.

前述 $\log^+$ 符号,在 $T(r,f)$ 的运算中具有决定性的作用. 一般的计算离不了次列不等式:

$$\log^+(\alpha_1\cdot\alpha_2\cdot\alpha_3\cdot\cdots\cdot\alpha_q) \leqslant \sum_1^q \log^+ \alpha_i,$$

$$\log^+(\alpha_1+\alpha_2+\cdots+\alpha_q) \leqslant \sum_1^q \log^+ \alpha_i + \log q,$$

此由归纳法易证实 $(\alpha_i \geqslant 0)$.

因此

$$m(r,f_1 f_2 \cdots f_q) \leqslant \sum_1^q m(r,f_\nu),$$

$$m(r,f_1+\cdots+f_q) \leqslant \sum_1^q m(r,f_\nu) + \log q.$$

又

$$N(r,f_1\cdots f_q) \leqslant \sum_1^q N(r,f_\nu),$$

$$N(r,f_1+\cdots+f_q) \leqslant \sum_1^q N(r,f_\nu),$$

故得

$$T(r,f_1\cdots f_q) \leqslant \sum_1^q T(r,f_\nu),$$

$$T(r,f_1+\cdots+f_q) \leqslant \sum_1^q T(r,f_\nu) + \log q.$$

又设 $S(f_1,f_2,\cdots,f_\nu)$ 为 $f_1,\cdots,f_\nu$ 之有理式，则

$$S(f_1,f_2,\cdots,f_\nu) = \frac{A(f_1,\cdots,f_\nu)}{B(f_1,\cdots,f_\nu)}.$$

根据

$$T(r,S) \leqslant T(r,A) + T\left(r,\frac{1}{B}\right) = T(r,A) + T(r,B) - c[B],$$

$$T(r,A) \leqslant K\left(\sum_1^q T(r,f_\nu)\right) + K_1,$$

$$T(r,B) \leqslant K'\left(\sum_1^q T(r,f_\nu)\right) + K_1',$$

则

$$T(r,S) \leqslant K''\left(\sum_1^q T(r,f_\nu)\right) + K_1''. \tag{1}$$

特别地，根据

$$F(z) = \frac{\alpha f(z)+\beta}{\gamma f(z)+\delta} \quad (r \neq 0);$$

$$T(r,F) \leqslant \log^+\left|\frac{\alpha}{\gamma}\right| + \log^+|\gamma^{-1}(\beta\gamma-\alpha\delta)| + T\left(r,\frac{1}{\gamma f+\delta}\right) + \log 2$$

$$\leqslant K + T\left(r,\frac{1}{\gamma f+\gamma}\right);$$

$$T\left(\gamma, \frac{1}{\gamma f + \delta}\right) = T(r, \gamma f + \delta) - c[\gamma f + \delta]$$
$$\leqslant T(r,f) + \log^+ |\gamma| + \log 2 - c[\gamma f + \delta],$$

故
$$T(r, F) - T(r, f) \leqslant K_1^*, \quad K_1^* > 0.$$

从 f 反求 F，即
$$T(r, f) - T(r, F) \leqslant K_2^*.$$

故得

4° 如 $\alpha\delta - \beta\gamma \neq 0$，则 $\left| T\left(r, \frac{\alpha f + \beta}{\gamma f + \delta}\right) - T(r, f) \right| < K^*$，$K^*$ 为一常数.

本论 Nevanlinna 氏第二基础定理及其精确化与推论

Ⅰ. Nevanlinna 氏第二基础定理及其精确化

在这里我们将给出第二基础定理的各种形式及其主要推论，为半纯函数的填充圆及聚值线理论做好准备. 这个定理的发现总结了前一阶段整函数及半纯函数理论中的 Picard 定理及唯一性定理的理论，并使这些大大向前推进一步成为可能，事在 1925 年. 这个定理还解决了 a- 值点的重级问题，并以全新姿态显现在 Picard 定理及唯一性定理中. 1926 年 Valiron 用新的方法精确化了这个定理并从此推出了正级半纯函数的聚值线之存在定理. 1928 年 Milloux 将 Valiron 的精确形式更精确化为 Schottky 定理类型的形式，正有限级半纯函数之填充圆的存在定理得以证明. 但是 Valiron 和 Milloux 所提供的形式却因为没有保持 Nevanlinna 的原法的优点，即关于处理 a- 值点重级问题的可能性这一优点而遗憾. 由于他们的计算省略太甚，许多读者都感困难. 作者在 1935 年曾费很大的力量才正确地了解它，总觉它里面含有缺点；因此在 1938 年才从 Nevanlinna 的方法中择其优点来和它的优点结合，把第二基础定理的两个不同形式都加以强化. 这个强化的形式曾引起一连串的思想. 主要的是填充圆与聚值线理论中关于 a- 值点的重级问题，作者也曾发表这个问题的解答. 但因证法中在一个简单的步骤上竟无法进行，遂使这个解答一部分至今成为疑问. 这个简单步骤却完全与第二基础定理的强化形式无涉，而是在应用着它的时候须要经过这个步骤. 困难的主要点是从 $\overline{N}(r,f)$ 或 $N^{(3)}(r,f)$ 决定 $N(r,f)$.

1. 设 $f(z)$ 为 $|z|<R$ 内之半纯函数，以 $a_1,a_2,\cdots,a_\mu,\cdots$ 为其零点以 $b_1,b_2,\cdots,b_\nu,\cdots$ 为其极点，如无零点或极点则不必写；在这里 R 可为有限或 $+\infty$. 我们曾经论及这些零点所成集和极点所成集如为无限集，则其聚结点一定在 $|z|=R$ 上，因此在 $|z|\leqslant\rho$ ($\rho<R$) 上仅有有限多个零点及极点，而 Jensen-Poisson 公式可以应用. 应用这个公式的形式(A)，则得：

$$(A) \quad \log f(z) = \frac{1}{2\pi}\int_0^{2\pi} \log|f(fe^{i\theta})|\frac{\rho e^{i\theta}+z}{\rho e^{i\theta}-z}d\theta$$
$$-\sum_{|a_\mu|<\rho}\log\frac{\overline{a}_\mu z-\rho^2}{\rho(z-a_\mu)}+\sum_{|b_\nu|<\rho}\log\frac{\overline{b}_\nu z-\rho^2}{\rho(z-b_\nu)}+iC,$$
$$|z|=r<\rho<R.$$

求此式两端对 z 之微商，得出

$$\frac{f'(z)}{f(z)} = \frac{1}{2\pi}\int_0^{2\pi}\log|f(\rho e^{i\theta})|\frac{2\rho e^{i\theta}}{(\rho e^{i\theta}-z)^2}d\theta$$
$$+\sum_{|a_\mu|<\rho}\frac{\rho^2-|a_\mu|^2}{(z-a_\mu)(\rho^2-\overline{a}_\mu z)}$$
$$-\sum_{|b_\nu|<\rho}\frac{\rho^2-|b_\nu|^2}{(z-b_\nu)(\rho^2-\overline{b}_\nu z)}.$$

由此则得

$$\left|\frac{f'(z)}{f(z)}\right|\leqslant\frac{2\rho}{(\rho-r)^2}\left[\frac{1}{2\pi}\int_0^{2\pi}\left|\log|f(\rho e^{i\theta})|\right|d\theta\right]$$
$$+\sum_{|a_\mu|<\rho}\frac{\rho^2-|a_\mu|^2}{|z-a_\mu|\cdot|\rho^2-\overline{a}_\mu z|}$$
$$+\sum_{|b_\nu|<\rho}\frac{\rho^2-|b_\nu|^2}{|z-b_\nu||\rho^2-\overline{b}_\nu z|}.$$

但
$$|\rho^2 - \bar{a}_\mu z| \geqslant \rho^2 - |a_\mu| r > \rho(\rho - r), \quad |a_\mu| < \rho,$$
故
$$\frac{\rho^2 - |a_\mu|^2}{|z - a_\mu| |\rho^2 - \bar{a}_\mu z|} = \frac{\rho(\rho^2 - |a_\mu|^2)}{|\rho^2 - \bar{a}_\mu z|^2} \left| \frac{\rho^2 - \bar{a}_\mu z}{\rho(z - a_\mu)} \right|$$
$$< \frac{\rho}{(\rho - r)^2} \left| \frac{\rho^2 - \bar{a}_\mu z}{\rho(z - a_\mu)} \right|;$$

依同法处理含 b_ν 之项，得出

$$\left| \frac{f'(z)}{f(z)} \right| < \frac{2\rho}{(\rho - r)^2} \left[\frac{1}{2\pi} \int_0^{2\pi} |\log|f(\rho e^{i\theta})|| \, d\theta \right.$$
$$\left. + \sum_{|a_\mu| < \rho} \left| \frac{\rho^2 - \bar{a}_\mu z}{\rho(z - a_\mu)} \right| + \sum_{|b_\nu| < \rho} \left| \frac{\rho^2 - \bar{b}_\nu z}{\rho(z - b_\nu)} \right| \right].$$

依 $\log^+$ 之计算公式，得（从 $\log^+(A + B + C)$ 得出 $\log 3$，从 A 中 2ρ 得 $\log 2$，故须作 $2\log 3$）：

$$\log^+ \left| \frac{f'(z)}{f(z)} \right| < 2\log 3 + \log^+ \rho + 2\log^+ \frac{1}{\rho - r}$$
$$+ \log^+ \left(\frac{1}{2\pi} \int_0^{2\pi} |\log|f(\rho e^{i\theta})|| \, d\theta \right)$$
$$+ \sum_{|a_\mu| < \rho} \log^+ \left| \frac{\rho^2 - \bar{a}_\mu z}{\rho(z - a_\mu)} \right| + \sum_{|b_\nu| < \rho} \log^+ \left| \frac{\rho^2 - \bar{b}_\nu z}{\rho(z - b_\nu)} \right|$$
$$+ \log^+ \left(n(\rho, f) + n\left(\rho, \frac{1}{f}\right) \right), \quad |z| = r < \rho.$$

两个 $\sum$ 号之项可以 $V_\rho\left(z, \frac{1}{f}\right)$ 及 $V_\rho(z, f)$ 表之，则上式可缩写如下：

$$\log^+ \left| \frac{f'(z)}{f(z)} \right| < 2\log 3 + \log^+ \rho + 2\log^+ \frac{1}{\rho - r}$$
$$+ \log^+ \left(\frac{1}{2\pi} \int_0^{2\pi} |\log|f(\rho e^{i\theta})|| \, d\theta \right)$$
$$+ V_\rho\left(z, \frac{1}{f}\right) + V_\rho(z, f)$$
$$+ \log\left(n(\rho, f) + n\left(\rho, \frac{1}{f}\right) \right).$$

对 dφ 积分之,得出次式:
$$m\left(r,\frac{f'}{f}\right) < 2\log 3 + \log^+ \rho + 2\log^+ \frac{1}{f-r}$$
$$+ \log^+ \left(\frac{1}{2\pi}\int_0^{2\pi} \left|\log|f(\rho e^{i\theta})|\right| d\theta\right)$$
$$+ \frac{1}{2\pi}\int_0^{2\pi} V_\rho(re^{i\varphi},f)d\varphi + \frac{1}{2\pi}\int_0^{2\pi} V_\rho\left(re^{i\varphi},\frac{1}{f}\right)d\varphi$$
$$+ \log^+ \left(n(\rho,f) + n\left(\rho,\frac{1}{f}\right)\right). \tag{1}$$

先设 $f(0) \neq 0, \infty$,计及第一基础定理中公式(D^{III}),则得
$$\frac{1}{2\pi}\int_0^{2\pi}\left|\log|f(\rho e^{i\theta})|\right|d\theta = m(\rho,f) + m\left(\rho,\frac{1}{f}\right)$$
$$\leqslant 2T(\rho,f) - c[f].$$

故
$$\log^+ \left(\frac{1}{2\pi}\left|\log|f(\rho e^{i\theta})|\right|d\theta\right)$$
$$\leqslant 4\log 2 + \log^+ \log^+ \frac{1}{|c_0|} + \log^+ T(\rho,f),$$
在这里 $c_0 = f(0)$.

依据调和函数之 Gauss 中值定理,注意 $V_r(z,f) = 0$ 于 $z = r$ 上且 $V_\rho(z,f) - V_r(z,f)$ 为调和函数于 $|z| \leqslant r$ 上,则
$$\frac{1}{2\pi}\int_0^{2\pi}V_\rho(re^{i\varphi},f)d\varphi = \frac{1}{2\pi}\int_0^{2\pi}(V_\rho - V_r)d\varphi = (V_\rho - V_r)_{z=0}$$
$$= N(\rho,f) - N(r,f).$$

同理得出
$$\frac{1}{2\pi}\int_0^{2\pi}V_\rho\left(re^{i\varphi},\frac{1}{f}\right)d\varphi = N\left(\rho,\frac{1}{f}\right) - N\left(r,\frac{1}{f}\right).$$

命
$$n(t) = n(t,f) + n\left(t,\frac{1}{f}\right), \quad N(t) = N(t,f) + N\left(t,\frac{1}{f}\right).$$
选 $\rho' > \rho$,则有
$$n(\rho) = \frac{n(\rho)}{\log\frac{\rho'}{\rho}}\int_\rho^{\rho'}\frac{dt}{t} \leqslant \frac{1}{\log\frac{\rho'}{\rho}}\int_\rho^{\rho'}\frac{n(t)}{t}dt \leqslant \frac{N(\rho')}{\log\frac{\rho'}{\rho}},$$

但
$$N(\rho') < 2T(\rho', f) + \log^+ \frac{1}{|c_0|},$$
$$\log \frac{\rho'}{\rho} = -\log\left(1 - \frac{\rho' - \rho}{\rho'}\right) \geq \frac{\rho' - \rho}{\rho'},$$
故得
$$n(\rho) \leq \frac{\rho'}{\rho' - \rho}\left(2T(\rho', f) + \log^+ \frac{1}{|c_0|}\right),$$
$$\log^+ n(\rho) \leq 2\log 3 + \log^+ \rho' + \log^+ \frac{1}{\rho' - \rho}$$
$$+ \log^+ \log^+ \frac{1}{|c_0|} + \log^+ T(\rho', f).$$

将以上各计算结果代入(1)式得出
$$m\left(r, \frac{f'}{f}\right) < 8\log 3 + 2\log^+ \rho' + 2\log^+ \frac{1}{\rho - r} + \log^+ \frac{1}{\rho' - \rho}$$
$$+ 2\log^+ \log^+ \frac{1}{|c_0|} + N(\rho) - N(r)$$
$$+ 2\log^+ T(\rho', f) \quad (r < \rho < \rho' < R), \tag{2}$$

就中 $0 \leq r < \rho < \rho' < R$. 固定 r 及 ρ'，选定 ρ 致
$$\rho - r = \frac{\rho' - r}{T(\rho', f) + 2} \frac{r}{\rho'}, \tag{3}$$

则 $r < \rho < \rho'$ 仍然成立. 推得 $\rho - r < \dfrac{\rho' - r}{T(\rho', f) + 2}$，因而
$$\rho' - \rho > (\rho' - r)\frac{T(\rho', f) + 1}{T(\rho', f) + 2} \geq \frac{\rho' - r}{2}.$$

故得
$$\begin{cases} \log^+ \dfrac{1}{\rho - r} \leq \log^+ \dfrac{T(\rho', f)}{\rho' - r} + \log^+ \dfrac{\rho'}{r} \\ \qquad < 2\log 3 + \log^+ \dfrac{1}{\rho' - r} + \log^+ \rho' + \log^+ \dfrac{1}{r} \\ \qquad + \log^+ T(\rho', f), \\ \log^+ \dfrac{1}{\rho' - \rho} \leq \log 2 + \log^+ \dfrac{1}{\rho' - r} < \log 3 + \log^+ \dfrac{1}{\rho' - r}. \end{cases} \tag{4}$$

容易看见，$\dfrac{\mathrm{d}N(t)}{\mathrm{d}\log r} = n(t)$ 为不减函数，故 $N(t)$ 为 $\log t$ 之凸函数. 故

$$N(\rho) - N(r) \leqslant \frac{\log\dfrac{\rho}{r}}{\log\dfrac{\rho'}{r}}(N(\rho') - N(r)) \leqslant \frac{\log\dfrac{\rho}{r}}{\log\dfrac{\rho'}{r}} N(\rho')$$

$$\leqslant \frac{\log\dfrac{\rho}{r}}{\log\dfrac{\rho'}{r}}\Big(2T(\rho', f) + \log^+ \frac{1}{|c_0|}\Big).$$

但是

$$\log\frac{\rho}{r} = \log\Big(1 + \frac{\rho - r}{r}\Big) \leqslant \frac{\rho - r}{r},$$

$$\log\frac{\rho'}{r} = -\log\Big(1 - \frac{\rho' - r}{\rho'}\Big) \geqslant \frac{\rho' - r}{\rho'};$$

因得

$$N(\rho) - N(r) \leqslant \frac{\rho'}{r} \frac{\rho - r}{\rho' - r}\Big(2T(\rho', f) + \log^+ \frac{1}{|c_0|}\Big).$$

计及(3)式，则

$$T(\rho', f) = \frac{\rho' - r}{\rho - r}\frac{r}{\rho'} - 2 < \frac{\rho' - r}{\rho - r}\frac{r}{\rho'}.$$

代入上式，易见

$$N(\rho) - N(r) \leqslant 2 + \log^+ \frac{1}{|c_0|}. \tag{5}$$

合并(2),(3),(4),(5)的计算得出次式：

$$m\Big(r, \frac{f'}{f}\Big) < (11\log 3 + 2) + 2\log^+\log^+ \frac{1}{|c_0|} + \log^+ \frac{1}{|c_0|}$$

$$+ 2\log^+ \frac{1}{r} + 4\log^+ \rho' + 3\log^+ \frac{1}{\rho - r}$$

$$+ 4\log^+ T(\rho', f) \quad (0 < r < \rho').$$

就此式以 2 代 $\log 3$，以 $\log^+ \dfrac{1}{|c_0|}$ 代 $\log^+\log^+ \dfrac{1}{|c_0|}$，以 ρ 代 ρ'，则得次式：

($\mathscr{B}$) $\quad m\left(r, \dfrac{f'}{f}\right) < 24 + 3\log^+ \dfrac{1}{|c_0|} + 2\log^+ \dfrac{1}{r} + 4\log^+ \rho$

$$+ 3\log^+ \dfrac{1}{\rho - r} + 4\log^+ T(\rho, f) \quad (0 < r < \rho').$$

这一公式当然是在 $f(0) \neq 0, \infty$ 的条件下得出的. 在一般的情况, 设 $f(z)$ 在 $z=0$ 的 Laurent 级数为

$$f(z) = c_\lambda z^\lambda + c_{\lambda+1} z^{\lambda+1} + \cdots \quad (c_\lambda \neq 0).$$

就 $\varphi(z) = \dfrac{f(z)}{z^\lambda}$ 来应用 ($\mathscr{B}$) 式, 注意

$$\dfrac{\varphi'(z)}{\varphi(z)} = \dfrac{\left(\dfrac{f(z)}{z^\lambda}\right)'}{\left(\dfrac{f(z)}{z^\lambda}\right)} = \dfrac{f'(z)}{f(z)} - \dfrac{\lambda}{z},$$

则

$$\dfrac{f'(z)}{f(z)} = \dfrac{\varphi'(z)}{\varphi(z)} + \dfrac{\lambda}{z},$$

$$m\left(r, \dfrac{f'}{f}\right) \leq \log 2 + m\left(r, \dfrac{\varphi'}{\varphi}\right) + \log^+ |\lambda| + \log^+ \dfrac{1}{r},$$

$$T(r, \varphi) \leq T(r, f) + T\left(r, \dfrac{1}{z^\lambda}\right)$$

$$\leq T(r, f) + |\lambda|\left(\log^+ \dfrac{1}{r} + \log^+ r\right) + |\lambda|\log^+ r.$$

由此得:

补题 1. 设 $f(z)$ 为 $|z| < R$ 内的半纯函数, 其在 $z=0$ 的 Laurent 展式为 $f(z) = c_\lambda z^\lambda + c_{\lambda+1} z^{\lambda+1} + \cdots (c_\lambda \neq 0)$, 则必

($\mathscr{B}^*$) $\quad m\left(r, \dfrac{f'}{f}\right) < 35 + 7\log^+ \dfrac{1}{r} + 10\log^+ |\lambda|$

$$+ 12\log^+ \rho + 3\log^+ \dfrac{1}{\rho - r} + 4\log^+ T(\rho, f)$$

$$+ 3\log^+ \left|\dfrac{1}{c_\lambda}\right| \quad (0 < r < \rho < R).$$

在 $\lambda = 0$ 时, 经常用 ($\mathscr{B}$) 代 ($\mathscr{B}^*$) 作为本补题.

2. 假设同补题 1; 又设 $z_1, z_2, \cdots, z_q$ 为 q 个不同的定数. 现在的问题是求 $T(r,f)$ 与 $N\left(r, \dfrac{1}{f-z_\nu}\right)$ ($\nu = 1, 2, \cdots, q$) 之间的关系式.

命
$$F(z) = \sum_{\nu=1}^{q} \frac{1}{f(z) - z_\nu},$$
又以 δ 表 $|z_h - z_k|$ ($h \neq k$; $h, k = 1, 2, \cdots, q$) 及 1 之最小者.

现在来探寻
$$m(r, F) = \frac{1}{2\pi} \int_0^{2\pi} \log^+ |F(re^{i\varphi})| \, d\varphi$$
之上界及下界.

把 $F(z)$ 写成下列形式:
$$F(z) = \frac{1}{f - z_\mu}\left[1 + \sum_{\nu \neq \mu} \frac{f - z_\mu}{f - z_\nu}\right], \tag{6}$$
在这里, μ 为 $1, 2, \cdots, q$ 中之任一个.

每一 z 致
$$|f(z) - z_\mu| < \frac{\delta}{2q} \left(\leqslant \frac{1}{2q}\right) \tag{7}$$
者, 必致
$$|f(z) - z_\nu| \geqslant |z_\mu - z_\nu| - |f(z) - z_\mu| > \delta - \frac{\delta}{2q}$$
$$\geqslant \frac{3}{4}\delta \quad (\nu \neq \mu),$$
势必亦致
$$\sum_{\nu \neq \mu} \left|\frac{f(z) - z_\mu}{f(z) - z_\nu}\right| < q \cdot \frac{2}{3q} = \frac{2}{3},$$
$$\left|1 + \sum_{\nu \neq \mu} \frac{f(z) - z_\mu}{f(z) - z_\nu}\right| > \frac{1}{3}.$$

由 (6) 式, 则凡 z 之致 (7) 者据上式计算, 必致
$$\log^+ |F(z)| > \log^+ \left|\frac{1}{f(z) - z_\mu}\right| - \log 3.$$

据此, 并注意在 $|z| = r$ 上之弧使在其上致

$$|f(z)-z_\mu|<\frac{\delta}{2q}\quad(\mu=1,2,\cdots,q)$$

者必不互相重叠，则得

$$m(r,f)\geqslant\frac{1}{2\pi}\sum_{\mu=1}^{q}\int_{|f-z_\mu|<\frac{\delta}{2q}}\log^+|F(re^{i\varphi})|\,d\varphi$$

$$>\frac{1}{2\pi}\sum_{\mu=1}^{q}\int_{|f-z_\mu|<\frac{\delta}{2q}}\log^+\left|\frac{1}{f(re^{i\varphi})-z_\mu}\right|d\varphi-\log 3.$$

但

$$\frac{1}{2\pi}\int_{|f-z_\mu|<\frac{\delta}{2q}}\log^+\frac{1}{|f(re^{i\varphi})-z_\mu|}d\varphi$$

$$=\frac{1}{2\pi}\int_0^{2\pi}\log^+\frac{1}{|f(re^{i\varphi})-z_\mu|}d\varphi$$

$$-\frac{1}{2\pi}\int_{|f-z_\mu|\geqslant\frac{\delta}{2q}}\log^+\frac{1}{|f(re^{i\varphi})-z_\mu|}d\varphi$$

$$\geqslant m\left(r,\frac{1}{f-z_\mu}\right)-\log\frac{2q}{\delta},$$

故得

$$m(r,F)>\sum_1^q m\left(r,\frac{1}{f-z_\nu}\right)-q\log\frac{2q}{\delta}-\log 3. \tag{8}$$

又把 $F(z)$ 写成如次之形式：

$$F=\frac{1}{f}\frac{f}{f'}\sum_1^q\frac{f'}{f-z_\nu},$$

则得

$$m(r,F)\leqslant m\left(r,\frac{1}{f}\right)+m\left(r,\frac{f}{f'}\right)+m\left(r,\sum_1^q\frac{f'}{f-z_\nu}\right).$$

但

$$m\left(r,\frac{1}{f}\right)=T(r,f)-N\left(r,\frac{1}{f}\right)+\log\frac{1}{|c_\lambda|},$$

$$m\left(r,\frac{f}{f'}\right)=m\left(r,\frac{f'}{f}\right)+N\left(r,\frac{f'}{f}\right)-N\left(r,\frac{f}{f'}\right)$$

$$+\log\left|\frac{c_\lambda}{(\lambda+\mu)(c_{\lambda+\mu})}\right|$$

$$= m\left(r, \frac{f'}{f}\right) + N(r, f') - N\left(r, \frac{1}{f'}\right) + N\left(r, \frac{1}{f}\right)$$
$$- N(r, f) + \log\left|\frac{1}{(\lambda+\mu)(c_{\lambda+\mu})}\right|$$
$$= m\left(r, \frac{f'}{f}\right) + T(r, f) + N\left(r, \frac{1}{f}\right) - m(r, f)$$
$$- N_1(r) + \log\left|\frac{1}{(\lambda+\mu)(c_{\lambda+\mu})}\right| \quad (\mu \geqslant 0,\ c_{\lambda+\mu} \neq 0),$$

在这里
$$N_1(r) = 2N(r, f) - N(r, f') + N\left(r, \frac{1}{f'}\right).$$

故得
$$m(r, F) \leqslant 2T(r, f) + m\left(r, \frac{f'}{f}\right) + m\left(r, \sum_1^q \frac{f'}{f - z_\nu}\right) - m(r, f)$$
$$+ N_1(r) + \log\left|\frac{1}{(\lambda+\mu)(c_{\lambda+\mu})}\right|$$
$$(\mu \geqslant 0,\ c_{\lambda+\mu} \neq 0). \tag{9}$$

合并(8)式与(9)式，得出(8)式右端与(9)式右端之不等式关系，因之有次列补题：

补题 2. 设 $f(z)$ 为 $|z| < R$ (R 为有限或 $+\infty$) 内之半纯函数，其在 $z = 0$ 之 Laurent 展式为
$$f(z) = c_\lambda z^\lambda + c_{\lambda+1} z^{\lambda+1} + \cdots \quad (c_\lambda \neq 0);$$

而
$$f'(z) = (\lambda+\mu) c_{\lambda+\mu} z^{\lambda+\mu-1} + \cdots \quad (\mu \geqslant 0,\ c_{\lambda+\mu} \neq 0).$$

设 $z_1, z_2, \cdots, z_q$ ($q \geqslant 2$) 均为定数且互不相同，则必

$(\mathcal{N})$ $\quad m(r, f) + \sum_1^q m\left(r, \frac{1}{f - z_i}\right) < 2T(r, f) - N_1(r) + S(r);$

在这里

$(\mathcal{R})$ $\quad N_1(r) = N(r, f' = 0) + 2N(r, f = \infty) - N(r, f' = \infty)$
$$= N\left(r, \frac{1}{f'}\right) + 2N(r, f) - N(r, f'),$$

$$(\mathscr{L}) \quad S(r) = m\left(r, \sum_1^q \frac{f'}{f-z_i}\right) + m\left(r, \frac{f'}{f}\right)$$
$$+ \log\left|\frac{3}{(\lambda+\mu)(c_{\lambda+\mu})}\right| + q\log\frac{2q}{\delta};$$

上式之 δ 为 $|a_h - a_k|$ $(h \neq k,\ h = 1,2,\cdots,q;\ k = 1,2,\cdots,q)$ 及 1 之最小者. $(\mathscr{L})$ 式又可比较粗略地写成下列形式:

$$(\mathscr{V}) \quad S(r) = m\left(r, \sum_1^q \frac{f'}{f-z_i}\right) + m\left(r, \frac{f'}{f}\right) + q\log\frac{2q}{\delta} + K(f),$$

就中 $K(f)$ 为仅与 $f(z)$ 有关之常数.

这个补题也不完全和 Nevanlinna 原作一样, 只是在假设 $\lambda = 0$ 的情况下便是原作的形式, 在这里差别虽然好像很小, 但在应用它的时候差异性便愈来愈大了.

3. 现在仍然在前面两节的补题 1 及 2 的假设下来进行推理, 以 A 表示 $|z_i|$ $(i = 1,2,\cdots,q)$ 及 c 之最大者.

由第一基础定理, 则
$$m(r, f-z_i) + N(r, f-z_i)$$
$$= m\left(r, \frac{1}{f-z_i}\right) + N\left(r, \frac{1}{f-z_i}\right) + c[f-z_i],$$
$$T(r,f) = T(r, f - z_i + z_i)$$
$$\leqslant T(r, f-z_i) + \log^+|z_i| + \log 2$$
$$< m\left(r, \frac{1}{f-z_i}\right) + N\left(r, \frac{1}{f-z_i}\right) + 2\log A$$
$$+ \overline{\log^+ \frac{1}{|f(0)-z_i|}} + K(f).$$

从最后一式令 $i = 1,2,\cdots,q$ 并与
$$T(r,f) = m(r,f) + N(r,f)$$
相加然后应用补题 2, 并将结式中右端 $2T(r,f)$ 移往左端, 则得

$$(q-1)T(r,f) < \sum_1^q N\left(r, \frac{1}{f-z_\nu}\right) + N(r,f) - N_1(r) + S(r),$$
(1)

第二章　半纯函数理论中的两个基础定理

$$S(r) = m\left(r, \sum_1^q \frac{f'}{f-z_i}\right) + q\log\frac{2q}{\delta} + qK(f) + m\left(r, \frac{f'}{f}\right)$$
$$+ \sum_1^q \left[\log^+ \frac{1}{|f(0)-z_i|}\right] + 2q\log A. \tag{2}$$

现在的问题在于处理 $S(r)$.

设 $f(z) - z_i$ 在 $z=0$ 之 Laurent 级数为

$$f(z) - z_i = c_{\lambda_i, i} z^{\lambda_i} + \cdots, \quad c_{\lambda_i, i} \neq 0,$$

则依补题 1 得出

$$m\left(r, \frac{f'}{f-z_i}\right) < 35 + 3\log^+ \left|\frac{1}{c_{\lambda_i, i}}\right| + 6\log^+ \frac{1}{r} + 12\log^+ \rho$$
$$+ 3\log^+ \frac{1}{\rho - r} + 10\log^+ |\lambda_i| + 4\log^+ T(\rho, f)$$
$$(0 < r < \rho < R,\ i = 1, 2, \cdots, q). \tag{3}$$

关于 $m\left(r, \frac{f'}{f}\right)$ 则直接用补题 1 之记号写出其不等式.

将此结果代入

$$m\left(r, \sum_1^q \frac{f'}{f-z_i}\right) + m\left(r, \frac{f'}{f}\right)$$
$$< \sum_1^q m\left(r, \frac{f'}{f-z_i}\right) + m\left(r, \frac{f'}{f}\right) + \log q,$$

又以较大之项

$$q\log 2q + q\sum_{h\neq k} \log^+ \frac{1}{|a_h - a_k|}$$

代替 $S(r)$ 中之 $q\log\frac{2q}{\delta}$.

注意 $|\lambda_i|$ 小于一个仅与 $f(z)$ 有关之常数 $\mu(f)$, 则由简单计算得出关于(2)式中的 $S(r)$ 的不等式:

$$S(r) < 4(q+1)\log^+ T(\rho, f) + 3(q+1)\log^+ \frac{1}{\rho - r}$$
$$+ 12(q+1)\log^+ \rho + 6(q+1)\log\frac{1}{r}$$

$$+4\sum_{i=1}^{q}\left[\log^+\left|\frac{1}{f(0)-z_i}\right|\right]+35(q+1)\log q$$

$$+qK(f)+K_1(f)+2q\log A$$

$$+q\sum_{h\neq k}{}'\log\frac{1}{|a_h-a_k|}+q\log q$$

$$=4(q+1)\log^+ T(\rho,f)+3(q+1)\log^+\frac{1}{\rho-r}$$

$$+12(q+1)\log^+\rho+6(q+1)\log^+\frac{1}{r}$$

$$+4\sum_{i=1}^{q}\left[\log^+\left|\frac{1}{f(0)-z_i}\right|\right]+K(f,q)$$

$$+q\sum_{h\neq k}{}'\log^+\frac{1}{|z_h-z_k|}+2q\log A. \tag{4}$$

粗略地记录后四项之和为 $K(f,z_1,\cdots,z_i)$,有时较简,但若不加以注意其内容,则进一步研究便无从着手,读者可以看到我们修正后的两个补题在这里发挥着应有的作用,只须把这个结果和 Nevanlinna 原来的结果比较一下,便看得出来.

从(1)式两端减去 $T(r,f)$,注意 $N(r,f)-T(r,f)\leqslant 0$,得出

$$(q-2)T(r,f)<\sum_{1}^{q}N(r,f=z_i)-N_1(r)+S(r),$$

然而此式中 z_i 皆为定数无一得为 ∞ 者,此结论尚未完满,必须更进一步探讨,就(1)式以 $q+1$ 为 q',则可写成次式:

$$(q'-2)T(r,f)<\sum_{1}^{q'}N(r,f=z_i)-N_1(r)+S(r),$$
$$z_{q'}=\infty;$$

从此再将 q 来表示 q',则得

$$(q-2)T(r,f)<\sum_{1}^{q}N(r,f=z_i)-N_1(r)+S_1(r).$$

这样的 $S_1(r)$ 经过了转换,其中(4)式所表示的 q 实在是新的 $q-1$,这就是

$$S_1(r) < 4q\log^+ T(r,f) + 3q\log^+ \frac{1}{\rho-q} + 12q\log^+ \rho$$

$$+ 6q\log^+ \frac{1}{r} + 4\sum_{i=1}^{q-1}\left[\log^+\left|\frac{1}{f(0)-z_i}\right|\right]$$

$$+ K_1(f,q) + (q+1)\sum_{h\neq k}{}'\log^+ \frac{1}{|z_h-z_k|}$$

$$+ 2(q-1)\log A \quad (在这里, z_q = \infty).$$

这样我们可以写成$\left(\text{承认算到：} \frac{1}{\infty}=0\right)$：

$$S_1(r) < 4q\log^+ T(\rho,f) + 3q\log^+ \frac{1}{\rho-r} + 12q\log^+ \rho$$

$$+ 6q\log^+ \frac{1}{r} + 4\sum_{i=1}^{q}\left[\log^+\left|\frac{1}{f(0)-z_i}\right|\right]$$

$$+ K_1(f,r) + (q-1)\sum_{h\neq k}{}'\log^+ \frac{1}{|z_h-z_k|}$$

$$+ 2(q-1)\log A. \tag{4'}$$

比较 (4) 与 (4′) 两式，只须将 (4) 式中 $K(f,q)$ 换上 $K(f,q)+K_1(f,q)=K^*(f,q)$；因 (4) 式的系数 $q+1$ 较 (4′) 之系数 q 为大，故可将 (4′) 换上 (4) 之形式. 只须将 $K(f,q)$ 改写为 $K^*(f,q)$，不论 $z_1, z_2, \cdots, z_q$ 中是否含有 ∞，(4) 式仍可引用. 故得次述定理：

Nevanlinna 第二基础定理. 设 $f(z)$ 为 $|z| < R$ 内之半纯函数 (R 为有限或为 ∞)；又设 $z_1, z_2, \cdots, z_q$ 为 q 个互不相同之数 (其中可能有一为 ∞ 或均为有限的)，则 $0 < r < \rho < R$ 必致

$$(q-2)T(r,f) < \sum_1^q N(r, f=z_i) - N_1(r) + S(r), \tag{II}$$

$$N_1(r) = N\left(r, \frac{1}{f'}\right) + [2N(r,f) - N(r,f')];$$

$$S(r) = 4(q+1)\log^+ T(\rho,f) + 3(q+1)\log^+ \frac{1}{\rho-r} + 12q\log^+ \rho$$

$$+ 6q\log^+ \frac{1}{r} + 4\sum_{i=1}^{q}\left[\log^+\left|\frac{1}{f(0)-z_i}\right|\right] + K^*(f,q)$$

$$+ q\sum_{h\neq k}{}'\log^+ \frac{1}{|z_h-z_k|} + 2q\log A,$$

在这里 A 是所有 $|z_i|(\neq \infty$ 者) 与 e 之最大值.

这个定理的形式当然与原作不一样,但从原形式可能作出之结论从这个形式只须把 $S(r)$ 中的后四项和表为与 f 及 z_i 有关之常数 $\mathcal{K}(f,z_i)$ 便可完全得出. 但这形式的用处却远较原形式为大. 这个形式显然已包含 Valiron 的结果,但他的结果中却没有 $N_1(r)$ 这一项,而慎重处理这一项,却是 Nevanlinna 原法的优点所在.

关于 $N_1(r)$,Nevanlinna 的考察是这样的:

$1°$ 容易看见,在 $R>1$,当 $r\geqslant 1$ 时 $N_1(r)\geqslant 0$,故在 $R>1$ 则当 $r\geqslant 1$ 时(Ⅱ)式取去右端的 $N_1(r)$,不等式仍然成立.

$2°$ 容易看见,$n\left(t,\dfrac{1}{f'}\right)$ 乃 $f'(z)$ 在 $|z|\leqslant t$ 上之零点数,即 $f(z)$ 在 $|z|\leqslant t$ 上之每个多重 a-值点重级减 1 相加所得之总和(a 取一切有限数值). 其次,$2n(t,f)-n(t,f')$ 乃关于多重极点之每一重级减 1 相加所得之总和. 由此可见,$n_1(t)=n\left(t,\dfrac{1}{f'}\right)+2n(t,f)-n(t,f')$ 乃在 $|z|=t$ 上之一切多重 a-值点(对一切值 a 有限或无限)之每一重级减 1 相加所得之总和,而且

$$N_1(r)=\int_0^r \frac{n_1(t)-n_1(0)}{t}dt+n_1(0)\log r.$$

由此可见

$$\sum_1^q N(r,f=z_\nu)-N_1(r)=\sum_1^q \overline{N}(r,f=z_\nu)-N_2(r),$$

就中

$$N_2(r)=\int_0^r \frac{n_2(t)-n_2(0)}{t}dt+n_2(0)\log r,$$

$$\overline{N}(r,f=z_\nu)=\int_0^r \frac{\overline{n}(t,f=z_\nu)-\overline{n}(0,f=z_\nu)}{t}dt$$
$$+\overline{n}(0,f=z_\nu)\log r.$$

在这里 $\overline{n}(t,f=z_\nu)$ 为 $f(z)$ 在 $|z|\leqslant t$ 上之 z_ν-值点之总数,每一多重点仅算作一个,而 $n_2(t)$ 为自 $n_1(t)$ 减去关于 $z_1,z_2,\cdots,z_q$ 之重值点重级减 1 相加之总和,故 $n_2\geqslant 0$.

故（Ⅱ）式可以次式代之：

(Ⅱ′) $\quad (q-2)T(r,f) \leqslant \sum_1^b \overline{N}(r, f=z_\nu) - N_2(r) + S(r).$

3° 将 $\sum_1^q N(r, f=z_\nu)$ 写成次列形式：

$$\sum_1^q N(r, f=z_\nu) = N(r) = N^{(k)}(r) + (N(r) - N^{(k)}(r)),$$

在这里 $N^{(k)}(r)$ 为自 $N(r)$ 中去其关于 z_ν-值点($\nu=1,2,\cdots,q$)其重级小于 k 者之个数而得之相当项，即

$$N^{(k)}(r) = \sum_1^q N^{(k)}(r, f=z_\nu),$$

$$N^{(k)}(r, f=z_\nu) = \int_0^r \frac{n^{(k)}(t, f=z_\nu) - n^{(k)}(0, f=z_\nu)}{t} dt + n^{(k)}(0, f=z_\nu)\log r,$$

在这里 $n^{(k)}(t, f=z_\nu)$ 为 $f(z)$ 在 $|z|\leqslant t$ 上之 z_ν-值点其重级大于 k 者之个数（n 重点算作 n 个），因此当 $r\geqslant 1$ 时，

$$N_1(r) \geqslant \left(1 - \frac{1}{k}\right) N^{(k)}(r).$$

据此则（Ⅱ）式可以次式代替之：

$$(q-2)T(r,f) < \left(1 - \frac{1}{k}\right)[N(r) - N^{(k)}(r)] + \frac{1}{k}N(r) + S(r).$$

以上就是 Nevanlinna 处理 $N_1(r)$ 的结论。

但是潜藏在 $N(r)$ 里面的东西还得详细地加以讨论。

如果我们引用第二基础定理证法的后段关于 Jensen 公式：

$$T\left(r, \frac{1}{f-z_\nu}\right) + c[f-z_\nu] = T(r, f-z_\nu) \quad (\text{如 } z_\nu \text{ 为定数})$$

之讨论，则当得出（当 z_ν 为 ∞ 时亦当在处理之列）：

$$N(r) < qT(r,f) + qK(f) + \sum_{\nu=1}^q \left[\log^+\left|\frac{1}{f(0)-z_\nu}\right|\right] + 2q\log A.$$

这样我们就有次式（当 $R>1, r\geqslant 1$ 时）：

$$\left(q-2-\frac{q}{k}\right)T(r,f)$$
$$< \left(1-\frac{1}{k}\right)[N(r)-N^{(k)}(r)]+K(f,q)$$
$$+\sum_1^q \overline{\log\left|\frac{1}{f(0)-z_\nu}\right|}+2q\log A+S(r).$$

假设 $\log^+ T(r,f)$ 大于下列各数:

$$\log A,\ K'(f,q),\ \overline{\log\left|\frac{1}{f(0)-z_\nu}\right|}\ (\nu=1,2,\cdots,q),$$

则得

$$\left(q-2-\frac{q}{k}\right)T(r,f)<\left(1-\frac{1}{k}\right)[N(r)-N^{(k)}(r)]+S_1(r),$$

$$S_1(r)=12(q+1)\log^+ T(\rho,f)+3(q+1)\log^+\frac{1}{\rho-r}$$
$$+12\log^+\rho+6q\log^+\frac{1}{r}+q\sum_{h\neq k}\log\frac{1}{|z_h-z_k|}.$$

总结上述论据,得出:

第二基础定理 A. 假设记号均与 Nevanlinna 氏第二基础定理同. 如果 $\log T(r,f)$ 大于下列各数值(A 为所有 $|z_\nu|(\neq\infty$ 者)与 e 的最大值):

$$K'(f,q),\ \overline{\log^+\left|\frac{1}{f(0)-z_\nu}\right|}\ (\nu=1,2,\cdots,q),\ \log A;$$

则必致

(A) $(q-2)T(r,f)<\sum_1^q N(r,f=z_\nu)-N_1(r)+S_1(r);$

(A′) $(q-2)T(r,f)<\sum_1^q \overline{N}(r,f=z_\nu)-N_2(r)+S_1(r);$

(A″) $\left(q-2-\frac{q}{k}\right)T(r,f)<\left(1-\frac{1}{k}\right)[N(r)-N^{(k)}(r)]$
$$+S_1(r)\quad (R>1,r\geqslant 1);$$

在这里

$$S_1(r) = 12(q+1)\log^+ T(\rho, f) + 3(q+1)\log^+ \frac{1}{\rho - r}$$
$$+ 12q\log^+ \rho + 6q\log^+ \frac{1}{r} + q\sum_{h \neq k}\log^+ \frac{1}{|z_h - z_k|}.$$

这就是作者1938年发表的结论,证法在这里首次发表. (A) 的形式右端去掉 $N_1(r)$ (当 $r > 1$, $r \geqslant 1$ 时) 即为 Valiron 的定理. 这个定理不但为解决填充圆及聚值线问题所须引用,而且作者在最近亦从此把半纯函数之唯一性定理向前推进了一步.

4. 仅仅上节所证第二基础定理 A 还不够解决填充圆及聚值线理论的主要问题,还得把 Nevanlinna 之第二基础定理的 Schottky 定理类型的形式找出来. 这个形式创始于 Valiron, 由 Milloux 加以强化, 故一般人叫做 Milloux 定理; 然而正如前面所说过的, 他们却没有留意到 $N_1(r)$ 这一项. 因此, 作者在发表定理 A 的同时也发表了定理 B 来精密化一般化这些判断. 但其证明今始问世.

设 $f(z)$ 为 $|z| \leqslant R$ ($R < +\infty$) 上之半纯函数, 且设 $f(0) \neq 0, 1, \infty$; $f'(0) \neq 0$, 应用补题 2 于 $0, 1, \infty$ 三值, 则得

$$m\left(r, \frac{1}{f}\right) + m(r, f) + m\left(r, \frac{1}{f-1}\right)$$
$$< 2T(r, f) - N_1(r) + S(r), \tag{1}$$
$$S(r) = 2m\left(r, \frac{f'}{f}\right) + m\left(r, \frac{f'}{f-1}\right) + \log\frac{1}{|f'(0)|}$$
$$+ 3\log 4, \tag{2}$$

由 Jensen 公式
$$m\left(r, \frac{1}{f}\right) = T(r, f) - N(r, f = 0) - \log|f(0)|,$$
$$m\left(r, \frac{1}{f-1}\right) = T(r, f-1) - N(r, f = 1) - \log|f(0) - 1|;$$

又计及
$$T(r, f) \leqslant T(r, f-1) + \log 2,$$
$$m(r, f) = T(r, f) - N(r, f = \infty);$$

据(1)则得

$$T(r,f) < N(r, f=0) + N(r, f=1) + N(r, f=\infty)$$
$$- N_1(r) + S_1(r), \tag{3}$$

$$S_1(r) = 2m\left(r, \frac{f'}{f}\right) + m\left(r, \frac{f'}{f-1}\right) + \log\frac{1}{|f'(0)|}$$
$$+ \log|f(0)(|f(0)-1|)| + 6. \tag{4}$$

复查补题1之证，则若开始不立刻从 $\log\dfrac{\rho}{(\rho-r)^2}$ 分解为二项而保留其原状，必致

$$m\left(r, \frac{f'}{f}\right) < \log^+\frac{\rho}{(\rho-r)^2} + 2\log 3$$
$$+ \log^+\left[\frac{1}{2\pi}\int_0^{2\pi}|\log|f(\rho e^{i\theta})||\,d\theta\right]$$
$$+ \frac{1}{2\pi}\int_0^{2\pi}V_\rho(re^{i\varphi},f)\,d\varphi + \frac{1}{2\pi}\int_0^{2\pi}V_\rho\left(re^{i\varphi},\frac{1}{f}\right)d\varphi$$
$$+ \log^+\left[n(\rho,f) + n\left(\rho,\frac{1}{f}\right)\right].$$

依计算细节则

$$\frac{1}{2\pi}\int_0^{2\pi}|\log|f(\rho e^{i\theta})||\,d\theta \leqslant 2T(\rho,f) + \log^+\frac{1}{|c_0|},$$

前式中第二行含 V_ρ 之两积分和为

$$N(\rho) - N(r) \leqslant \frac{\rho'}{r}\frac{\rho-r}{\rho'-r}\left[2T(\rho,f) + \log^+\frac{1}{|c_0|}\right].$$

又

$$n(\rho) \leqslant \frac{\rho'}{\rho'-\rho}\left[2T(\rho',f) + \log^+\frac{1}{|c_0|}\right],$$

在这里

$$r < \rho < \rho' < R.$$

故得

$$m\left(r,\frac{f'}{f}\right) < \log\frac{\rho}{(\rho-r)^2} + 2\log 3 + 2\log^+\left[2T(\rho',f) + \log^+\frac{1}{|c_0|}\right]$$
$$+ \log^+\frac{\rho'}{\rho'-\rho} + \frac{\rho'}{r}\frac{\rho-r}{\rho'-\rho}\left[2T(\rho',f) + \log^+\frac{1}{|c_0|}\right], \tag{5}$$

在这里 c_0 为 $f(z)$ 在 $z=0$ 的 Laurent 展式中之首项系数，$f(0) \neq 0, \infty$.

据此，依本节假设，因 $f(z)$ 全纯于 $|z| \leqslant R$ 上，则可就此结式(5) 中以 R 换 ρ'，得出（在 $\log \dfrac{\rho}{(\rho-r)^2}$ 中又可以 R 代 $\log^+$ 下分子 ρ）:

$$m\left(r, \frac{f'}{f}\right) < \log^+ \frac{R}{(\rho-r)^2} + 2\log 3 + 2\log^+\left[2T(R,f) + \log^+\frac{1}{|f(0)|}\right]$$

$$+ \log^+ \frac{R}{R-\rho} + \frac{R}{r}\frac{\rho-r}{R-r}\left[2T(R,f) + \log^+\frac{1}{|f(0)|}\right],$$

$$(0 < r < \rho < R). \tag{6}$$

由此可见

$$m\left(r, \frac{f'}{f}\right) < 6\log 3 + \log^+ \frac{R}{(R-r)^2} + \log^+ \frac{R}{R-\rho}$$

$$+ 2\log^+ T(R,f) + 2\log^+ \log^+ \frac{1}{|f(0)|}$$

$$+ \frac{R}{r}\frac{\rho-r}{R-r}\left[2T(R,f) + \log^+\frac{1}{|f(0)|}\right]. \tag{7}$$

现在设 $r \geqslant \dfrac{R}{2}$，选定 ρ 致

$$\frac{\rho-r}{R-r} = D = \operatorname{Min}\left[\frac{1}{2}, \frac{1}{2T(R,f) + \log^+\frac{1}{|f(0)|}}\right],$$

这样，容易看见

$$\frac{R}{r}\frac{\rho-r}{R-r}\left[2T(R,f) + \log^+\frac{1}{|f(0)|}\right] \leqslant 2.$$

其次，因为 $\rho-r = D(R-r)$，故

$$\log^+ \frac{R}{(\rho-r)^2} = \log^+ \frac{R}{D^2(R-r)^2}$$

$$\leqslant \log^+ \frac{R}{(R-r)^2} + 2\log^+ D^{-1}$$

$$\leqslant 2\log^+ \frac{R}{R-r} + \log^+ \frac{1}{R} + 2\log 2$$

$$+ 2\log^+\left[2T(R,f) + \log^+\frac{1}{|f(0)|}\right]$$

$$\leqslant 2\log^+ \frac{R}{R-r} + \log^+ \frac{1}{R} + 6\log 2 + 2\log^+ T(R,\rho)$$
$$+ 2\log^+ \log^+ \frac{1}{|f(0)|}.$$

又其次，则
$$\log \frac{R}{R-\rho} = \log^+ \frac{R}{(R-r)(1-D)}$$
$$\leqslant \log^+ \frac{R}{R-r} + \log \frac{1}{|1-D|}$$
$$\leqslant \log^+ \frac{R}{R-r} + \log 2.$$

以此结果代入(4)式，得出
$$m\left(r,\frac{f'}{f}\right) < 3\log^+ \frac{R}{R-r} + 4\log^+ T(R,f) + \log^+ \frac{1}{R}$$
$$+ 4\log^+ \log^+ \frac{1}{|f(0)|} + 21. \tag{8}$$

同理得
$$m\left(r,\frac{f'}{f-1}\right) < 3\log^+ \frac{R}{R-r} + 4\log^+ T(R,f) + \log^+ \frac{1}{R}$$
$$+ 4\log^+ \log^+ \frac{1}{|f(0)-1|} + 21. \tag{9}$$

以(8)及(9)式代入(3)及(4)两式，得出次列不等式：

(II_B)　$T(r,f) < N(r, f=0) + N(r, f=1)$
$$+ N(r, f=\infty) - N_1(r) + 9\log^+ \frac{R}{R-r}$$
$$+ 69 + 12\log^+ T(R,f) + 3\log^+ \frac{1}{R}$$
$$+ \log \frac{1}{|f'(0)|} + 4\log^+ \log^+ \frac{1}{|f(0)-1|}$$
$$+ 8\log^+ \log^+ \frac{1}{|f(0)|} + \log|f(0)[f(0)-1]|$$
$$\left(\frac{R}{2} \leqslant r < R\right).$$

现在进一步的措施就是简化式中后三项之和,此三项之和分解为

$$4\log^+\log^+\frac{1}{|f(0)-1|}+\log|f(0)-1|,$$

$$8\log^+\log^+\frac{1}{|f(0)|}+\log|f(0)|$$

之和. 为了使计算简化起见,我们可换为较大的量,即

$$8\log^+\log^+\frac{1}{|f(0)-1|}+\log|f(0)-1|,$$

$$8\log^+\log^+\frac{1}{|f(0)|}+\log|f(0)| \tag{10}$$

之和. 这样我们就可以讨论函数 $(x>0)$

$$y(x)=8\log^+\log^+\frac{1}{x}+\log x$$

当 $x=|f(0)|$ 及 $x=|f(0)-1|$ 时之值. 这个函数在 $x=x_1$ 时之值可以按如次步骤进行讨论:

1° 设 $x_1\geqslant\frac{1}{e}$,则 $\log^+\log^+\frac{1}{x_1}=0$,此时

$$y(x_1)=\log x_1;$$

2° 设 $x_1<\frac{1}{e}$,则

$$y(x_1)=8\log\log\frac{1}{x_1}+\log x_1.$$

但是函数 $8\log\log\frac{1}{x}+\log x$ 之最大值即函数 $8\log\mu-\mu$ 之最大值,此为 $\mu=8$ 时之值,此即 $8\log 8-8<24-8=16$,故

$$y(x_1)<16.$$

因此一般的正值 x_1 必致

$$y(x_1)<\log x_1+16.$$

因此(10)中两项之和小于

$$\log|f(0)|+\log|f(0)-1|+32.$$

据此,则(II_B)转化为如此形式:

(II'_B) $\quad T(r,f) < N(r, f=0) + N(r, f=1) + N(r, f=\infty)$

$$- N_1(r) + 9\log^+ \frac{R}{R-r} + 12\log^+ T(R,f)$$

$$+ 3\log^+ \frac{1}{R} + 101 + \log^+ \frac{1}{|f'(0)|} + \log|f(0)|$$

$$+ \log|f(0) - 1| \quad \left(\frac{R}{2} \leqslant r < R\right).$$

在这个不等式的左端用 $R'(r < R' < R)$ 代 R 仍不失真，因为获致这个结果的条件只是 $f(z)$ 半纯于 $|z| \leqslant R$ 上以及 $f(0), f'(0)$ 满足前面所给的条件并且 $R < 2r$。用 R' 代式中的 R 之后把 r 换上较大的数 R，再对另外含 R 的两项作如下的处理：

$$9\log^+ \frac{R'}{R'-r} < 9\log^+ \frac{R}{R'-r},$$

$$3\log^+ \frac{1}{R'} < 3\log \frac{2}{2r} < 3\log \frac{2}{R} < 3\left(\log^+ \frac{1}{R} + \log 2\right)$$

$$< 3\log^+ \frac{1}{R} + 3,$$

则得次列不等式：

(II''_B) $\quad T(r,f) < 12\log T(R',f) + 9\log^+ \frac{R}{R'-r} + H,$

$$H = N(R, f=0) + N(R, f=1)$$

$$+ N(R, f=\infty) - N_1(R) + 3\log^+ \frac{1}{R}$$

$$+ 104 + 2\log^+ |f(0)| + \log^+ \frac{1}{|f'(0)|}.$$

现在进一步，用 Valiron 的方法来处理不等式 (II''_B)。

从易见的不等式 $\log \mu < \sqrt{\mu} \ (\mu > 0)$，据 ($\mathrm{II}''_B$) 应得：

$$T(r,f) < 12\sqrt{T(R',f)} + 9\log^+ \frac{R}{R'-r} + H$$

$$\left(\frac{R}{2} \leqslant r < R' < R\right). \tag{11}$$

假使有 r 之一值 $r_0 \geqslant \frac{R}{2}$ 致

$$T(r_0, f) > \lambda H + \mu \log^+ \frac{R}{R-r_0} \quad (\lambda, \mu \text{ 均为正数值常数}), \quad (12)$$

则可选 $R' = r_0 + \dfrac{R-r_0}{2}$，得 $R'-r_0 = R-R'$. 又以 r_0 代入(11) 与 (12) 相比较，立见

$$12\sqrt{T(R',f)} > (\lambda-1)H + (\mu-9)\log^+ \frac{R}{R-R'} - \mu \log 2, \quad (13)$$

在这里 $-\mu \log 2$ 是从

$$\mu \log^+ \frac{R}{R-r_0} = \mu \log \frac{R}{R-r_0} = \mu \log \frac{R}{2(R-R')}$$
$$= \mu \log \frac{R}{R-R'} - \mu \log 2$$

产生的. 如果 λ, μ 受如次的限制：

(E) $\qquad\qquad 2 < \lambda, \quad 9 < \mu < 104,$

则从(13) 应得

$$12\sqrt{T(R',f)} > (\lambda-2)H + (\mu-9)\log^+ \frac{R}{R-R'}, \quad (14)$$

因为 H 中含有一项 104，于是 $H > 104$，这样 $H - \mu > 0$.

问题就是决定 λ, μ 使满足条件(E) 使从 r_0 满足(12) 必致 R' 亦满足同样不等式.

由(14) 平方其两端得

$$144 T(R',f) > (\lambda-2)^2 H^2 + 2(\lambda-2)(\mu-9) H \log^+ \frac{R}{R-R'}$$
$$+ (\mu-9)^2 \left(\log^+ \frac{R}{R-R'}\right)^2.$$

但 $H > 104$，故以 104 来代右边 H^2 中一个因子 H 及第二项的 H 并去掉最后一项，不等式仍然成立；得出：

$$T(R',f) > \frac{104(\lambda-2)^2}{144} H + 2(\lambda-2)(\mu-9)\frac{104}{144} \log^+ \frac{R}{R-R'}.$$
(15)

因此问题就是决定 λ 及 μ 满足(E) 且满足次列不等式：

(G) $\qquad \dfrac{104}{144}(\lambda-2)^2 \geqslant \lambda, \quad \dfrac{208(\lambda-2)(\mu-9)}{144} \geqslant \mu,$

因为(G)如满足,则从(15)应得出:

$$T(R',f) > \lambda H + \mu \log^+ \frac{R}{R-R'},$$

即 R' 亦满足(12). 容易检算, 如果 $\lambda = 5, \mu = 12$, 则条件(E)及(G)均满足, 在这里 λ 嫌大了些! 然而它却可以改善.

在这段论证里, H 中所含的数值常数 104 极关紧要, 如把它改为 $3 \times 144 = 432$, 则 H 改成 H_1; 我们仍然可以得出:

$$T(r,f) < 12 \log^+ T(R',f) + 9 \log \frac{R}{R'-r} + H_1, \qquad (12')$$

$$H_1 = H + 328 \quad (r < R' < R, R \leqslant 2r).$$

如果定出 λ 及 μ 满足次列不等式:

$$(G_1) \quad \frac{432}{144}(\lambda-2)^2 \geqslant \lambda, \quad \frac{864}{144}(\lambda-2)(\mu-9) \geqslant \mu,$$

则从有一 $r \geqslant \frac{R}{2}$ 满足次列不等式:

$$T(r,f) > \lambda H_1 + \mu \log^+ \frac{R}{R-r}$$

必致 $R' = r + \frac{R-r}{2}$ 亦满足此不等式. 容易看见, 如取 $\lambda = 3, \mu = 11$, 则(E)及(G_1)均告满足. 因此我们不如将 H 中的 104 改为 432, 使 H 转化为 H_1, 这样可使 λ 及 μ 都小些, 从此出发, 我们可以证明次列判断的正确性:

在区间 $\frac{R}{2} \leqslant r < R$ 上必致

$$(\text{II}_B''') \qquad T(r,f) < 3H_1 + 11 \log^+ \frac{R}{R-r},$$

$$H_1 = N(R, f=0) + N(R, f=1) + N(R, f=\infty)$$
$$\quad - N_1(R) + 432 + 3 \log^+ \frac{1}{R}$$
$$\quad + 2 \log^+ |f(0)| + \log^+ \frac{1}{|f'(0)|}.$$

假如恰好相反, 存在一个 r_1 满足次列不等式:

$$T(r,f) \geqslant 3H_1 + 11\log^+ \frac{R}{R-r}, \tag{16}$$

则必 $r_2 = r_1 + \frac{R-r_1}{2}$ 亦满足此不等式，因之 $r_3 = r_2 + \frac{R-r_2}{2}$ 亦满足此不等式；用归纳法，如 r_n 满足不等式(16)，则 $r_{n+1} = r_n + \frac{R-r_n}{2}$ 亦满足(16). 这样可得出一串 $\{r_n\} \to R$ 致

$$T(r_n, f) \geqslant 3H_1 + 11\log^+ \frac{R}{R-r_n} \to +\infty.$$

于是 $\lim_{r_n \to R} T(r_n, f) = T(R, f) = +\infty$，此与 $T(R, f)$ 为有限相违反. 得上述判断正确性之证，在这里用到了 $T(r, f)$ 的连续性.

剩下的问题是 $r < \frac{R}{2}$ 时的情况，因 $T(r, f)$ 为不减的，故 $r < \frac{R}{2}$ 致 $T(r, f) \leqslant T\left(\frac{R}{2}, f\right)$.

但 $T\left(\frac{R}{2}, f\right)$ 满足不等式(II_B''')，故 $r \leqslant \frac{R}{2}$ 致

$$T(r, f) < 3H_1 + 11\log^+ \frac{R}{R-\frac{R}{2}} = 3H_1 + 11\log 2.$$

因此，如果将 $11\log 2$ 或简单一点用较大的 12 代入 (II_B''') 式右端，则所得不等式在一般的 $r(0 \leqslant r \leqslant R)$ 上保持正确. 由于 H_1 有系数 3，则只须将 432 加上 4 得出 436 来代替 H_1 内的 432，不等式(II_B''') 仍然成立. 这就是说下面的判断是正确的：

设 $f(z)$ 半纯于 $|z| \leqslant R(< +\infty)$ 上，且设 $f(0) \neq 0, 1, \infty$；$f'(0) \neq 0$，则必

(II_B^{IV}) $\quad 0 \leqslant r < R$ 致 $T(r, f) < 3H_2 + 11\log^+ \frac{R}{R-r}$,

在这里

$$H_2 = N(R, f=0) + N(R, f=1) + N(R, f=\infty)$$
$$- N_1(r) + 3\log^+ \frac{1}{R} + 436$$
$$+ 2\log^+ |f(0)| + \log^+ \frac{1}{|f'(0)|}.$$

把这个判断作为一个定理并设 $R=1$，则得次述补题：

补题. 设 $\varphi(z)$ 为半纯函数于 $|z|\leqslant 1$ 上，且设 $\varphi(0)\neq 0,1,\infty$；$\varphi'(0)\neq 0$，则必 $0\leqslant r<1$ 致

$$T(r,\varphi)<2H_3+11\log^+\frac{1}{1-r},$$

在这里

$$H_3=N(1,\varphi=0)+N(1,\varphi=1)+N(1,\varphi=\infty)$$
$$-N_1(r)+436+2\log^+|\varphi(0)|+\log^+\frac{1}{|\varphi'(0)|}.$$

就本节关于 $f(z)$ 的假设，令 $\varphi(z)=f(R,z)$，注意下列的等式

$$T(r,f)=T\left(\frac{r}{R},\varphi\right),\ N(r,f)=N\left(\frac{r}{R},\varphi\right),\ \underset{(f)}{N_1}(r)=\underset{(\varphi)}{N_1}\left(\frac{r}{R}\right).$$

应用补题于 $\varphi(z)$，再依上三等式转化于 $f(z)$，则得

$$(\mathrm{I\!I\!I}_\mathrm{B}^\mathrm{V})\quad T(r,f)<3H_4+11\log\frac{R}{R-r}\quad (0\leqslant r<R),$$

在这里

$$H_4=N(R,f=0)+N(R,f=1)+N(R,f=\infty)-N_1(R)$$
$$+436+2\log^+|f(0)|+\log^+\frac{1}{R|f'(0)|}.$$

这样 H_4 与 H_2 比较少了一项 $3\log^+\frac{1}{R}$，而在 $|f'(0)|$ 的前面多了一个 R，消除孤立的 $\log^+\frac{1}{R}$ 就是后段的主题.

这个结果作者得之于 1938 年，唯系数稍有不同.

回顾前面关于 Nevanlinna 处理 $N_1(r)$ 的方式，我们在此亦可运用，即 H_4 中首四项可以前三项代之，此时结论相当于所谓 Milloux 氏定理. 这四项亦可以 $\overline{N}(R,f=0)+\overline{N}(R,f=1)+\overline{N}(R,f=\infty)$ 代替之. 但这四项以 $N(R)-N^{(k)}(R)$ 代替时，形式便须改变. 问题在于 $\frac{1}{k}N(R)$ 一项的存在，在这里命 $N(r)$ 及 $N^k(r)$ 的意义同前面定理 A；

$$N(R)=N(R,f=0)+N(R,f=1)+N(R,f=\infty),$$

第二章 半纯函数理论中的两个基础定理

$$N^{(k)}(R) = N^{(k)}(R, f=0) + N^{(k)}(R, f=1)$$
$$+ N^{(k)}(R, f=\infty).$$

将 H_4 前四项和代以下列形式:

$$\left(1 - \frac{1}{k}\right)[N(R) - N^{(k)}(R)] + \frac{1}{k}N(R),$$

不等式仍然成立. 只须处理 $\frac{1}{k}N(R)$ 这一项便够了.

由 Jensen 公式,

$$N(R) \leqslant 3T(R, f) + \log\frac{1}{|f(0)||f(0)-1|} + \log 2.$$

但在这里发现了 $T(R, f)$, 这是难点, 如果我们重新检查一下前面的论据, 这个困难在开始时便可以被克服, 这就是说, 如果得到了 (II_B) 这个公式的时候, 便将其右端前四项和 $N(r) - N_1(r)$ 以较大的项

$$\left(1 - \frac{1}{k}\right)[N(r) - N^{(k)}(r)] + \frac{1}{k}N(r)$$

又将比这较大的项

$$\left(1 - \frac{1}{k}\right)[N(r) - N^{(k)}(r)] + \frac{3}{k}T(r, f)$$
$$+ \frac{1}{k}\log\frac{1}{|f(0)||f(0)-1|} + \frac{\log 2}{k}$$

来代替它的位置, 则 (II_B) 便可写成:

($\mathrm{II}_B^{\mathrm{VI}}$) $\quad \left(1 - \frac{3}{k}\right)T(r, f) < \left(1 - \frac{1}{k}\right)[N(r) - N^{(k)}(r)]$
$$+ 9\log\frac{R}{R-r} + 12\log^+ T(R, f) + 3\log^+\frac{1}{k}$$
$$+ 70 + \log\frac{1}{|f'(0)|} + 4\log^+\log^+\frac{1}{|f(0)-1|}$$
$$+ 8\log^+\log^+\frac{1}{|f(0)|} + \left(1 - \frac{1}{k}\right)$$
$$\cdot \log|f(0)[f(0)-1]| \quad \left(\frac{R}{2} \leqslant r \leqslant R\right),$$

在这里的数字 70 系由原数 69 加上大于 $\frac{\log 2}{k}$ 之 1 而得(因 k 为大于 0 之

整数，故 $k \geqslant 1$). 而且为使这种不等式真实发生作用，还必须令 $k > 3$，即 $k \geqslant 4$. 为了使计算尽量保持一致性，不妨将右端最后一项的系数 $\left(1 - \dfrac{1}{k}\right)$ 以 1 代之. 这样来进行到相当于 (II_{B}'') 这一式是没有许多新的计算的，有的只是 104 应当写为 105 罢了. 得出

($\mathrm{II}_{B}^{\mathrm{VII}}$) $\left(1 - \dfrac{3}{k}\right) T(r,f) < 12 \log^+ T(R',f) + 9 \log \dfrac{R}{R'-r} + H^*,$

$$H^* = \left(1 - \dfrac{1}{k}\right)[N(r) - N^{(k)}(r)] + 105 + 3 \log^+ \dfrac{1}{R}$$

$$+ 2 \log^+ |f(0)| + \log^+ \dfrac{1}{|f'(0)|}$$

$$\left(\dfrac{R}{2} \leqslant r < R' < R\right) \quad (k \geqslant 4).$$

这样，当我们进行下一步骤时，可以预先用一个较大于 105 的数来代替它. 为了找出这个适当的数，我们应该先行检查前面的步骤. 我们的目标是首先要证明如果有一值 $r\left(\dfrac{R}{2} \leqslant r < R\right)$ 满足不等式

$$\left(1 - \dfrac{3}{k}\right) T(r,f) > \lambda H^* + \mu \log^+ \dfrac{R}{R'-r}, \tag{11'}$$

则必 $r' = r + \dfrac{R-r}{2}$ 亦满足此不等式. 应该先决定 λ, μ 的值. 对于这一目标我们先注意 ($\mathrm{II}_{B}^{\mathrm{VII}}$) 致次式：

$$\left(1 - \dfrac{3}{k}\right) = T(r,f) < 12 \sqrt{T(R',f)} + 9 \log^+ \dfrac{R}{R'-r} + H^*$$

$$\left(\dfrac{R}{2} \leqslant r < R' < R\right).$$

这样我们就须要定出 λ, μ，使 $r' = r + \dfrac{R-r}{2}$ 随 r 之满足 (11) 而亦满足之. 首先

$$12 \sqrt{T(R',f)} > (\lambda - 1) H^* + (\mu - 9) \log^+ \dfrac{R}{R'-r} - \mu \log 2,$$

$$\tag{13'}$$

这样 λ, μ 所应满足之第一条件为：

(E′) $\qquad\qquad \lambda > 2, \quad 9 < \mu < 105.$

这样我们就有

$$12\sqrt{T(R',f)} > (\lambda-2)H^* + (\mu-9)\log^+\frac{R}{R'-r}. \qquad (14')$$

这样进行的手续就和前面没有大差别了. 现在我们只须把 H^* 内的数字 105 改成为 $3\times 144 = 432$ 而转化为 H_1^*，因而就同样求得了 $\lambda = 3$，$\mu = 11$，使得 $\frac{R}{2} \leqslant r < R$ 致

$$\left(1-\frac{3}{k}\right)T(r,f) < 3H_1^* + 11\log^+\frac{R}{R-r};$$

计及在 $r < \frac{R}{2}$ 时的情况：

$$\left(1-\frac{3}{k}\right)T(r,f) \leqslant \left(1-\frac{2}{3}\right)T\left(\frac{R}{2},f\right) < 3H_1^* + 11\log 2.$$

我们须要将 H_1^* 中的数字 432 也改成 436 使转化为 H_2^*，得出 $0 \leqslant r < R, k \geqslant 4$ 致次列不等式：

$$\left(1-\frac{3}{k}\right)T(r,f) < 3H_2^* + 11\log^+\frac{R}{R-r},$$

$$H_2^* = \left(1-\frac{1}{k}\right)[N(r)-N^{(k)}(r)] + 436 + 3\log^+\frac{1}{R}$$

$$\qquad + 436 + 2\log^+|f(0)| + \log^+\frac{1}{|f'(0)|}.$$

这以后消去 $\log^+\frac{1}{R}$ 而使 $\log^+\frac{1}{|f'(0)|}$ 转化为 $\log^+\frac{1}{R|f'(0)|}$ 的办法是没有改变的.

故得

(II_B^8) $\quad \left(1-\frac{3}{k}\right)T(r,f) < 3H_4^* + 11\log\frac{R}{R-r},$

$$H_4^* = \left(1-\frac{1}{k}\right)[N(r)-N^{(k)}(r)] + 436 + 2\log^+|f(0)|$$

$$\qquad + \log^+\frac{1}{R|f'(0)|} \quad (0 \leqslant r < R, k \geqslant 4).$$

总结前面冗长的论断得出：

第二基础定理 B. 设 $f(z)$ 为 $|z| \leqslant R$ 上之半纯函数，且设 $f(0) \neq 0, 1, \infty$；$f'(0) \neq 0$，则 $0 \leqslant r < R$ 必致

(B) $\quad T(r, f) < 3[N(R, f=0) + N(R, f=1)$
$\qquad + N(R, f=\infty) - N_1(R)] + 1308 + 6\log^+ |f(0)|$
$\qquad + 3\log^+ \dfrac{1}{R|f'(0)|} + 11\log \dfrac{R}{R-r};$

(B′) $\quad T(r, f) < 3[\overline{N}(R, f=0) + \overline{N}(R, f=1)$
$\qquad + \overline{N}(R, f=\infty)] + 1308 + 6\log^+ |f(0)|$
$\qquad + 3\log^+ \dfrac{1}{R|f'(0)|} + 11\log \dfrac{R}{R-r};$

(B″) $\quad \left(1 - \dfrac{3}{k}\right) T(r, f) < 3\left(1 - \dfrac{1}{k}\right)[N(R) - N^{(k)}(R)] + 1308$
$\qquad + 6\log^+ |f(0)| + 3\log^+ \dfrac{1}{R|f'(0)|} + 11\log \dfrac{R}{R-r},$

在这里，$k \geqslant 4$；$N(r) = N(r, f=0) + N(r, f=1) + N(r, f=\infty)$，$N^{(k)}(r)$ 为自 $N(r)$ 取去重级小于 k 者之个数而得之相应项；$\overline{N}(r, f=a)$ 表示就 $N(r, f=a)$ 中每一多重点取一次之相应式.

从形式(B)取去 $N_1(r)$ 就是 Milloux 的定理但系数是不相同的，后者数字 3 为 5 所代替，但常数项 1308 在我们这里是大些. 这里面三个形式的系数较诸作者在 1938 年所发表的是小了些. 这次重订旧作，方法也改善了些. 不难想像这样冗长的论据如果省略起来是可以缩短的，但这样就会使读者感到相当大的困难而花费许多时间.

这个定理是所谓 Schottky 定理类型的定理之最基本的最一般的论断，它是填充圆与聚值线理论的基本论据. 我们将在下一部分，对于这个定理中第一形式(B)取去 $N_1(r)$ 时的推论，展开讨论.

Ⅱ. Valiron-Milloux-Rauch 定理

甲、预备定理

为了这一部分的叙述能够使人了解，我们在这里给出若干预备定

理. 这些定理的论据都比较简单, 但在初步的函数论教本中却很少见到.

1. 复数之球距　用复变量 z 在平面上的实虚二轴 Ox, Oy 作为空间直角位标 $O\xi, O\eta$; 选 $O\zeta$ 为第三个轴垂直于复数平面. 以 O 为中心, 1 为半径之球面作为复变量 z 之 Riemann 球面, 以 S 表之; 其方程为

$$\xi^2 + \eta^2 + \zeta^2 = 1.$$

连北极点 $N:(0,0,1)$ 至平面上一点 z 与球面 S 割于 N 及另一点 Z, Z 叫做 z 之球像. ∞ 之球像为 N, 0 之球像为南极点 $P:(0,0,-1)$. S 上之点集与 z 平面上之点集在球像关系上成一一对应. 设 z_1, z_2 复数之球像为 Z_1, Z_2, 则过 Z_1, Z_2 两点之大圆弧其最短者之长名为 z_1, z_2 之球距, 以 (z_1, z_2) 表之. 现在我们要讨论 (z_1, z_2) 与 $|z_1 - z_2|$ 之关系式.

设 $z = x + iy$, 其球像 Z 之位标为 ξ, η, ζ, 则由简单计算可得:

$$x = \frac{\xi}{1-\zeta},\ y = \frac{\eta}{1-\zeta},\ \zeta = \frac{x^2+y^2-1}{x^2+y^2+1},\ \xi^2+\eta^2+\zeta^2=1, \quad (1)$$

$$\xi = (1-\zeta)x,\quad \eta = (1-\zeta)y.$$

试探讨 z 及 $\dfrac{1}{z}$ 二者之像 $(\xi, \eta, \zeta), (\xi', \eta', \zeta')$.

令

$$z = x+iy,\quad \frac{1}{z} = x'+iy' = \frac{x}{x^2+y^2} - i\frac{y^2}{x^2+y^2},$$

则

$$\zeta' = -\zeta,\quad \xi' = (1-\zeta)x = \xi,\quad \eta' = (1-\zeta)y = -\eta.$$

故 z 与 $\dfrac{1}{z}$ 之像对称于 $O\zeta$ 轴, 则易见

$$(z_1^{-1}, z_2^{-1}) = (z_1, z_2). \quad (2)$$

又从 (1) 式易见

$$\int_{Z_1}^{Z_2} \sqrt{d\xi^2 + d\eta^2 + d\zeta^2} = 2\int_{z_1}^{z_2} \frac{|dz|}{1+|z|^2}, \quad (3)$$

上列两积分之积分路径互相依球像表写对应. 联第二积分之路线为联 z_1, z_2 之直线段 $\overline{z_1 z_2}$, 则

$$\int_{z_1}^{z_2} \frac{|\mathrm{d}z|}{1+|z^2|} < |z_2 - z_1|. \qquad (4)$$

(3) 式中第一积分所表示的路径相应于 $\overline{z_1 z_2}$ 之球像当为 S 上之,此圆弧之长必不小于联 Z_1 及 Z_2 之大圆弧之最短者,故

$$\int_{Z_1}^{Z_2} \sqrt{\mathrm{d}\xi^2 + \mathrm{d}\eta^2 + \mathrm{d}\zeta^2} > (z_1, z_2). \qquad (5)$$

由(3),(4),(5) 三式则得

$$(z_1, z_2) < 2|z_2 - z_1|. \qquad (6)$$

当 z_1, z_2 有一为 ∞ 时,(6) 式亦可成立,但此时左端为 $+\infty$ 则此为 (z_1, ∞) 本然的性质,此时不等式并没说明新的东西.

如果令 $(z_1, \infty) = \delta$,欲求 δ 与 $|z_1|$ 之关系,命 z_1 之球像为 (ξ_1, η_1, ζ_1),则

$$\zeta_1 = \cos\delta, \quad \sqrt{\xi_1^2 + \eta_1^2} = \sin\delta,$$

$$|z_1| = \sqrt{x_1^2 + y_1^2} = \sqrt{\frac{\xi^2 + \eta^2}{(1-\zeta)^2}} = \sqrt{\frac{\sin^2 \delta}{(1-\cos\delta)^2}}$$

$$= \frac{\sin z}{2\sin^2 \frac{\delta}{2}} = \frac{2\cos\frac{\delta}{2}}{2\sin\frac{\delta}{2}} > \frac{2\cos\frac{\delta}{2}}{\delta}.$$

如果 $\delta < \frac{\pi}{3}$,则得

$$|z_1| > \frac{2\cos\frac{\pi}{6}}{\delta} > \frac{2}{\delta}.$$

总结上述,则得:

补题 1. α) $(z_1^{-1}, z_2^{-1}) = (z_1, z_2)$;

β) $(z_1, z_2) < 2|z - z_1|$;

γ) 如 $(z_1, \infty) = \delta \left(\delta < \frac{\pi}{3} \right)$,则 $|z_1| > \frac{1}{\delta}$.

设 A, B 为二有限复数致 $(A, B) > \delta \left(\delta < \frac{1}{2} \right)$ 者,试探求次式:

$$P = \log \frac{1}{|A-B|} + \log^+ |A| + \log^+ |B|. \tag{7}$$

$1°$ 如果 $|A|$ 及 $|B|$ 二者至少有一小于 $\frac{1}{\delta}$，设 $|B| < \frac{1}{\delta}$，则由

$$\log^+ |A| \leqslant \log^+ |A-B| + \log^+ |B| + \log 2$$

及

$$|A-B| > \frac{1}{2}(A,B)$$

推知

$$P \leqslant \log^+ \frac{1}{|A-B|} + \log^+ |B| + \log 2$$
$$< \log \frac{2}{\delta} + 2\log^+ \frac{1}{\delta} + \log 2 < 5\log \frac{1}{\delta}.$$

$2°$ 如 $|A|$ 及 $|B|$ 二者无一小于 $\frac{1}{\delta}$，即

$$|A| \geqslant \frac{1}{\delta} > 2, \quad |B| \geqslant \frac{1}{\delta} > 2,$$

此时

$$\log^+ |A| = \log |A|, \quad \log^+ |B| = \log |B|,$$

故

$$P = \log \frac{|AB|}{|A-B|} = \log \frac{1}{\left|\frac{1}{A} - \frac{1}{B}\right|}.$$

但由补题 1，则

$$\left|\frac{1}{A} - \frac{1}{B}\right| > \frac{1}{2}(A,B) > \frac{\delta}{2};$$

故

$$P < \log \frac{2}{\delta} = \log 2 + \log \frac{1}{\delta} < 2\log \frac{1}{\delta},$$

得次述补题：

补题 2. 设 a_0 为一有限数，则一切复数 a 的其球像在以 A_0（a_0 之球像）为中心 $\delta\left(<\frac{1}{2}\right)$ 为球上半径之圆外者，致次列不等式：

$$\log \frac{1}{|a_0 - \alpha|} + \log^+ |a_0| + \log^+ |\alpha| < 5 \log \frac{1}{\delta}.$$

此一补题为 Valiron 所给出.

2. Boutroux-Cartan 定理. 设 $p_1, p_2, \cdots, p_n$ 为 z 平面上之 n 点,但不一定不能有相重点,e 为自然对数之底,H 为已给之正数($<+\infty$),$\overline{pp_i}$ 表示 p 及 p_i 二点间的距离,则平面上之点 p 致不等式:

$$\prod_1^n \overline{pp_i} < \left(\frac{H}{e}\right)^n \tag{1}$$

者,必尽含于其半径之和不大于 $2H$ 的 n 个圆内.

这个补助定理在 Boutroux 之原形式 $p_i (i=1,2,\cdots,n)$ 及 p 均限定在一条直线上,H. Cartan 作出本定理之最后形式. 但 p_i 及 p 均在单位圆内时,以 p 及 p_i 之准非欧距 $D(p, p_i)$ 来代替 $\overline{pp_i}$,则定理的结果对 p 在单位圆内必尽含于 n 个全在单位圆内之圆其准非欧半径之和小于 $2H$ 者为真. 此定理的这个推广则是 Milloux 所作,用于圆内半纯函数特别有效,正与本定理用于半纯函数同. 但在作者最近的研究中,却发现这个定理在整函数的插补法中特别奏效,Milloux 的推广定理在圆内全纯函数之插补法亦有同等作用. 因此本定理的效用更见显著. 在一切形式中如含有 $\prod_1^n \overline{pp_i}$ 形式之项,都可以用之处理而得出精确的结果.

现在来进行本定理的证明.

设 λ_1 为 $\leqslant n$ 的最大整数,使存在有一以 $\frac{\lambda_1 H}{n}$ 为半径之圆 $\mathscr{H}_1$ 恰含 λ_1 个 p_ν 者. [λ_1 之存在甚易证之. 设 $\lambda_1 \neq 2, 3, \cdots, n$,则以 p_ν 为中心 $\frac{H}{n}$ 为半径之圆 $\mathscr{H}_\nu^*$ 内必仅有一 $p_\nu (\nu=1, 2, \cdots, n)$;否则如有某一圆 $\mathscr{H}_n^{*\prime}$ 含 q 个 p_ν,则其以 $q\frac{H}{n}$ 为半程之同心圆必含 $q'(>q)$ 个 P_ν,以 $q\frac{H}{n}$ 为半程之同心圆必含有 $q''(>q')$ 个 p_ν;继续进行得出以 $n\frac{H}{n}$ 为半径之

同心圆将含有多于 n 个 p_ν；但 p_ν 仅只 n 个，得出相反的结论]. $\mathscr{H}_1$ 内之 p_ν 都叫做**以 λ_1 为级**. 就 n 个 p_ν 取去以 λ_1 为级之点得 $n-\lambda_1$ 个 p_ν；对此又有一最大整数 $\lambda_2(\leqslant n-\lambda_1$ 者) 使有一以 λ_2 为半径之圆内含 λ_2 个剩下的 p_ν，这些 λ_2 个 p_ν 都叫做**以 λ_2 为级的**. 显然可见，$\lambda_2 \leqslant \lambda_1$，将剩下的 $n-\lambda_1-\lambda_2$ 个 p_ν 依上法定其以 λ_3 为级者，又将其余 $n-\lambda_1-\lambda_2-\lambda_3$ 个 p_ν 依法进行，则此手续最后 p 次停止遂无剩下之点. 这样我们就把 n 个 p_ν 分成 p 类：第一，以 λ_1 为级者含于某一以 $\lambda_1 \dfrac{H}{n}$ 为半径之圆 $\mathscr{H}_1$ 内；第二，以 λ_2 为级者含于以 $\lambda_2 \dfrac{H}{n}$ 为半径之圆 $\mathscr{H}_2$ 内 …… 第 p，以 λ_p 为级者，含于以 $\lambda_p \dfrac{H}{n}$ 为半径之圆 $\mathscr{H}_p$ 内，而且这些级数 $\lambda_1, \lambda_2, \cdots, \lambda_p$ 具如次的性质：

1° $\lambda_p \leqslant \lambda_{p-1} \leqslant \cdots \leqslant \lambda_2 \leqslant \lambda_1$；

2° $\lambda_1 + \lambda_2 + \cdots + \lambda_p = n$.

故这 p 个圆 $\mathscr{H}_i (i=1,2,\cdots,p)$ 之半径其和 $\left(\dfrac{1}{n}\sum_{i=1}^{p}\lambda_i\right)H = H$.

证明本定理的主要关键在于证明：命 Γ_i 为半径二倍于 $\mathscr{H}_i$ 之半径且与 $\mathscr{H}_i$ 同心之圆；则 $\Gamma_i (i=1,2,\cdots,p)$ 即定理中所要求之圆其半径和显然为 $2H$. 但进行证明这一论断之前，还须检查 p_ν 的各级的点之分布情况. 这个情况表现在下面一个论断中：

每一以 $\lambda \dfrac{H}{n}$ 为半径之圆 $C\left(\dfrac{\lambda H}{n}\right)$ 含有至少 λ 个 p_ν 者，必至少含有一点 p_ν，其级数大于或等于 λ.

这个判断的正确性可以证明如次：

表写 n 个 p_ν 为下列形式：

$(S_{\lambda_1}): p_1^{\lambda_1}, \cdots, p_{\lambda_1}^{\lambda_1};$
$(S_{\lambda_2}): p_1^{\lambda_2}, \cdots, p_{\lambda_2}^{\lambda_2};$
…… ……………
$(S_{\lambda_p}): p_1^{\lambda_p}, \cdots, p_{\lambda_p}^{\lambda_p}.$

全体形成的 n 个 p_ν 的集以 (S) 表之，$(S) = \sum_{1}^{p} S_{\lambda_i}$.

在这里我们假设：
$\lambda_1 = \lambda_2 = \cdots = \lambda_{i_1},$
$\lambda_{i_1+1} = \lambda_{i_1+2} = \cdots = \lambda_{i_2},$
$\lambda_{i_2+1} = \lambda_{i_2+2} = \cdots = \lambda_{i_3},$
………………
$\lambda_{i_{q-1}+1} = \lambda_{i_{q-1}+2} = \cdots = \lambda_{i_q}.$

假设 $\lambda > \lambda_1$，则分两种情况：$1°$ $C\left(\dfrac{\lambda H}{n}\right)$ 仅含 λ 个 p_ν，则 $\lambda_1 \geqslant \lambda$ 与 $\lambda > \lambda_1$ 矛盾；故 $C\left(\dfrac{\lambda H}{n}\right)$ 必为另一种情况；$2°$ $C\left(\dfrac{\lambda H}{n}\right)$ 含 $\lambda + \mu$ 个 p_ν，则必有一同心圆 $C\left(\dfrac{\lambda + \mu'}{n}H\right)$ 含 $\lambda + \mu'$ 个 p_ν，于是 $\lambda_1 > \lambda + \mu' > \lambda$ 与 $\lambda > \lambda_1$ 矛盾. 由此可见 $\lambda > \lambda_1$ 为不可能，因此 $\lambda \leqslant \lambda_1$. 如果此 λ 个 p_ν 至少有一在 $(S_{\lambda_1}) + (S_{\lambda_2}) + \cdots + (S_{\lambda_{i_1}})$ 内，则上述判断已明；如其不然，则必 $\lambda \leqslant \lambda_{i_2}$，如此 λ 个 p_ν 至少有一在 $(S_{\lambda_{i_1+1}}) + \cdots + (S_{\lambda_{i_2}})$ 内，则上述判断已明；如其不然则可依法继续进行到 $\lambda_{i_{q'}} \geqslant \lambda$.

现在我们可以着手证明 $\Gamma_i (i = 1, 2, \cdots, p)$，就是我们所要求的圆了.

设 p 为 $\Gamma_i (i = 1, 2, \cdots, n)$ 外或其上之点，则以 p 为中心 $\lambda\dfrac{H}{n}$ 为半径之圆 S 最多不过含 $\lambda - 1$ 个 p_ν；如果含有最少 λ 个点 p_ν，则可得出矛盾：设 S 内一点 p_ν 之级为 λ_j，a_j 为含此点之圆 $\mathscr{H}_j$ 之中心，则必对于每一这样的 p_ν 有

$$2\lambda_j \dfrac{H}{n} \leqslant \overline{pa_j} < \lambda_j \dfrac{H}{n} + \lambda \dfrac{H}{n},$$

于是 $\lambda_j < \lambda$；但由前述知，如果以 $\lambda\dfrac{H}{n}$ 为半径之圆至少含 λ 个 p_ν，则必此诸点中至少有一个其级 $\geqslant \lambda$，此与 $\lambda_j < \lambda$（对每一在 S 中之 p_ν 而言）相矛盾.

如果依照 $\overline{pp_\nu}$ 的递增次序来排列 p_ν，则第 q 点与 p 之距不能小于 $p\dfrac{H}{n}$（否则以 p 为中心 $[p$ 在 $p_i (i = 1, 2, \cdots, n)$ 外$]$ 以 $q\dfrac{H}{n}$ 为半径之圆将含有多于 $q - 1$ 个点 q_ν，此不可能）. 此对 $q = 1, 2, \cdots, n$ 都是正确的. 令依照新次序排列的 p_ν 为 $p^{(i)}$，则

$$\prod_1^n \overline{pp^{(i)}} \geqslant \left(\dfrac{H}{n}\right)^n n! \geqslant \left(\dfrac{H}{\mathrm{e}}\right)^n.$$

但前面已证明了 $p_\nu (\nu = 1, 2, \cdots, n)$ 之半径和为 $2H$.

定理证完.

这个方法对于 p_ν 为单位圆内之 n 个点，$\overline{pp_\nu}$ 以 p 至 p_ν 之准非欧距 (p,p_ν) 代时为有效，但因准非欧距不能不小于 1，故须在上述进行中设 H 为充分小使得 $\dfrac{\lambda H}{n}$ $(\lambda=1,2,\cdots,n)$ 都小于 1；这时首先需要 $H<1$，而且还假设 $2H<1$. 圆的中心为非欧的，半径为准非欧的.（1）式中的 $\overline{pp_j}$ 以 (p,p_j) 代换后仍然有效. 因此整个上面证法完全可以用来解释：

推广定理. 就上面的定理中命 $2H<1$，$\{p_\nu\}$ $(\nu=1,2,\cdots,n)$ 为单位圆内之点，$\overline{pp_j}$ 换上准非欧距 (p,p_j)；圆半径换上准非欧半径，相应的结论仍然真确（同样，推到抽象度量性空间仍不失真）.

这个推广定理用于圆内半纯函数之研究. 始自 Milloux. 其结果是前面第二基础定理（B）形式的转化，非常简洁. 作者最近注目的问题却在圆内全纯函数的插补法理论上. Milloux 根据准非欧距概念作出精细结果的原则由作者抽象出来加以一般性推广，解决了许多问题，将在它处发表，本书不就此另立一章. 以下我们将讨论 Valiron, Milloux 和 Rauch 根据 Boutroux-Cartan 原来定理的形式来转化第二基础定理 B 为它种形式及其推论.

乙、第二基础定理 B 之转化及其推论

1. 1928 年 Valiron 由第二基础定理 B 之（B）式证明了：

Ⅰ. 设 $f(z)$ 为 $|z|\leqslant R$ 内之半纯函数，其取 a,b,c 三值之次数大不过 n，此三值中每二者之球距小不过 d $\left(d<\dfrac{1}{2}\right)$，则在 $|z|\leqslant\dfrac{R}{2}$ 上，方程 $f(z)=n$ 之根数小于：

$$\alpha n\log\frac{\beta}{\varepsilon}+\alpha_1\log\frac{1}{d}+|\log\varepsilon R|+\beta_1\log\frac{1}{\delta}\quad\left(\delta<\frac{1}{2}\right),$$

就中 δ 为 x 至一外值（a,b,c 之一）的球距，在这里 $\alpha,\beta,\alpha_1,\beta_1$ 为数值常数，q 为适当选择之正数.

1929 年 Milloux 把第二基础定理 B 中的（B）式的一部分简洁地提

了出来，因得精密化前面这个转化定理为下列结论：

Ⅱ．设 $f(z)$ 为 $|z|\leqslant R$ 内之半纯函数，其取 a,b,c 三值之次数大不过 n，此三值每二者之球距大于 δ $\left(\delta<\dfrac{1}{2}\right)$. 方程 $f(z)=x$ 在 $|z|\leqslant\dfrac{R}{2}$ 上之根数，当 n 大于某一数值常数时，必小于

$$670n+11\log\frac{1}{d}+11\log\frac{1}{\delta}\quad\left(d<\frac{1}{2},\delta<\frac{1}{2}\right),$$

d 为 x 至 a,b,c 之一之球距.

1933 年 Rauch 更推广了 Ⅱ 为 $f(z)=\pi(z)$ 之根的结果，$\pi(z)$ 亦为半纯函数之情况. 这个推广定理亦来自第二基础定理 B 之(B)式. 它的内容包括前面的两个定理，使填充圆与聚值线理论得到非常有利的工具. 当然不能不注意到在 Rauch 之前 Biernacki 曾就 $f(z)$ 为有限级的及 $\pi(z)$ 为比它低级的半纯函数来推广 Ⅱ. 但其优点使 Rauch 能用来结合 Milloux 的论据使一般化的形式能够得出，亦应当加以辨认. 为了缩短篇幅使能早些讨论聚值线理论，以下直接叙述 Rauch 定理. 考察这个定理所表达的内容应该说是第二基础定理 B 的局部化，或者作为半纯函数之整体性与局部性中间关系的明确化. 在原形式中出现的 r 及 R ($r<R$)，就是整体与局部之间的关系的表示. 这个表示式是示性函数 $T(r)$ 与 $N(R)$ 中间的不等式关系. 如果转化为根的个数关系而脱去 r 及 R 的羁绊再以方程之根的个数来表达，则可将此结论用于广义的半纯函数之存在域之一部分，而得出更深入的结果.

注意这里有一个非常简单的原则：

量在整体与局部之分配原则. 一个量 M 分配于一整体 D 之局部 $D_1,D_2,\cdots,D_n$ 形成 D 者使 D_i 得 M_i，使 $\sum\limits_{1}^{n}M_i=M$，则必至少有一个 $M_i\geqslant\dfrac{M}{n}$ $\left(\text{如果 }M_i<\dfrac{M}{n}\ (i=1,2,\cdots,n)\text{，则}\sum\limits_{1}^{n}M_i<nx\dfrac{M}{x}=M\right)$.

这个原则虽然简单，但使用起来却不简单，特别是使用它在复杂的问题上，例如，使用在现在我们即将处理的问题上. 但明确化这个

原则却不致为烦冗的计算所迷惑.

2. 设 $f(z)$ 为 z_0 之近邻的半纯函数, 且 $Z = z - z_0$, 则 $f(z) = F(Z)$. 引用次列符号:

$$n(|z-z_0| \leqslant t, f=a) = n(t, F=a),$$
$$N(|z-z_0| \leqslant t, f=a) = N(t, F=a),$$
$$m(|z-z_0| = t, f) = m(t, F),$$
$$T(|z-z_0| = t, f) = T(t, F).$$

Rauch 氏补题 1. 设 $\psi(z)$ 为 $|z| \leqslant r$ 上之半纯函数, 且致

$$\frac{r}{\pi r^2} \iint_{|z| \leqslant r} \log^+ |\psi(z)| \, d\sigma < A, \tag{1}$$

则在 $|z| < r$ 内之环形 S:

$$\frac{r}{K} \leqslant |z-z_0| \leqslant \frac{r}{K'}$$

上, 必至少有一圆 $|z-z_0| = r_0$ 致

$$m(|z-z_0| = r_0, \psi) < \frac{K^2 K'}{K - K'} A. \tag{2}$$

由假设, 则得

$$\frac{1}{\pi r^2} \iint_S \log^+ |\psi(z)| \, d\sigma < A,$$

此即

$$\frac{1}{\pi r^2} \int_{\frac{r}{K}}^{\frac{r}{K'}} t \, dt \int_0^{2\pi} \log^+ |\psi(z_0 + te^{i\theta})| \, d\sigma < A.$$

上式左端可写成

$$\frac{2}{r^2} \int_{\frac{r}{K}}^{\frac{r}{K'}} t m(|z-z_0|=t, \psi) dt > \frac{2}{Kr} \int_{\frac{r}{K}}^{\frac{r}{K'}} m(|z-z_0|=t, \psi) dt,$$

故得

$$\frac{2}{Kr} \int_{\frac{r}{K}}^{\frac{r}{K'}} m(|z-z_0|=t, x) d\sigma < A.$$

容易证明, 在区间 $\frac{r}{K} \leqslant t \leqslant \frac{r}{K'}$ 上必有一 $t = r_0$ 使

$$m(|z-z_0|=r_0, \psi) < \frac{A}{c}, \tag{3}$$

如果 c 是适当选择的常数. 如若不然，则

$$\frac{2}{Kr}\int_{\frac{r}{K}}^{\frac{r}{K'}} m(|z-z_0|=0, \psi) d\sigma \geqslant \frac{2}{Kr} \frac{A}{c}\left(\frac{r}{K'}-\frac{r}{K}\right).$$

造 c 使 $\frac{1}{c} = \frac{K^2 K'}{K-K'}$，则得一矛盾. 故从 $c = \frac{K-K'}{M^2 K'}$，则(3)式即为所求之(2)式，此在 $\frac{r}{K} \leqslant t \leqslant \frac{r}{K'}$ 上存在的 $t=r_0$ 上满足.

补题证完.

3. 设 $f(z), P(z), Q(z), R(z)$ 皆为 $|z| \leqslant r$ 上之半纯函数，a 为一有限数，我们用 $f(z)-P(z), f(z)-Q(z), f(z)-R(z)$ 在 $|z| \leqslant r$ 上之零点数来表示 $f(z)$ 在 $|z| \leqslant r$ 上某一同心圆内之 a-值点数.

设 $|z-z_0| \leqslant \rho$ 为 $|z| \leqslant r$ 内之圆境域；设 $f(z_0) \neq a, \infty$，设 λ 为大于 1 的常数，则

$$N(|z-z_0| \leqslant \rho, f=a) \geqslant \int_{\frac{\rho}{\lambda}}^{\rho} n(|z-z_0| \leqslant t, f=a) \frac{dt}{t}$$

$$\geqslant n\left(|z-z_0| \leqslant \frac{\rho}{\lambda}, f=a\right) \log \lambda.$$

但

$$N(|z-z_0| \leqslant \rho, f=a)$$

$$\leqslant T(|z-z_0|=\rho, f-a) + \log \frac{1}{|f(z_0)-a|}$$

$$\leqslant T(|z-z_0|=\rho, f) + \log \frac{1}{|f(z_0)-a|}$$

$$+ \log^+ |a| + \log 2,$$

故得

$$n\left(|z-z_0| \leqslant \frac{\rho}{\lambda}, f=a\right) < \frac{1}{\log \lambda}\Big[T(|z-z_0|=\rho, f)$$

$$+ \log \frac{1}{|f(z_0)-a|} + \log^+ |a| + \log 2 \Big]. \tag{1}$$

为便于书写计，暂时以 $T(\varphi)$ 表示 $T(|z-z_0|=\rho, \varphi)$. 从
$$f = (f-Q) + Q$$
得

(i_1) $\quad T(f) \leqslant T(f-Q) + T(Q) + \log 2.$

由 Jensen 公式，

(i_2) $\quad T(f-P) = T\left(\dfrac{1}{f-\varphi}\right) + c[f-\varphi]_{z_0}.$

因 $\dfrac{1}{f-Q} \equiv \dfrac{Q-P}{f-Q} \cdot \dfrac{1}{Q-P}$，故

(i_3) $\quad T\left(\dfrac{1}{f-Q}\right) \leqslant T\left(\dfrac{Q-P}{f-Q}\right) + T\left(\dfrac{1}{R-P}\right).$

又由 $\dfrac{Q-P}{f-Q} \equiv \dfrac{f-P}{f-Q} - 1$，得

(i_4) $\quad T\left(\dfrac{Q-P}{f-Q}\right) \leqslant T\left(\dfrac{f-P}{f-Q}\right) + \log 2.$

因
$$\dfrac{f-P}{f-Q} \equiv \dfrac{f-P}{f-Q} \cdot \dfrac{R-Q}{R-P} \cdot \dfrac{R-P}{R-Q},$$
故

(i_5) $\quad T\left(\dfrac{f-P}{f-Q}\right) \leqslant T\left(\dfrac{f-P}{f-Q} \cdot \dfrac{R-Q}{R-P}\right) + T\left(\dfrac{R-P}{R-Q}\right).$

又
$$\dfrac{R-P}{R-Q} \equiv 1 + (Q-P)\dfrac{1}{R-Q},$$
故

(i_6) $\quad T\left(\dfrac{R-P}{R-Q}\right) \leqslant T(P) + T(Q) + T\left(\dfrac{1}{R-Q}\right) + 2\log 2.$

合并 (i_1) 至 (i_6)，则得
$$T(f) \leqslant T\left(\dfrac{f-P}{f-Q} \cdot \dfrac{R-Q}{R-P}\right) + T\left(\dfrac{1}{P-Q}\right) + T\left(\dfrac{1}{Q-R}\right)$$
$$+ T(P) + 2T(Q) + c[f-Q]_{z_0} + 4\log 2;$$

代入 (1) 得

$$n\left(|z-z_0|\leqslant \frac{\rho}{\lambda}, f=a\right)$$

$$< \frac{1}{\log\lambda}\bigg[T(|z-z_0|=\rho, F)+T\left(|z-z_0|=\rho, \frac{1}{P-Q}\right)$$

$$+T\left(|z-z_0|=\rho, \frac{1}{Q-R}\right)+T(|z-z_0|=\rho, P)$$

$$+2T(|z-z_0|=\rho, Q)+\log\frac{1}{|f(z_0)-a|}$$

$$+c[f-Q]_{z_0}+\log^+|a|+5\log 2\bigg], \tag{2}$$

就中

$$F(z) \equiv \frac{f-P}{f-Q} \cdot \frac{R-Q}{R-P}.$$

由第二基础定理 B 的 (B) 式，则可假定 $F(z_0) \neq 0, 1, \infty$ 及 $F'(z_0) \neq 0$ 而得出次式：

$$T(|z-z_0|=\rho, F) < 3H+1308+6\log^+|F(z_0)|$$

$$+3\log^+\frac{1}{\mu\rho|F'(z_0)|}$$

$$+11\log\frac{1}{1-\frac{1}{\mu}}, \tag{3}$$

在这里 $\mu > 1$ 且

(α) $H = N(|z-z_0|=\mu\rho, F=0)+N(|z-z_0|=\mu\rho, F=1)$
$+N(|z-z_0|=\mu\rho, F=\infty).$

由于此时 $N_1(|z-z_0|=\mu\rho) > 0$ 故 $-N_1(|z-z_0|=\mu\rho)$ 可以略去.

将 (3) 式代入 (2) 式，则得次式：

$$n\left(|z-z_0|=\frac{\rho}{\lambda}, f=a\right) < \frac{1}{\log\lambda}[A+B+C]; \tag{4}$$

其中

$$A = 3[N(|z-z_0|=\mu\rho, F=0)+N(|z-z_0|=\mu\rho, F=1)$$
$$+N(|z-z_0|=\mu\rho, F=\infty)],$$

$$B = T\left(|z-z_0|=\rho, \frac{1}{P-Q}\right) + T\left(|z-z_0|=\rho, \frac{1}{Q-R}\right)$$
$$+ T(|z-z_0|=\rho, P) + 2T(|z-z_0|=\rho, Q),$$
$$C = 1313 + 6\log^+|F(z_0)| + 3\log\frac{1}{\mu\rho|F'(z_0)|}$$
$$+ 11\log\frac{1}{1-\frac{1}{\mu}} + c[f-Q]_{z_0} + \log\frac{1}{|f(z_0)-a|}$$
$$+ \log^+|a|.$$

4. 设 $P_1, P_2, \cdots, P_p$ 为 z 平面上的 p 个有限远点，依 Boutroux-Cartan 定理，则平面上之点 M 不满足下列不等式：

$$\overline{MP_1} \cdot \overline{MP_2} \cdot \overline{MP_3} \cdots \overline{MP_p} > h^p \quad (h > 0) \tag{1}$$

者必内在于若干个圆其半径之和为 $2eh$ 者.

今设 (E) 为一有限的点集，则可推知平面上任以 K 为距离的平行曲线 $(\gamma_1), (\gamma_2)$ 所围之带状区域中必有与 (γ_1) 及 (γ_2) 平行的曲线 $\mathcal{H}$ 使其上无 (E) 之元亦无 (1) 式之除外点；但须取定 h 为小于 $\frac{K}{4e}$ 的正数，例如取 $h = \frac{K}{12}$. 这条曲线叫做对应于 $\{P_i\}$ 及 (E) 而平行于 γ_i 的 **Boutroux 曲线**.

假设 $P_1, P_2, \cdots, P_p$ 为半纯函数 $\varphi(z)$ 在 $|z| \leqslant r$ 上的 b-值点, (E) 为一有限的点集. 设 (γ_1) 及 (γ_2) 为以 $\frac{r}{20}$ 为与 O 的距离的平行直线，以 $(\mathscr{D})$ 表示对应于 $\{P_i\}$ 及 (E) 而平行于 (γ_i) 的 Boutroux 曲线. O 在 $(\mathscr{D})$ 上的投影以 O' 表之，以 O' 为中心以 $\frac{r}{9}$ 及 $\frac{r}{9} + \frac{r}{10}$ 为半径之圆周围成 $|z| \leqslant r$ 内的环形，对应于 $\{P_i\}$ 及 (E) 而平行于此二圆周并在该环形内的 Boutroux 曲线以 $(\mathcal{H})$ 表之. $(\mathscr{D})$ 在 $(\mathcal{H})$ 内之部分及 $(\mathcal{H})$ 合成一条曲线以 $(\mathscr{B})$ 表之. 曲线 $(\mathscr{B})$ 上的点 M 不为 (E) 之元并且满足 (1) 式.

任取 $(\mathscr{B})$ 上一点 z_0 作圆周 $|z-z_0|=\rho$ 与 $|z|=\frac{59}{60}r$ 相切，则可选定 $\lambda=\frac{13}{10}, \mu=\frac{172}{169}$ 使 $|z-z_0|=\frac{\rho}{\lambda}$ 含 $|z|=\frac{r}{20}$ 并且 $|z-z_0|=\mu\rho$ 含

于 $|z|=r$ 内.

我们需要计算 $N(|z-z_0|=\mu\rho, \varphi=b)$ 的上界.

以 $\overset{*}{n}(t)$ 表示在 $|z-z_0|\leqslant t$ 上 $\{P_i\}$ 的个数,注意 $\overset{*}{n}(0)=0$,则得

$$N(|z-z_0|=t, \varphi=b)=\int_0^t \frac{\overset{*}{n}(t)}{t}dt.$$

注意以 z_0 为中心,以 $r+\frac{r}{9}+\frac{r}{10}+\frac{r}{20}$ 为半径之圆含 $|z|\leqslant r$ 于其内;则见

$$N(|z-z_0|=\mu\rho, \varphi=b)=\int_0^{\mu\rho}\frac{\overset{*}{n}(t)}{t}dt<\int_0^{\frac{227}{180}r}\frac{\overset{*}{n}(t)}{t}dt,$$

但在 $|z|\leqslant r$ 外没有 $\{P_i\}$ 的点,故

$$\int_0^{\frac{227}{180}r}\frac{\overset{*}{n}(t)}{t}d\theta=\log\frac{\left(\frac{227}{180}r\right)^p}{\overline{MP_1}\cdots\overline{MP_p}}<p\log\frac{\frac{227}{180}r}{h}=\text{const}\,p,$$

在这里, $K=\frac{r}{10}$, $h=\frac{K}{12}$. 故得

$$N(|z-z_0|=t, \varphi=b)<\text{const}\,p \quad (\text{const} \text{ 表示数值常数}).$$

推广上述方法,设 $\varphi_i(z)$ $(i=1,2,\cdots,m)$ 均为 $|z|\leqslant r$ 上之半纯函数. 对于每一 i,以

$$(S_i): P_1^i, P_2^i, \cdots, P_{p_i}^i$$

表示 $\varphi_i(z)$ 之 a_j-值点,(E) 表示一有限的点集.

由 Boutroux-Cartan 定理,则平面上之点 M 不致

$$(\text{I}^*) \qquad \overline{MP_1^i}\cdot\overline{MP_2^i}\cdot\cdots\cdot\overline{MP_{p_i}^i}>h^{p_i}$$

者必内在于若干个圆其半径之和为 $2eh$ 者. 故平面上除去若干个圆其半径之和为 $2meh$ 者外其它各点 M 均能满足 (I^*) 式于 $i=1,2,\cdots,m$.

同前作出曲线 $(\mathscr{B})$ 之法,可作出曲线 $(\mathscr{B}^*)$,使其上无有 (E) 上之元且其上每一点 M 均满足 (I^*) 式于 $i=1,2,\cdots,m$. 为此须令

$$h=\frac{K}{12m}, \quad K=\frac{r}{10}.$$

设 z_0 为 $(\mathscr{B}^*)$ 上之任一点,ρ,λ,μ 之意义同前,则得

(I^{**}) $N(|z-z_0|=\mu\rho, \varphi_i=a_i) < k(m)p_i$ $(i=1,2,\cdots,m)$.
$k(m)$ 为仅与 m 有关之常数.

第一, 讨论 A 中各项.

注意
$$\begin{aligned}&N(|z-z_0|=\mu\rho, F=0)\\ &\leqslant N(|z-z_0|=\mu\rho, f-P=0)\\ &\quad+N(|z-z_0|=\mu\rho, f-Q=\infty)\\ &\quad+N(|z-z_0|=\mu\rho, R-Q=0)\\ &\quad+N(|z-z_0|=\mu\rho, R-P=\infty),\end{aligned}$$

以及其余关于 $F=1, F=\infty$ 的二式.

命前述的函数 $\varphi_i(z)$ $(i=1,2,\cdots,m)$ 依次为

($\mathscr{F}$) $f-P, f-Q, f-R, P, Q, R, P-Q, Q-R, R-P,$

$\dfrac{1}{P}, \dfrac{1}{Q}, \dfrac{1}{R}, \dfrac{1}{P-Q}, \dfrac{1}{Q-R}, \dfrac{1}{R-P},$

并命 $a_i=0$; 此时 $m=15$.

$F(z)$ 在 $|z|\leqslant r$ 上之多重 a-值点(对一切的 a)组成一个有限集 (E), 此时 (I^{**}) 式中的 $k(m)=k(15)$ 为一数值常数 const.

给出下列假设:

($\mathscr{H}_1$) 设 $\mathscr{N}$ 为 $f(z)-P(z), f(z)-Q(z), f(z)-R(z)$ 在 $|z|\leqslant r$ 上的零点个数中之最大者; 设 n 为 ($\mathscr{F}$) 中其它各函数在 $|z|\leqslant r$ 上零点个数之总和.

当 $z_0\in(\mathscr{B}^*)$ 时, 根据 (I^{**}) 及 ($\mathscr{H}_1$) 应得次式:

($\mathscr{A}$) $A < \text{const } \mathscr{N} + \text{const } n$.

第二, 讨论 B 中各项.

给出下列假设:

($\mathscr{H}_2$) 设不论 ψ 为 $P, Q, R, \dfrac{1}{R-P}, \dfrac{1}{P-Q}, \dfrac{1}{Q-R}$ 中之何者, 恒致下列不等式:

$$\frac{1}{\pi r^2}\iint_{|z|\leqslant r}\log^+|\psi(z)|\,d\sigma < \log\frac{1}{d} \quad \left(0<d<\frac{1}{2}\right).$$

在 $(\mathscr{H}_2)$ 假设下，可取 B 中第一项

$$T\left(|z-z_0|=\rho,\frac{1}{P-Q}\right)=m\left(|z-z_0|=\rho,\frac{1}{P-Q}\right)$$
$$+N(|z-z_0|=\rho,P-Q=0)$$

加以讨论. 上面已定义 $|z-z_0|=\rho$ 与 $|z|=\frac{59}{60}r$ 相切，则取以 z_0 为中心而与 $|z|=r$ 相切之圆 $|z-z_0|=\rho'$ 和 $|z-z_0|=\rho$ 所围之环形加以考察. 在 $(\mathscr{H}_2)$ 下应用 Rauch 补题 1, 则见在这环形内必有一圆周 $|z-z_0|=r$. 致

$$m\left(|z-z_0|=r_0,\frac{1}{P-Q}\right)<\text{const}\log\frac{1}{d}\quad\left(\rho\leqslant r_0\leqslant\rho+\frac{r}{60}\right).$$

又自 $(\mathscr{H}_1)$ 得出

$$N(|z-z_0|=r_0,P-Q=0)<\text{const}\,n.$$

故得

$$T(|z-z_0|=\rho,P-Q=0)<\text{const}\,n+\text{const}\log\frac{1}{d}.$$

B 中其它各项均依同法加以处理，则得下列不等式：

(B) $\qquad B<\text{const}\,n+\text{const}\log\frac{1}{d}.$

按照这一段的论据，我们还附带得出以下的结论：在两个以 $O'\in\mathscr{B}^*$ 为中心其半径 r_1,r_2 与 r 之比为数值常数而在 $|z|\leqslant r$ 上之同心圆所围之环形中，在 $(\mathscr{H}_1)$ 及 $(\mathscr{H}_2)$ 之假设下，必然有下列不等式：

$$T(|z-0'|=t,P)<\text{const}\,n+\text{const}\log\frac{1}{d}\quad(r_1\leqslant t\leqslant r_2)$$

等等，因之亦致

$$\log|P(0')|=T(|z-0'|=t,P)-T\left(|z-0'|=t,\frac{1}{P}\right)$$
$$<\text{const}\,n+\text{const}\log\frac{1}{d}.$$

以 z_0 代 $0'$, 则此式可写成次形：

$$\log^+|P(z_0)|<\text{const}\,n+\text{const}\log\frac{1}{d}.$$

施同法于 $Q(z)$, 则得

第二章　半纯函数理论中的两个基础定理

$$\log^+|Q(z)| < \text{const}\, n + \text{const}\log\frac{1}{d}.$$

故

$$c[f-Q]_{z_0} = \log^+|f(z_0)-Q(z_0)|$$
$$\leqslant \log^+|f(z_0)| + \log^+|Q(z_0)| + \log 2$$
$$< \log^+|f(z_0)| + \text{const}\, n + \text{const}\log\frac{1}{d} + \text{const}.$$

第三，讨论 C 之值.

设不等式：

$$(\mathscr{H}_3) \qquad \log\mu\rho|F'(z_0)| \geqslant -n$$

至少被 $(\mathscr{B}^*)$ 上之一点 z_0 所满足；$(\mathscr{B}^*)$ 由 $(\mathscr{H}^*)$ 及 $(\mathscr{D}^*)$ 在 $(\mathscr{H}^*)$ 内之一段所成；$(\mathscr{H}^*)$ 之中心 0^* 为 0 在 $(\mathscr{D}^*)$ 上之投影. 设 z_0 为自 0^* 沿在 $(\mathscr{B}^*)$ 上之一方向引进时所遇之最初一点致 $\log\mu\rho|F(z_0)| \geqslant -n$ 者，则在从 0^* 到达 z_0 之一段上层有相反的不等式：

$$|F'(z)| \leqslant \frac{e^{-n}}{\mu\rho} < \frac{1}{\mu\rho}.$$

计及

$$F(z_0) = F(0^*) + \int_{0^*\mathscr{B}^*z_0} F'(z_0)\,\mathrm{d}z,$$

则得

$$F(z_0) < |F(0^*)| + \text{const}\, r \max_{0^*\mathscr{B}^*z_0}|F'(z)|$$
$$< |F(0^*)| + \text{const}\frac{r}{\mu\rho}.$$

但 $\rho \geqslant \frac{135}{180}r$，故 $\frac{1}{\mu\rho}r \leqslant \frac{180}{135\mu}$；故

$$|F(z_0)| < |F(0^*)| + \text{const}.$$

故得

$$\log^+|F(z_0)| < \log^+|F(0^*)| + \text{const}.$$

调换 P 与 Q 的位置，使致

$$\left|\frac{f(0^*)-P(0^*)}{f(0^*)-Q(0^*)}\right| \leqslant 1 \quad (\text{如已致此式，则可不调换}),$$

由此得出下列不等式：

$$\log^+ |F(0^*)| < \log^+ \left| \frac{R(0^*) - Q(0^*)}{R(0^*) - P(0^*)} \right|$$

$$= \log^+ \left| 1 + \frac{P(0^*) - Q(0^*)}{R(0^*) - P(0^*)} \right|$$

$$\leq \log^+ |P(0^*)| + \log |Q(0^*)|$$

$$+ \log^+ \frac{1}{|R(0^*) - P(0^*)|} + 2\log 2$$

$$< \text{const } n + \text{const} \log \frac{1}{d} + \text{const}.$$

故得下列不等式：

$$\log^+ |F(z_0)| < \text{const } n + \text{const} \log \frac{1}{d} + \text{const}.$$

此式与由假设得来之不等式

$$\log^+ \frac{1}{\mu\rho |F(z_0)|} \leq n$$

合并加以考察，则 C 中前四项得到解决；其第五项则由前面讨论 B 之值时解决. 故得

$$C < \text{const } n + \text{const} \log \frac{1}{d} + \text{const} + \log \frac{1}{|f(z_0) - a|}$$

$$+ \log^+ |f(z_0)| + \log^+ |a|,$$

此式中括号内三项之和根据 Valiron 氏补题，当 a 之球像在以 $f(z_0)$ 之球像为中心 $\delta \left(< \frac{1}{\alpha} \right)$ 为弧半径之圆(S^*) 外时，必然小于 $5\log \frac{1}{\delta}$.

因此得出在 $(\mathscr{H}_1), (\mathscr{H}_2), (\mathscr{H}_3)$ 下，

$$C < \text{const } n + \text{const} \log \frac{1}{\delta} + \text{const} \log \frac{1}{d} + \text{const},$$

当 a 之球像在 (S^*) 外时.

总结上述，得出：

第二基础定理 B 的转化形式. 设 $f(z)$ 为 $|z| \leq r$ 上之半纯函数，设 $P(z), Q(z), R(z)$ 均为 $|z| \leq r$ 上之半纯函数满足次列条件者：

($\mathscr{H}_1$) $f - P, f - Q, f - R$，在 $|z| \leq r$ 上之零点个数之最大者为

$\mathcal{N}$. 设函数

$$(\mathcal{F}) \quad P, Q, R, P-Q, Q-R, R-Q,$$
$$\frac{1}{P}, \frac{1}{Q}, \frac{1}{R}, \frac{1}{P-Q}, \frac{1}{Q-R}, \frac{1}{R-P}$$

在 $|z| \leqslant r$ 上之零点数之总和为 n.

$(\mathcal{H}_2)$ 不论 ψ 为 $P, Q, \dfrac{1}{P-Q}, \dfrac{1}{Q-R}, \dfrac{1}{R-P}$ 之何者, 恒致

$$\frac{1}{\pi r^2} \iint\limits_{|z| \leqslant r} \log^+ |\psi(z)| \, d\sigma < \log \frac{1}{d} \quad \left(0 < d < \frac{1}{2}\right).$$

命 (E) 为

$$F(z) = \frac{f(z) - P(z)}{f(z) - Q(z)} \frac{R(z) - Q(z)}{R(z) - P(z)}$$

在 $|z| \leqslant r$ 上的多重值点所成的有限集.

将前面 15 个函数之零点排成 15 列:

$$(S_i) \quad P_1^i, P_2^i, \cdots, P_{p_i}^i \quad (i = 1, 2, \cdots, 15).$$

选取

$$h = \frac{K}{200}, \quad K = \frac{r}{10}, \quad \lambda = \frac{13}{10}, \quad \mu = \frac{169}{166};$$

设 $(\gamma_1), (\gamma_2)$ 为互相平行且与原点 O 之距均为 $\dfrac{h}{20}$ 的直线, 作对应于 (S_i) $(i = 1, 2, \cdots, 15)$ 及 (E) 而平行于 $(\gamma_1), (\gamma_2)$ 的 Boutroux 曲线 $(\mathcal{D}^*)$. 投射 O 于 $(\mathcal{D}^*)$ 上得 O^*, 以 O^* 为中心以 $\dfrac{r}{9}$ 及 $\dfrac{r}{9} + \dfrac{r}{10}$ 为半径各作一圆, 二者所围的环形中存在着对应于 (S_i) $(i = 1, 2, \cdots, 15)$ 及 (E) 而平行于二圆的 Bortroux 曲线, 此为同心圆 $(\mathcal{H}^*)$, $(\mathcal{D}^*)$ 在 $(\mathcal{H})$ 内之整段与 $(\mathcal{H}^*)$ 合成另一 Boutroux 曲线 $(\mathcal{B}^*)$.

设 ρ 为其中心 z_0 在 $(\mathcal{B}^*)$ 上而切于 $|z| = \dfrac{59}{60} r$ 之圆之半径, 则必 $\dfrac{75}{80} r \leqslant \rho \leqslant \dfrac{53}{60} r$. 这样的圆, $|z - z_0| = \rho$ 必内含 $|z - z_0| = \dfrac{\rho}{\lambda}$ 而后者又必内含 $|z| = \dfrac{1}{20} r$, 其次 $|z - z_0| = \mu \rho$ 含于 $|z| = r$ 内. 我们假定

($\mathscr{B}^*$)上至少有一点 z_0 致下列不等式：

($\mathscr{H}_3$) $\qquad \log \mu\rho |F'(z_0)| \geqslant -n,$

且设 z_0 便是由 0^* 沿($\mathscr{B}^*$)之任一方向行进时所遇具此性质之最初一点．

在以上的前提下得出下列不等式：

（I） $n\left(\dfrac{r}{20}, f=a\right) < n\left(|z-z_0| = \dfrac{\rho}{\lambda}, f=a\right)$

$$< \text{const}\, \mathscr{N} + \text{const}\, n + \text{const} \log \dfrac{1}{d}$$

$$+ \text{const} \log \dfrac{1}{\delta} + \text{const},$$

在这里 a 为与 $f(z_0)$ 之球距大于 $\delta\left(< \dfrac{1}{2}\right)$ 之任何复数（包括 $+\infty$）．

以上的第二基础定理转化形式，它所能发挥作用的条件是在条件($\mathscr{H}_3$)的被满足．如果($\mathscr{H}_3$)不满足于($\mathscr{B}^*$)上任何点，则此定理便不发生作用．因此在一般的条件下尚须就($\mathscr{H}_3$)不被满足时来找寻 $n\left(\dfrac{r}{20}, f=a\right)$ 的上界．为此我们在($\mathscr{H}_3$)不成立时，明白地说出其意义．

($\mathscr{H}_4$) 设在($\mathscr{B}^*$)上无任何点致($\mathscr{H}_3$)，即在($\mathscr{B}^*$)上恒致

$$\log \mu\rho |F'(z)| < -n,$$

这样，我们可从此定出 $m(|z-0^*|=r_1, F)$ 之上界，在这里 r_1 为 $\mathscr{H}^*$ 之半径．($\mathscr{B}^*$)是($\mathscr{H}^*$)及($\mathscr{D}^*$)之一段所组成．回溯前面在假设($\mathscr{H}_3$)下，我们曾经就(0^*)沿($\mathscr{B}^*$)之一方向到达最初一点 z_0 致($\mathscr{H}_3$)者上施行积分并注目在此段路程上致

$$\log \mu\rho |F'(z)| < -n,$$

因之亦致

$$\max_{0\mathscr{B}^* z_0} |F'(z)| \leqslant \dfrac{e^{-n}}{\mu\rho} < \dfrac{1}{\mu\rho},$$

代入

$$F(z_0) = F(0^*) + \int_{0\mathscr{B}^* z_0} F'(z)\,dz,$$

得出
$$|F(z_0)| < |F(0^*)| + \text{const}\, \frac{r}{\mu\rho} < |F(0^*)| + \text{const}.$$

在 $(\mathcal{H}_4)$ 的限制下，则不仅 $|F(z_0)|$ 有此性质，而且当 z 在整个 $(\mathcal{B}^*)$ 上时都有同样的结果，只是 const 稍稍放大了一些而仍然不失为 const.

这样我们就得出
$$m(|z-0^*|, F) < \log^+ |F(0^*)| + \text{const},$$
但
$$\log^+ |F(0^*)| \leqslant \text{const}\, n + \text{const}\, \frac{1}{d} + \text{const},$$
故得
$$m(|z-0^*| = r_1, F) \leqslant \text{const}\, n + \text{const}\, \frac{1}{d} + \text{const}.$$

其次 0^* 既为 Boutroux 曲线 $(\mathcal{B}^*)$ 上之一点，则依前法可得
$$N(|z-0^*| \leqslant r_1, F = \infty)$$
$$< \text{const}\, \mathcal{N} + \text{const}\, n + \text{const}\, \log \frac{1}{d} + \text{const}.$$

有此两式，则可直接从上面 (2) 式推出的方法得出
$$n(|z-0^*| \leqslant \frac{r_1}{\lambda}, f = a)$$
$$< \frac{1}{\log \lambda}\bigg[T(|z-0^*| = r, F) + T\Big(|z-0^*| = r, \frac{1}{P-Q}\Big)$$
$$+ T\Big(|z-0^*| = r, \frac{1}{Q-R}\Big) + T(|z-0^*| = r, P)$$
$$+ 2T(|z-0^*| = r, Q) + \log^+ \frac{1}{|f(0^*) - a|}$$
$$+ c[f-a]_{0^*} + \log^+ |a| + 5\log 2 \bigg]. \tag{2}$$

但从前面两式早已得出
$$T(|z-0^*| = r_1, F) < \text{const}\, \mathcal{N} + \text{const}\, n + \text{const}\, \log \frac{1}{d} + \text{const},$$

此即立刻可以代入(2)而不须通过第二基础定理 B.(2)中各项则可依前段方法一一讨论之，亦得出

（Ⅰ） $n\left(\frac{r}{20}, f = a\right) < \text{const } \mathcal{N} + \text{const } n + \text{const} \log \frac{1}{d}$

$$+ \text{const} \log \frac{1}{\delta} + \text{const},$$

此对 a 与 $f(0^*)$ 之球距大于 $\delta\left(<\frac{1}{2}\right)$ 者无不满足.

得次列 Valiron-Milloux-Rauch 定理：

Valiron-Milloux-Rauch 定理 1. 设 $f(z), P(z), Q(z), R(z)$ 均为 z 平面上以 r 为半径之任一圆 (c_r) 内及其周上之半纯函数；设 d 及 δ 均为小于 $1/2$ 之正数；设 $\mathcal{N}$ 为 $f(z) - P(z), f(z) - Q(z), f(z) - R(z)$ 在该圆闭鞘上之零点个数之最大者，n 为 $P, Q, R, P-Q, Q-R, R-P$ 在该圆之闭鞘上零点与极点个数之总和，又设 (c_r) 内致.

$$\frac{1}{\pi r^2} \iint_{(c_r)} \log^+ \left(|P| + |Q| + \frac{1}{|P-Q|} + \frac{1}{|Q-R|} + \frac{1}{|R-P|}\right) d\sigma$$

$$< \log \frac{1}{d},$$

则在 (c_r) 之同心圆以 $\frac{r}{20}$ 为半径者 $\left(c_{\frac{r}{20}}\right)$ 之闭鞘上必致 $f(z)$ 之 a 值点数

$$n\left(c_{\frac{r}{20}}, f = a\right) < \text{const } \mathcal{N} + \text{const } n + \text{const} \log \frac{1}{d}$$

$$+ \text{const} \frac{1}{\delta} + \text{const},$$

对所有的 a 与某一固定数(有限或 ∞)之球距大于 δ 者皆无例外.

由上述证法，我们可以断定此定理对 P, Q, R 或全体为常数，或有一二为常数，甚至其中有 0 或 ∞；如果将 0 之零点个数算作 1, ∞ 之极点个数算及 1，即此定理仍然真实无可疑. 因此，开头所引 Milloux 原定理与 Valiron 定理均可作为此定理之特例，即 P, Q, R 均作为常数时之特例.

就此定理令 $d = \delta = e^{-\mathcal{N}}$，则对每一个与除外值之球距大于 $e^{-\mathcal{N}}$ 之

a，必致 $f(z) = a$ 在 $\left(c_{\frac{r}{20}}\right)$ 内之根的个数小于
$$A = \operatorname{const} \mathcal{N} + \operatorname{const} n + \operatorname{const}.$$
如 $\mathcal{N}$ 大于最后一常数 const，则
$$n\left(c_{\frac{r}{20}}, f = a\right) < A_1 = \operatorname{const} \mathcal{N} + \operatorname{const} n,$$
此处第一常数 const 当然和 A 中的 const 不同；但 a 与除外值之球距大于 $\mathrm{e}^{-\mathcal{N}}$ 的有限数. 因此，任取二有限数 a_1, a_2，其球距大于 $2\delta = 2\mathrm{e}^{-\mathcal{N}}$ 者，则在 a_1, a_2 二者中必至少有一 a_i 与除外值之球距大于 $\delta = \mathrm{e}^{-\mathcal{N}}$. 因之，对此 a_i 应有
$$n\left(c_{\frac{r}{20}}, f = a_i\right) < A_1 = \operatorname{const} \mathcal{N} + \operatorname{const} n.$$
得出以下的推论：

推论 1. 设 $f(z), P(z), Q(z), R(z)$ 均为 z 平面上以 r 为半径之圆 (c_r) 内及其周上之半纯函数且设

$1°$ $\dfrac{1}{\pi r^2} \iint\limits_{(c_r)} \log^+\left(|P| + |Q| + \dfrac{1}{|P-Q|} + \dfrac{1}{|Q-R|} + \dfrac{1}{|R-P|}\right) \mathrm{d}\sigma < \mathcal{N};$

$2°$ $P, Q, R, P-Q, Q-R, R-P$ 在 (c_r) 内及其上之零点及极点之总数小于 $\varepsilon \mathcal{N}$（ε 为 <1 的数值常数且充分小）；

$3°$ $f(z)$ 在与 (c_r) 同心半径为 $\dfrac{r}{20}$ 之圆 $c_{\frac{r}{20}}$ 内及其上取二定值 a_1, a_2，其次数大于 $\mathcal{N}$，就中 $(a_1, a_2) > 2\mathrm{e}^{-\mathcal{N}}$.

则 P, Q, R 三者中必有其一 $\pi(z)$ 致 $f(z) - \pi(z)$ 在 (c_r) 内及其上之零点数大于 $k\mathcal{N}$，k 为一数值常数.

当 $\mathcal{N}$ 大于一数值常数时，此推论为真.

应用这个推论，我们可以得到更多的结果.

设 $f(z), P(z), Q(z), R(z)$ 为一连通区域 (A) 内之半纯函数；设 (D) 为全在 (A) 内之区域（其界点及内点均在 (A) 内之意），分 (D) 为 p 部分 $D_1, D_2, \cdots, D_p$，设 $(\mathscr{D}_i)$ 为外接 D_i 之最小圆的同心圆其半径为 20 倍大者，假使 (A) 包含所有的 $(\mathscr{D}_i)$.

作下列假设:

$1°$ 设 $f(z) = a$ 在闭区域 D 上之根的个数大于 M,就中 a 为 Riemann 球上以 $1/2$ 为弧半径之圆内每一点所表写之有限复数;

$2°$ $P, Q, R, P-Q, Q-R, R-P$ 在 (A) 内之零点及极点个数之总和为 n;

$3°$ 在每一圆 $(\mathcal{D}_i)$ $(i = 1, 2, \cdots, p)$ 内致

$$\frac{1}{\mathcal{D}_i \text{之面积}} \iint_{(\mathcal{D}_i)} \log^+ \left(|P|_\lambda + |Q| + \frac{1}{|P-Q|} + \frac{1}{|Q-R|} + \frac{1}{|R-P|} \right) d\sigma$$
$$< \log \frac{1}{d};$$

$4°$ $f-P, f-Q, f-R$ 在 $(\mathcal{D}_i)$ 内之零点数之最大者小于 $\mathcal{N}$ $(i = 1, 2, \cdots, p)$.

则由上述定理,$f(z) - a$ 在每一 D_i 内零点数小于

$$\alpha \mathcal{N} + \beta n + \gamma_1 \log \frac{1}{d} + \gamma_2 \log \frac{1}{|a - A_i|} + \gamma_3,$$

在这里 A_i 为关于 (D_i) 之除外值.

因此,$f(z) - a$ 在 (D) 之闭鞘上之零点数小于

$$\alpha p \mathcal{N} + \beta p n + \gamma_1 p \log \frac{1}{d} + \gamma_2 \log \frac{1}{|a - A_1||a - A_2| \cdots |a - A_p|} + \gamma_3 p,$$

不管 a 为 Riemann 球上以 $\frac{1}{2}$ 为弧半径而不含北极点之某圆 (σ) 内那一点所表示之复数. 由 Boutroux-Cartan 定理,则在 (σ) 内必至少有一点 P 代表复数 a 致

$$|a - A_1||a - A_2| \cdots |a - A_p| > \frac{1}{(2A)^p},$$

此时 $f(z) - a$ 在 D 之闭鞘上之零点数小于

$$B_p < \alpha p \mathcal{N} + \beta p n + \gamma_1 p \log \frac{1}{d} + p \gamma_4.$$

$\alpha, \beta, \gamma_1, \gamma_4$ 皆为数值常数.

令 $d = e^{-\mathcal{N}}$, $n < \varepsilon \mathcal{N}$ (ε 为数值常数 < 1),则

$$B_p < p[(\alpha + \gamma_1)\mathcal{N} + \beta \varepsilon \mathcal{N} + \gamma_4].$$

如 $(1-\varepsilon)\beta N > \gamma_4$，即 $n > \dfrac{\gamma_4}{(1-\varepsilon)\beta}$，则
$$B_p < p(\alpha+\beta+\gamma_1)N = k_p N.$$
又命 $M = k_p n$，则
$$\frac{M}{P} > \frac{\gamma_4}{k\beta(1-\varepsilon)} = \text{数值常数}.$$

由此转化上述结果，用其逆定理应得：

Valiron-Milloux-Rauch 定理 2. 设 $f(z), P(z), Q(z), R(z)$ 皆为连通区域 (A) 内的半纯函数，(D) 为全在 (A) 内之区域；划分 (D) 为 D_1, $D_2, \cdots, D_p$，使外接于 (D_i) 之最小圆之同心圆其半径 20 倍大者 $(\mathscr{D}_i)$ $(i=1,2,\cdots,p)$ 亦全在 (A) 内．

作如次各假设：

(C_1) $f(z)-a$ 在 (D) 内之零点数大于 M，不论 a 之球像为 Riemann 球上某一以 $\dfrac{1}{2}$ 为弧半径之圆 (σ) 内之何值而皆然；

(C_2) $\dfrac{1}{(\mathscr{D}_i) \text{之面积}} \iint_{(\mathscr{D}_i)} \log^+ \bigg(|P|+|Q|+\dfrac{1}{|P-Q|}$
$\qquad\qquad + \dfrac{1}{|Q-R|} + \dfrac{1}{|R-P|}\bigg) d\sigma < \dfrac{M}{P}$；

(C_3) $P, Q, R, P-Q, Q-R, R-P$ 在境域 (A) 内之零点及极点之个数总和小于 $\varepsilon \dfrac{M}{P}$（ε 为从于 1 而充分小的数值常数）．

则必至少有一 $(\mathscr{D}_\lambda)$（λ 为 $1,2,\cdots,p$ 之一）使 P, Q, R 三者必至少有一 $\pi(z)$，致 $f(z)-\pi(z)$ 在 $(\mathscr{D}_\lambda)$ 内之零点数大于 $c\dfrac{M}{P}$，c 为一数值常数，此定理当 $\dfrac{M}{P} >$ 某数值常数时为真．

这就是以后应用的主要定理．作者多年来对此定理加以重级性质的修正之一切希冀，在此一般的条件下，都没有能够实现．

现在我们从这个定理推出 Milloux 所作的结论.

设前定理中的 P, Q, R 为常数 a, b, c，则假设 (C_2) 可分为两种情况

以次列代之：

1° 设 a,b,c 均为有限，则 (C_2) 可代以

(α) $\quad \log^+\left(|a|+|b|+\dfrac{1}{|a-b|}+\dfrac{1}{|b-c|}+\dfrac{1}{|c-a|}\right)<\dfrac{M}{P}$

此又可代以次式：

(α′) $\quad \begin{cases} |a|<e^{\frac{1}{5}\frac{M}{P}},\quad |b|<e^{\frac{1}{5}\frac{M}{P}},\quad |a-b|>e^{-\frac{1}{5}\frac{M}{P}}, \\ |b-c|>e^{-\frac{1}{5}\frac{M}{P}},\quad |c-a|>e^{-\frac{1}{5}\frac{M}{P}}. \end{cases}$

但 $(a,b)<2|a-b|$，故如 $(a,b)>2e^{-\frac{1}{5}\frac{M}{P}}$，则必 $|a-b|>e^{-\frac{1}{5}\frac{M}{P}}$。但 $\dfrac{M}{P}>30\log 2$ 致 $2e^{-\frac{1}{5}\frac{M}{P}}>e^{-\frac{1}{6}\frac{M}{P}}$，故 (α′) 又可代以次式：

(α″) $\quad \begin{cases} |a|<e^{\frac{1}{5}\frac{M}{P}},\quad |b|<e^{\frac{1}{5}\frac{M}{P}}, \\ (a,b)>e^{-\frac{1}{6}\frac{M}{P}},\quad (b,c)>e^{-\frac{1}{6}\frac{M}{P}},\quad (c,a)>e^{-\frac{1}{6}\frac{M}{P}}. \end{cases}$

2° 设 $c=\infty$，则 (c_2) 可代以

(β) $\quad \log^+\left(|a|+|b|+\dfrac{1}{|a-b|}\right)<\dfrac{M}{P}$；

此又可以次式代之：

(β′) $\quad |a|<e^{\frac{1}{5}\frac{M}{P}},\quad |b|<e^{\frac{1}{5}\frac{M}{P}},\quad (a,b)>e^{-\frac{1}{6}\frac{M}{P}}$.

以 ∞ 之像（北极点）为中心弧距 $e^{-\frac{1}{7}\frac{M}{P}}$ 为弧半径作圆 $\Gamma_\infty(e^{-\frac{1}{7}\frac{M}{P}})$，在此圆外之点表 a，必致 $(a,\infty)>e^{-\frac{1}{7}\frac{M}{P}}$，则又

$$|a|<4e^{\frac{1}{7}\frac{M}{P}}<e^{\frac{1}{6}\frac{M}{P}}\quad\left(\dfrac{M}{P}\text{大于某一数值常数时}\right).$$

据此则可展开以下的讨论：

I. 如 $\Gamma_\infty(e^{-\frac{1}{7}\frac{M}{P}})$ 之点皆非定理中之除外值之像，即可以 (α″) 为假设 (C_2) 应有定理于 a,b,c 其像在此圆外者得次述判断：

Riemann 球上除去二圆其半径为 $e^{-\frac{1}{6}\frac{M}{P}}$ 其中心之弧距大于 $e^{-\frac{1}{6}\frac{M}{P}}$ 者外其余之点皆非除外值之像.

II. 如 ∞ 为定理中之除外点，则可以 $c=\infty$ 及 (β′) 代 (C_2) 得出

Ⅰ 的结论，但须以 $e^{-\frac{1}{7}\frac{M}{P}}$ 为除外圆之半径.

Ⅲ. 如在 $\Gamma_\infty(e^{-\frac{1}{7}\frac{M}{P}})$ 内，∞ 非为除外点之像，但有有限值 c 之像 $\mathfrak{H}$，可以 $\mathfrak{H}$ 为中心弧距 $2e^{-\frac{1}{7}\frac{M}{P}}$ 为弧半径作圆 $\Gamma_{\mathfrak{H}}(2e^{-\frac{1}{7}\frac{M}{P}})$，则此圆外之点（设为 a 之像）与 ∞ 之像的球距不能小于 $e^{-\frac{1}{7}\frac{M}{P}}$ 而 $|a| < e^{\frac{1}{6}\frac{M}{P}}$ $\left(\frac{M}{P} > \text{const}\right)$，又 $(c,a) > 2e^{-\frac{1}{6}\frac{M}{P}} (> e^{-\frac{1}{6}\frac{M}{P}})$. 今以 (a'') 代 (C_2) 亦得 Ⅰ 之结果. 但有一除外圆其弧半径为 $2e^{-\frac{1}{7}\frac{M}{P}}$，另一除外圆之弧半径则为 $e^{-\frac{2}{8}\frac{M}{P}}$；可以扩大此二圆之半径为 $e^{-\frac{1}{8}\frac{M}{P}}$ $\left(\frac{M}{P} > \text{const}\right)$.

总上所述，则定理 2 中之除外值之像最多还不过在以 $e^{-\frac{1}{8}\frac{M}{P}}$ 为弧半径其中心之弧距大于 $e^{-\frac{1}{8}\frac{M}{P}}$ 之两圆内.

Milloux 定理 B. 设 $f(z)$ 为连通区域 (A) 内之半纯函数，(D) 为全在 (A) 内之连通区域，划分 (D) 为 P 部分，$(D_1), (D_2), \cdots, (D_p)$，使与外接于 (D_i) 之最小圆同心，半纯于 20 倍之圆 $(\mathscr{D}_i)$ $(i=1,2,\cdots,p)$ 全在 (A) 内，假定 $f(z)$ 在 (D) 之 a- 值点数大于 M 不管 a 为 Riemann 球上半径为 $1/2$ 之圆内何值之像而皆然，则必至少有一圆 $(\mathscr{D}_\lambda)$（λ 为 $1,2,\cdots,p$ 之一）使 $f(z)$ 在 $(\mathscr{D}_\lambda)$ 内之 a- 值点之个数大于 $c\frac{M}{P}$ 就中 a 之值之除外值之像最多不过在两个以 $e^{-\frac{M}{P}}$ 为半径中心之弧距大于 $e^{-\frac{M}{P}}$ 之圆内，当 $\frac{M}{P} > \text{const}$ 时定理为真.

此一定理又可从定理 1 的如下之特例推得：

Milloux 定理 A. 设 $f(z)$ 为以 r 为半径之圆 (c_r) 内及圆上之半纯函数. 假使 $f(z)$ 在与 (c_r) 同心半径为 $\frac{r}{20}$ 之圆 $c_{\frac{r}{20}}$ 内及其周界上取二值 a 及 b $[(a,b) > e^{-N}]$ 多于 N 次，则 $f(z)$ 在 (c_r) 内及其周界上之 a- 值点之个数大于 KN（K 为一数值常数），a 之除外值最多不过为两个以

e^{-N} 为弧半径圆心弧距大于 e^{-N} 者之圆内. 当 $N >$ const 定理为真.

以上我们说明了怎样从第二基础定理转化形式中第一个结论加以补充而引出 Ranch 定理 1 及 2，最后引出了 Milloux 定理 A 及 B 作为特例.

第三章 半纯函数的聚值线（Ⅰ）统一的理论

导 论

我们在前面两章已做好一切准备，自此以降，对半纯函数的聚值线理论即将展开全面的分析．本来半纯函数的统一理论作者创始之于1936年，是为了总结在当时已渐成熟的聚值线理论的成果而作，当然吸收了大部分各色各样的分级性的结果，是应当放在后段的，但在方法上则统一理论最简单明了，读者先掌握到它，则对个别的理论将不致目迷五色，为繁复的计算所苦．其实 Valiron 开始便已从统一性的结果入手，但他却不曾看见 Blumenthal 氏函数型的一般性，把握不到这个工具来处理统一性的问题．当然在 Blumenthal 之后，Valiron 是继承函数型理论的第一人，但他着眼在整函数与半纯函数之级的概念，把 Blumenthal 的理论归入到无限级方面去，他自己却全神倾注到零级及有限正级方面来精密化函数型的理论．因此，Valiron 对Blumenthal 函数型理论的用意是肯定的，同时也是否定的．作者接触到 Blumenthal 氏函数型理论时却在1932年，一开头就发生困难，感到非对之作一彻底的了解不可，也感到有推广到无限级半纯函数去的必要和可能；到了1934年方把这理想结合着 Nevanlinna 的理论实现了；那时候熊氏无限级半纯函数理论亦已形成却两不相闻，但在1935年两篇论文先后出现之后，作者所作却不如熊氏所作的精细，因此就接受了熊氏的结果来从事聚值线理论．其实熊氏函数型所能得到的效果，Blumenthal 氏函数型都能达到．因此，作者对 Blumenthal 氏函数型的用意始终是肯定的，肯定着这种函数型的一般性，这个一般性为 Valiron 氏函数型及熊氏函数型所不具备．半纯函数统一理论就建立在 Blumenthal 氏函数型的一般性上．但此一般性却不能完全代替 Valiron 氏函数型在有限级方面所起的作用，因此除了统一的理论之外还是须要提到各级的个别理论．因此本书于半纯函数聚值线理论分成两章，本章先展开统一的理论，第四章叙述个别的理论；在第五章讨论圆内半纯函数之聚值点时，则不再划分．其次，自本章以下，几乎没有一个定理不是经过作者修正过的，虽然所修正的所在不一定到处都很吃力，但后两章的内容其属于作者的修正案者，除了一部分已发表者外，另一部分都还没有付印过，这些都完全是在统一的理论形成后从 1936 年至 1938 年所作．

1. 在这里，我们就半纯函数的聚值线理论发展的情况先作一个简明的介绍．

1879 年，E. Picard 发表了两个定理：其一，整函数取一切的有限复数（最多除去一个）为值；其二，连通区域内的单值半纯函数在一孤立超性异点近邻取一切复数（包括 ∞，最多除去两个）为值．在这两个定理中，如果在前者函数不为多项式，在后者函数不为有理函数则取非除外值必至无限多次．

1896 年，E. Borel 精确化 Picard 定理为下列的形式：1° 具有限正级 ρ 之整函数 $f(z)$ 具如次性质：不计 ∞ 最多除去一个 a 之值外，$f(z)$ 之 a-值点所成序列的收敛指数等于 ρ．2° 设 $f(z)$ 为具正有限级 ρ 之半纯函数，则对全体半纯函数 $\pi(z)$ 其级小于 ρ 者最多除去两个外，$f(z)-\pi(z)$ 之零点串的收敛指数等于 ρ．在这里，所谓一数串 $\{z_n\}$ 之收敛指数 λ 是指致 $\sum |z_n|^{-\lambda+\varepsilon}$（$\varepsilon$ 为任何小正数）发散而 $\sum |z|^{-\lambda-\varepsilon}$ 收敛之实数．

1910 年，O. Blumenthal 推广了 Borel 定理于无限级整函数．

1914 年，P. Montel 用正族的理论重新证明了 Picard 定理及其姊妹定理 Landau 及 Schottky 定理．同年 G. Valiron 推广了 Blumenthal 氏定理于零级与正有限级整函数，精密化了 Borel 定理．

第三章 半纯函数的聚值线（Ⅰ）统一的理论

1919 年，G. Julia 运用正族理论更进一步地发现了以下的性质：设 $f(z)$ 为具有渐近值之半纯函数，则必有一无限串圆

$$\Gamma(n): |z-z(n)|=\alpha(n)|x(n)| \quad (\alpha(n)\to 0, z(n)\to\infty),$$

使 $f(z)$ 在这些圆内取一切复数（最多除去两个外）为值至无限多次. 因之在平面上必至少有一半直线 J 使以 J 为分角线之任何角境域内 $f(z)$ 取每一复数（最多除去两个）为值. 1924 年，H. Milloux 利用 Carleman 氏定理，在 $f(z)$ 为整函数及半纯函数具渐近值者的条件下精密化 Julia 的理论，名其所精密化之 $\Gamma(n)$ 为填充圆.

1925 年，R. Nevanlinna 用示性函数及半纯函数的第一、第二基础定理证明了并且大大地推广了 Borel 氏定理. 这两个基础定理的出现使半纯函数理论进展到第二阶段.

1928 年，G. Valiron 大大修正了 Nevanlinna 的第二基础定理，从而证明了对于一般的半纯函数 $f(z)$ 满足次列条件：

$$\varlimsup_{r\to+\infty}\frac{T(r,f)}{(\log r)^2}=+\infty$$

者，其填充圆存在，并证明了对于正有限级半纯函数 $f(z)$ 及所有有理函数（最多除去两个）$\pi(z)$ 必有一串填充圆 $\{\Gamma(n)\}$ 存在，使在其内，$f(z)-\pi(z)$ 之零点数 $n(\Gamma(n), f-\pi=0)$ 满足次列不等式：

$$n(\Gamma(n), f-\pi=0)>\alpha(n)^2\frac{T(r_n,f)}{\log T(r_n,f)},$$

$$r_n=|z(n)|, \quad n>n_0(\pi).$$

因之必至少有一半直线 (B) 存在，使以 (B) 为分角线之任一角区域内，$f(z)-\pi(z)$ 之零点以 ρ 为收敛指数. Valiron 把半直线 (B) 叫做 Borel 方向，而把 Julia 发现的半直线 (J) 叫做 Julia 方向. 不论 Julia 方向或 Borel 方向我们都叫它做**聚值线**.

1929 年，Milloux 精密化 Valiron 的结果于 $\pi(z)$ 为常数 a 时，得出

$$n(r(n), f=a)>\alpha(n)^2 T(r_n,f).$$

最多除去 a 其球像在两个无穷小弧半径之圆内者外. 1931 年，M. Biernacki 推广了这个结果于 a 为 $\pi(z)$ 其级 $\rho'<\rho$ 者.

1933 年，A. Rauch 更推广于 $\pi(z)$ 满足下列条件 $T(r_n,\pi) < T(r_n,f)^{1-\eta(r_n)}$ ($\eta(r_n)$ 为正的无穷小量) 时的情况. 它的主要工具是前章最后的两个定理 1 及 2 具有很一般的结论. 但由于他们没有利用 Blumenthal 氏函数型, 若干关于无限级半纯函数的结论都欠完美.

1935 年, 熊庆来精确化了 Blumenthal 氏函数型为熊氏函数型, 从而精确化了 Milloux 和 Valiron 的结果, 同年 Valiron 复作出新的函数型精密化了他自己的结果. 1936 年, 庄圻泰及作者同时引用了熊氏函数型及 Rauch 氏定理 1 及 2 精确化 Rauch 氏关于半纯函数的判断. 这就是统一的理论没有出现以前半纯函数的聚值线理论发展的大概.

1936 年, 作者转换 Blumenthal 氏函数型为较便的形式使与 Rauch 定理结合, 创始了半纯函数的统一理论, 总结了聚值线理论为统一的形式. 使复杂的分歧的计算化为统一的简单的方法. 拿这个尺度检查各级半纯函数的特殊的个别性质, 提出了更多的问题, 一部分均在 1937 到 1938 年由作者与 Valiron 分别加以解决了; 其中一个重值性质问题却仅仅在无限级半纯函数才能用新方法加以解决, 其余关于有限级的情况仍坚如铁石.

1938 年冬, 作者在写作本书的初稿时, 全面地总结了半纯函数聚值线理论, 同时并用新的方法修正了若干关于圆内半纯函数之聚值点问题, 1940 年, 蒲保民作出了圆内半纯函数的统一理论及精密化了圆内无限级半纯函数之聚值点的理论.

1943 年, 作者复就 Ahlfors 氏在 1935 年发表的关于区域性的第一、二基础定理的推广以及 1937 年 Dinghas 对此所作的修正定理提出了这样的问题: 将关于半纯函数之填充圆与聚值线的理论推广到 Ahlfors 的区域性的理论去是可能的么? 这个问题, 至今迄未解决. 在此顺便提出, 希望读者加以注意[1].

---

1) 1950 年辻正次独立地提出了相同的问题并就有限的正级半纯函数解决了这个问题的一部分, 但在 1947 年已故武汉大学助教王金湖曾告知作者他已将问题的主要困难击破, 可惜他不久即溺毙于东湖中.

第三章 半纯函数的聚值线（Ⅰ）统一的理论

2. 半纯函数之为非有理函数者叫做**不退化的**. 关于半纯函数为不退化的之必要及充分条件为其示性函数 $T(r,f)$ 满足次列条件：

$$\varlimsup_{r\to+\infty}\frac{T(r,f)}{\log r}=+\infty. \tag{1}$$

首先，我们容易算得有理函数之示性函数 $T(r)$ 必致

$$\varlimsup_{r\to+\infty}\frac{T(r)}{\log r}<+\infty,$$

故(1)式为充分条件.

其次，我们来证明这个条件为必要的，即应从

$$\varlimsup_{r\to+\infty}\frac{T(r,f)}{\log r}<+\infty \tag{2}$$

来证明 $f(z)$ 必为有理函数. 我们在解析函数初步课本中已熟知半纯函数可写成两个整函数的商，并且我们也知道一个没有零点的整函数一定是 $e^{G(z)}$ 的形式，在这里 $G(z)$ 为一整函数（退化的或不退化的）. 对于这样的整函数，我们容易算出其示性函数 $T(r,e^{G(z)})$ 如果满足 (2) 式必致 $G(z)\equiv$ 常数，因之 $e^{G(z)}$ 亦为一个常数.

由(2)则从 Nevanlinna 第一基础定理应得

$$\varlimsup_{r\to+\infty}\frac{N(r,f=a)}{\log r}\leqslant\varlimsup_{r\to+\infty}\frac{T(r,f)}{\log r}<+\infty.$$

因之 $n(r,f=a)$ 为有界，从而 $n(r,f=a)$ 当为有限，其特例则是 $f(z)$ 仅具有有限多个零点与极点. 故此时 $f(z)$ 可写成一个整函数 $e^{G(z)}$ 与一个有理函数之积：$f(z)=e^{G(z)}R(z)$，则

$$e^{G(z)}=\frac{f(z)}{R(z)},$$

而有

$$T(r,e^{G(z)})\leqslant T(r,f)+T\left(r,\frac{1}{R(z)}\right);$$

故

$$\varlimsup_{r\to+\infty}\frac{T(r,e^{G(z)})}{\log r}\leqslant\varlimsup_{r\to+\infty}\frac{T(r,f)}{\log r}+\varlimsup_{r\to+\infty}\frac{T(r,R^{-1})}{\log r}<+\infty.$$

$e^{G(z)}$ 当为一常数，是即得出 $f(z)\equiv R(z)$. 故若 $f(z)$ 为不退化的，则必(1)式满足.

以上这个特性同时也就显示出这样一个结果：对于不退化的半纯函数 $f(z)$，必致
$$\lim_{r\to+\infty}\frac{T(r,f)}{\log r}=+\infty.$$
因此，如果令
$$\frac{T(r,f)}{\log r}=\gamma(r),$$
则 $\gamma(r)$ 为 r 在 $e\leqslant r<+\infty$ 上的连续函数，且 $\lim_{r\to+\infty}\gamma(r)=+\infty$. 这样，我们可以依据 Blumenthal 氏定理 C 的结果，选定正值无穷小量 $\eta(r)$ 按照次列条件来规则化 $\gamma(r)$ 为函数型 $\Omega(r)$：$\Omega(r)$ 为 $r_0\leqslant r<+\infty$ 上之不减的连续函数且

1° $\Omega(r)\geqslant\gamma(r)$，$r\geqslant r_0$ 时；
2° 至少有一串 $\{r_n\}\to+\infty$ 致 $\Omega(r_n)=\gamma(r_n)$；
3° $\lim_{r\to+\infty}\Omega(r)^{\eta(r)}=+\infty$；
4° 当 $r\geqslant r_0$ 时，必致
$$\Omega\left(r+\frac{r}{\Omega(r)^{\eta(r)}}\right)\leqslant\Omega(r)^{1+\eta(r)}.$$

这样一个函数型 $\Omega(r)$ 的引用，使我们能够统一许多重要的结果，例如 Picard-Borel 定理，为一统一的形式. 首先就是可以把 Nevanlinna 第二基础定理化为统一的形式. 让我们来讨论一个推广的形式.

设 $K(\varepsilon,f)$ 为一族半纯函数，包含着所有的复数（包括 ∞）及所有的半纯函数 $\pi(z)$ 满足次列条件者：
$$T(r,\pi)<\varepsilon_\pi(z)T(r,f),\quad \varepsilon_\pi(z)\text{ 为正值无穷小量.} \qquad (3)$$
任取 $K(\varepsilon,f)$ 中三个元素 $\varphi_1,\varphi_2,\varphi_3$.

1° 设 $\varphi_1,\varphi_2,\varphi_3$ 均无一与 ∞ 全同.

命
$$F(z)=\frac{f-\varphi_1}{f-\varphi_3}\frac{\varphi_2-\varphi_3}{\varphi_2-\varphi_1},$$
则
$$T\left(r,\frac{\varphi_2-\varphi_3}{\varphi_2-\varphi_1}\right)\leqslant 2T(r,\varphi_2)+T(r,\varphi_3)+T(r,\varphi_1)$$
$$+4\log 2-c[\varphi_2-\varphi_1]$$

$$\leqslant 4\varepsilon(r)T(r,f)+4\log 2-c[\varphi_2-\varphi_1]$$
$$(\varepsilon(r)\text{ 为一无穷小量}).\tag{4}$$

故 $\dfrac{\varphi_2-\varphi_3}{\varphi_2-\varphi_1}$ 亦满足(3)式. 又由

$$\frac{f-\varphi_1}{f-\varphi_3}=1-\frac{\varphi_1-\varphi_3}{f-\varphi_3},$$

引用相似计算, 合并(4)式则有

$$T(r,F)\leqslant T\left(r,\frac{f-\varphi_1}{f-\varphi_3}\right)+\varepsilon_1(r)T(r,f)$$
$$\leqslant T(r,f)(1+\eta_1(r)).\tag{5}$$

另一方面, 则有

$$T(r,f)\leqslant T\left(r,\frac{\varphi_3-\varphi_1}{f-\varphi_3}\right)+T\left(r,\frac{1}{\varphi_3-\varphi_1}\right)+T(r,\varphi_3)$$
$$+\log 2+c[r-\varphi_3].$$

计及

$$\frac{\varphi_3-\varphi_1}{f-\varphi_3}=\frac{f-\varphi_1}{f-\varphi_3}-1,$$

应有

$$T\left(r,\frac{\varphi_3-\varphi_1}{f-\varphi_3}\right)\leqslant T\left(r,\frac{f-\varphi_1}{f-\varphi_3}\frac{\varphi_2-\varphi_3}{\varphi_2-\varphi_1}\right)+T\left(r,\frac{\varphi_2-\varphi_1}{\varphi_2-\varphi_3}\right)+\log 2.$$

合并前后的计算, 得出

$$T(r,f)\leqslant T(r,F)+\eta_2(r)T(r,f).\tag{6}$$

合并(5),(6)两式, 得出

$$\lim_{r\to+\infty}\frac{T(r,F)}{T(r,f)}=1.\tag{7}$$

应用 Nevanlinna 氏第二基础定理于 $F(z)$, 令 $q=3$, $z_1=0$, $z_2=1$, $z_3=\infty$, 并计及(7)式则得

$$T(r,F)<N(r,F=0)+N(r,F=1)$$
$$+N(r,F=\infty)+S(r),$$
$$S(r)=18\log T(\rho,f)+12\log^+\frac{1}{\rho-r}+36\log^+\rho$$
$$+18\log^+\frac{1}{r}+k;$$

k 为一常数, $0 < r < \rho$.

就此令
$$\rho = r\left(1 + \frac{1}{\Omega(r)^{\eta(r)}}\right),$$
则
$$\log^+ \frac{1}{\rho - r} = \eta(r) \log^+ \Omega(r) + \log^+ \frac{1}{r},$$

$$\log^+ \rho \leqslant \log^+ r + \log^+ \left(1 + \frac{1}{\Omega(r)^{\eta(r)}}\right)$$

$$\leqslant \log^+ r + \log^+ \frac{1}{\Omega(r)^{\eta(r)}} + \log 2$$

$$< (1 + O(r)) \log^+ r,$$

$$\log^+ T(\rho, f) \leqslant \log \Omega(r)^{1+\eta(r)} + \log^+ \log^+ r$$

$$+ \log^+ \left(1 + \frac{1}{\Omega(r)^{\eta(r)}}\right)$$

$$< (1 + \eta(r)) \log^+ \Omega(r) + (1 + O(r)) \log r.$$

故得
$$S(r_1) < k_1 \log^+ \Omega(r) + k_2 \log^+ r + k_3 \quad (k_i \text{ 为常数}).$$

另一方面,
$$N(r, F = 0) < N(r, f = \varphi_1) + \varepsilon(r) T(r, f),$$
$$N(r, F = 1) < N(r, f = \varphi_2) + \varepsilon(r) T(r, f),$$
$$N(r, F = \infty) < N(r, f = \varphi_3) + \varepsilon(r) T(r, f).$$

故当 $r \geqslant r_0(\varphi_1, \varphi_2, \varphi_3)$ 时,
$$(1 - \bar{\varepsilon}) T(r, f) < \sum_1^3 N(r, f = \varphi_i) + k_1' \log \Omega(r)$$
$$+ k_2' \log r + k_3'$$

$(\bar{\varepsilon} > 0, \text{可为任意正数}, k_i' \text{为常数}).$ \hfill (8)

2° 设 $\varphi_1, \varphi_2, \varphi_3$ 有一为 ∞.

令
$$F(z) = \frac{f - \varphi_1}{\varphi_2 - \varphi_1},$$

重复上述步骤，仍得不等式(8).

因此我们得出 Nevanlinna 氏第二基础定理之又一形式(8).

3. 假使当 r 充分大时，对于 $K(\varepsilon, f)$ 的三个元素 $\varphi_1, \varphi_2, \varphi_3$，而有不等式：

$$n(r, f = \varphi_i) < \frac{1}{5}\Omega(r), \quad i = 1, 2, 3,$$

则

$$\begin{aligned}
N(r, f = \varphi_i) &= \int_0^r \frac{n(t, f = \varphi_i) - n(0, f = \varphi_i)}{t} dt \\
&\quad + n(0, f = \varphi_i) \log r \\
&= N(r_0, f = \varphi_i) + n(0, f = \varphi_i) \log \frac{r}{r_0} \\
&\quad + \int_{r_0}^r \frac{n(t, f = \varphi_i) - n(0, f = \varphi_i)}{t} dt \\
&\leqslant N(r_0, f = \varphi_i) + \frac{1}{5}\Omega(r) \log r.
\end{aligned}$$

应用前节不等式(8)，令 $\bar{\varepsilon} = \frac{1}{6}$，则当 r_0 充分大时，应有

$$\frac{5}{6}T(r, f) < \frac{4}{5}\Omega(r)\log r \quad (\text{计及 } \Omega(r) \to +\infty).$$

但 $T(r, f) = \Omega(r)\log r$ 至少在一串 $\{r_n\} \to +\infty$ 成立，此与上式矛盾. 故 $K(\varepsilon, f)$ 内所有元 φ 除去可能有两个外恒致不等式：

(B) $$\varlimsup_{r \to +\infty} \frac{n(r, f = \varphi)}{\Omega(r)} \geqslant \frac{1}{5}.$$

在无限级时，此结果的精确度与熊氏结果的精确度相当；在有限级时，则比 Valiron 的结果稍逊. 然而这是一个统一的结论，它解决了一切可能达到的统一性精确度问题. 当然，我们前面的计算也显示出了 Nevanlinna 的结果，即

$$\varlimsup_{r \to +\infty} \frac{N(r, f = \varphi)}{T(r, f)} > 0 \quad (\text{最多除了两个 } \varphi).$$

但从它的计算却不能得到(13)式.

我们还可以推求 $n(r, f = \varphi)$ 的上界.

由
$$N(r, f=\varphi) \leqslant T(r, f-\varphi) - c[f-\varphi]$$
$$< (1+\delta(r))T(r,f) \quad (\delta(r) \to 0);$$
$$N(kr, f=\varphi) \geqslant \int_r^{kr} \frac{n(t, f=\varphi) - n(0, f=\varphi)}{t} dt$$
$$+ n(0, f=\varphi)\log kr$$
$$\geqslant n(r, f=\varphi)\log k,$$

令
$$k = 1 + \frac{1}{\Omega(r)^{\eta(r)}},$$

计及
$$\Omega\left(r + \frac{r}{\Omega(r)^{\eta(r)}}\right) \leqslant \Omega(r)^{1+\eta(r)},$$
$$\log k = \int_{\Omega(r)^{\eta(r)}}^{1+\Omega(r)^{\eta(r)}} \frac{d\tau}{\tau} > \frac{1}{1+\Omega(r)^{\eta(r)}},$$

则得
$$n(r, f=\varphi) < \frac{(1+\delta(kr))T(kr,f)}{\log k}$$
$$< \frac{(1+\delta_1(r))\Omega(kr)\log kr}{\log k}$$
$$< (1+\delta^*(r))\Omega(r)^{1+2\eta(r)}\log r$$
$$= \Omega(r)^{1+\delta(r)}\log r \quad (r \geqslant r_0').$$

总结上述，则得：

定理 1. 设 $f(z)$ 为一非有理的半纯函数，$\Omega(r)$ 为规则化 $\frac{T(r,f)}{\log r}$ 而得之函数型如上述；设 $K(\varepsilon, f)$ 为所有的半纯函数 $\pi(z)$ 满足次列条件：
$$T(r, \pi) = \varepsilon(r)T(r, f)$$
$(\varepsilon(r) = \varepsilon_\pi(r)$ 者，为一正值无穷小量) 包括着所有的复数（∞ 亦在内）；则对所有的 $\pi \in K(\varepsilon, f)$ 必致
$$n(r, f=\pi) < \Omega(r)^{1+\delta(r)}\log r$$
$$(r > r_0(\pi), \quad \delta(r) = \delta_\pi(r) \to 0).$$

第三章 半纯函数的聚值线（Ⅰ）统一的理论

对所有的 $\pi \in K(\varepsilon, f)$，可能最多有两例外元，必致当 r_n 充分大时，
$$\varlimsup_{r \to +\infty} \frac{n(r, f = \pi)}{\Omega(r)} > \frac{1}{5}.$$

注意：这里的 $n(r, f = \pi)$ 可以换上 $\bar{n}(r, f = \pi)$ 及 $n^{(3)}(r, f = \pi)$.

4. 为了进一步应用前章本论中所述 Valiron-Milloux-Rauch 定理 1 及 2，我们先要解决该两定理中关于环状区域中 $f(z)$ 的 a-值点的问题，即是要证明可以找出一串的环形 $r \leqslant x \leqslant R$ 使当 a 为有限的复数其球像在一以 $1/2$ 为弧半径之圆内时，$f(z)$ 在此环形内之 a-值点之个数有充分大的下界。这个问题在 $f(z)$ 为有限级时为 Milloux 所解决，在 $f(z)$ 为无限级或一般的非有理的半纯函数时，则为著者所完成.

在这里，我们必要应用 Nevanlinna 氏第一基础定理中之修正形式（Ⅰ″）：
$$T\left(r, \frac{1}{f-a}\right) = T(r, f) + h(r, a),$$
$$|h(r, a)| \leqslant \log^+ |a| + \overline{\log |f(0) - a|} + K(f),$$

在这里
$$\overline{\log |f(0) - a|} = \begin{cases} |\log |f(0) - a||, & \text{当 } f(0) \neq a, \infty \text{ 时}; \\ 0, & \text{当 } f(0) = a, \infty \text{ 时}. \end{cases}$$

由此，则当 a 之球像在一固定的以 $1/2$ 为弧半径之圆内，而此圆不含北极点时，$|h(r, a)| < K(f)$，在这里 $K(f)$ 为仅与 $f(z)$ 有关的常数；因之
$$N(r, f = a) < T(r, f) + K(f). \tag{1}$$

在这里，我们须要应用第二基础定理 A 于 $q = 3$ 的条件下，就是当
$$\log T(R, f) > K(f), \quad \overline{\log^+ \frac{1}{|f(0) - z_\nu|}} \quad (\nu = 1, 2, 3),$$
$$\log A \quad (A = \max_{1,2,3} |z_i|) \tag{2}$$

时，必有

(A) $\quad T(R, f) < \sum_1^3 N(R, f = z_\nu) + S_1(R),$

$$S_1(R) = 48 \log^+ T(R', f) + 12 \log^+ \frac{1}{R' - R}$$

$$+ 36 \log^+ R' + 18 \log \frac{1}{R} + 3 \left(\log^+ \frac{1}{|z_1 - z_2|} \right.$$

$$\left. + \log^+ \frac{1}{|z_2 - z_3|} + \log^+ \frac{1}{|z_1 - z_3|} \right) \quad (R < R').$$

由此，取 R 充分大且致 $T(R, f) = \Omega(R) \log R$ 者，则对所有的 a 致

$$|a| < T(R, f), \quad |a - f(0)| > T(R, f)^{-1}$$

（如 $f(0) = \infty$ 则不须此第二式） (3)

者言，没有多于两个值其相互距离大于 $T(R, f)^{-1}$ 者能同时致不等式：

$$N(R, f = a) < \frac{1}{4} T(R, f), \quad R \text{ 充分大}. \tag{4}$$

为什么呢？如果有三个 a 满足(3) 及(4) 且每二者之距大于 $T(R, f)^{-1}$ 者存在，命为 $a_i (i = 1, 2, 3)$，则 (A) 式化为：

$$T(R, f) < \frac{3}{4} T(R, f) + S_1(R),$$

$$S_1(R) < 48 \log^+ T(R', f) + 12 \log^+ \frac{1}{R' - R} + 36 \log^+ R'$$

$$+ 18 \log^+ \frac{1}{R} + 9 \log^+ T(R, f), \quad R' > R.$$

据此，令 $R' = R + \dfrac{R}{\sigma(R)^{\eta(R)}}$，则由 $T(R', f) \leqslant \Omega(R') \log R'$ 应得

$$T(R', f) < \Omega(R)^{1 + \eta(R)} \log 2R$$

$$\left(\text{计及 } R \text{ 充分大时致 } 1 + \frac{1}{\rho(R)^{\eta(R)}} < 2 \right).$$

故

$$\log^+ T(R', f) < (1 + \eta_1(R)) \log^+ T(R, f) \quad (\eta_1(R) \to 0).$$

其次

$$\log^+ \frac{1}{R' - R} = \log^+ \frac{1}{\dfrac{R}{\Omega(R)^{\eta(R)}}} < \eta(R) \log^+ \Omega(R) < \eta(R) \log^+ T(R),$$

$$\log^+ R' < \log^+ 2R, \quad \log^+ \frac{1}{R} = 0 \text{ (当 } R \text{ 充分大时)}.$$

故当 R 充分大时应得

$$S_1(R) < \frac{1}{4} T(R,f),$$

则得出不合理之不等式：

$$T(R,f) < \frac{3}{4} T(R,f) + \frac{1}{4} T(R,f).$$

由此可见，在满足(3)式之所有复数 a 之集合中，最多只能除去两个以 $T(R,f)^{-1}$ 为半径之圆，其余的 a 均致

$$N(R, f=a) > \frac{1}{4} T(R,f).$$

这样的值 a 叫做**非例外值**(在本节暂时用此术语). 当然可见，当 R 充分大时可找出一定圆 $\mathfrak{H}\left(\frac{1}{2}\right)$ 使其中之点皆非例外值而其球像不含北极点而以 $\frac{1}{2}$ 为弧半径者. 对此定圆 $\mathfrak{H}\left(\frac{1}{2}\right)$ 内之 a 有如次之不等式：

$$N(r, f=a) < T(r,f) + K_1(f),$$
$$N(R, f=a) > \frac{1}{4} T(R,f),$$

在这里，我们取 r 使 $\frac{R}{r} > K > 1$.

从此不等式组计及 $f(0) \neq a \left(\text{因 } a \in \mathfrak{H}\left(\frac{1}{2}\right)\right)$,

$$N(Kr, f=a) \geqslant \int_r^{Kr} \frac{n(t, f=a)}{t} dt \geqslant n(r, f=a) \log K,$$
$$N(R, f=a) \leqslant N(r, f=a) + n(R, f=a) \log \frac{R}{r},$$

即立见

$$n(R, f=a) - n(r, f=a)$$
$$> \frac{\frac{1}{4} T(R,f)}{\log \frac{R}{r}} - \frac{N(r, f=a)}{\log \frac{R}{r}} - \frac{N(Kr, f=a)}{\log K}$$

$$> \frac{\frac{1}{4}T(R,f)}{\log\frac{R}{r}} - \frac{T(r,f)}{\log\frac{R}{r}} - \frac{T(Kr,f)}{\log K} - \frac{K_1(f)}{\log\frac{R}{r}} - \frac{K_1(f)}{\log K}. \tag{5}$$

若果
$$T(R,f) > 12T(r,f),$$
$$T(R,f) > 12\frac{T(Kr,f)}{\log K}\log\frac{R}{r},$$

则
$$T(R,f) > 6\left(T(r,f) + \frac{T(Kr,f)}{\log K}\log\frac{R}{r}\right).$$

将此代入(5)式右端二、三两项，应有次式：
$$n(R, f=a) - n(r, f=a)$$
$$> \frac{1}{12}\frac{T(R,f)}{\log\frac{R}{r}} - \frac{K_1(f)}{\log\frac{R}{r}} - \frac{K_1(f)}{\log K}.$$

如果再添加两条件：
$$T(R,f) > 120 K_1(f), \quad T(R,f) > 120\frac{K_1(f)}{\log K}\log\frac{R}{r},$$

则得
$$n(R, f=a) - n(r, f=a) > \frac{1}{15}\frac{T(R,f)}{\log\frac{R}{r}}.$$

在这里因 $\frac{T(R,f)}{\log R} = \Omega(R) \to +\infty$，故当 R 充分大时

$$T(R,f) > 120\frac{K_1(f)}{\log K}\log\frac{R}{r} \tag{6}$$

常为可能；而且计及
$$T(R,f) > 12\frac{T(Kr,f)}{\log K}\log\frac{R}{r},$$

则当 r 充分大时，(6)式经常成立.

总结前面的论证得出(注意，这里的 $n(c(r,R), f=a)$ 尚可以 $\bar{n}(c(r,R), f=a)$ 及 $n^{(3)}(c(r,R), f=a)$ 来代替)：

定理 2. 设 $f(z)$ 为非有理的半纯函数，$\Omega(r)$ 为规则化 $\dfrac{T(r,f)}{\log r}$ 而得之函数型，设 R 充分大时满足等式 $T(R,f) = \Omega(R)\log R$ 并致

$$T(R,f) > 12T(r,f),$$

$$T(R,f) > 12\,\frac{T(Kr,f)}{\log K}\log\frac{R}{r},$$

在这里，r 充分大致 $T(r,f)$ 大于某一仅与 $f(z)$ 有关之常数. 于是在 Riemann 球上必有一不含北极点而以 $1/2$ 为弧半径之圆 $\mathfrak{H}^*$ 使 $\mathfrak{H}^*$ 之点所表写之复数 a 致如次不等式：

$$n(R, f=a) - n(r, f=a) > \frac{1}{15}\frac{T(R,f)}{\log\dfrac{R}{r}};$$

换句话说，$f(z)$ 在环形境域 $c(r,R)$ 上之 a-值点之个数

$$n(c(r,R), f=a) > \frac{1}{15}\frac{T(R,f)}{\log\dfrac{R}{r}}.$$

我们在下一节中即将以此判断放入 Valiron-Milloux-Rauch 氏定理 2 中，来进行深入的分析. 为简单起见，以后将这个定理写为 V-M-R 定理 2.

5. 将 V-M-R 定理 2 中的 D 作为前节定理 2 中之环形区域 $c(r,R)$，而将前者中的 M 取为后者中的 $\dfrac{1}{15}T(R,f)\left(\log\dfrac{R}{r}\right)^{-1}$，则前者中的条件 c_1 完全满足. 现在我们须要作出适当的含 $c(r,R)$ 之另一环形区域作为 V-M-R 定理 2 中的 A.

用从原点发出之半射线分 z 平面为 $\dfrac{2\pi}{\alpha_1}$ 个部分，使每相邻两射线之夹角为 α_1. 作 n 个圆

$$|z| = r(1+\alpha_1)^i$$

$$(i = 1, 2, \cdots, n;\quad r(1+\alpha_1)^n = R,\quad 0 < \alpha_1 < 1),$$

此与前面所作的射线一同分割环形区域 $c(r,R)$ 为 p 个相似的曲四边形，

$$p = n\frac{2\pi}{\alpha_1} = \frac{2\pi \log \frac{R}{r}}{\alpha_1 \log(1+\alpha_1)}.$$

外接于这些曲四边形之圆的同心半径之长超出 20 倍大的圆 $(\mathscr{D}_\nu)$ 之全体合成的一个区域 $c(r,R)$ 之外,但由简单计算可以知道,$(\mathscr{D}_\nu)$ 之全体完全包含于另一环形区域$\left(\text{当 } \alpha_1 < \frac{1}{3} \text{ 时}\right)$:

$$(1-15\alpha_1)r < |z| < (1+15\alpha_1)R$$

内,此环形区域作为 V-M-R 定理 2 中的区域 A.

设 x_r 为 $(\mathscr{D}_\nu)$ 之圆心,当 $\alpha_1 < \bar{\alpha}_1 < \frac{1}{3}$ 时,其半径 $\bar{\alpha}_1 |x_\nu|$ 之上确界小于 $15\alpha_1 r_\nu$,$r_\nu = |x_\nu|$;设 r' 及 r'' 为包含 $(\mathscr{D}_\nu)$ 而以原点为中心之最小环形区域之半径,则当 z 在此环形区域上时,

$$(1-15\alpha_1)r_\nu < r' \leqslant |z| \leqslant r'' < (1+15\alpha_1)r_\nu.$$

据此,则对于每一半纯函数 $\varphi(z)$ 应可进行次列的计算:

$$\iint\limits_{(\mathscr{D}_\nu)} \log^+ |\varphi(z)| \, d\sigma < \int_{r'}^{r''} t \, dt \int_0^{2\pi} \log^+ |\varphi(te^{i\theta})| \, d\theta$$

$$< 2\pi \int_{r'}^{r''} t m(t,\varphi) \, dt$$

$$< 2\pi T(r'',\varphi) \int_{(1-15\alpha_1)r_\nu}^{(1+15\alpha_1)r_\nu} t \, dt$$

$$= 2\pi \times 30\alpha_1 r_\nu^2 T(r'',\varphi) \quad (\text{当 } r' \text{ 充分大时}).$$

但 $(\mathscr{D}_\nu)$ 之面积 $> \pi(15\alpha_1 r_\nu)^2$,故得

$$\frac{1}{(\mathscr{D}_\nu) \text{ 之面积}} \iint\limits_{(\mathscr{D}_\nu)} \log^+ |\varphi(z)| \, d\sigma < \frac{4}{15\alpha_1} T(r'',\varphi) < \frac{1}{\alpha_1} T(r'',\varphi).$$

但不论 r 之值如何,

$$r'' < (1+15\alpha_1)r_\nu < (1+15\alpha_1)R,$$

故得

$$\frac{1}{(\mathscr{D}_\nu) \text{ 之面积}} \iint\limits_{(\mathscr{D}_\nu)} \log^+ |\varphi(z)| \, d\sigma < \frac{1}{\alpha_1} T((1+15\alpha_1)R,\varphi)$$

$$(\nu = 1, 2, \cdots, p).$$

第三章 半纯函数的聚值线（Ⅰ）统一的理论

由此可见，欲致 V-M-R 定理 2 中条件(C_2) 满足其充分条件当可为

$$\frac{\text{const}}{\alpha_1}[3T(R',P)+3T(R',Q)+2T(R',R)-C[P-Q]$$
$$-C[Q-R]+C[R-P]+6\log 2] < \frac{M}{P}, \tag{1}$$

$$R' = (1+15\alpha_1)R,$$

在这里，$T(R',R) = T(R',R(z))$ 不致将 $R(z)$ 和常数 R 相混淆，在这里我们设定 $P(z), Q(z), R(z)$ 均不为常数 ∞. 若果 $R(z) = \infty$，则可就(C_2) 中取去含 $R(z)$ 之项，此时(C_2) 化为

$$\frac{1}{(\mathscr{D}_\nu) \text{之面积}} \iint_{(\mathscr{D}_\nu)} \log^+ \left(|P|+|Q|+\frac{1}{|P-Q|}\right) d\sigma < \frac{M}{P},$$

欲得此条件之充分条件为

$$\frac{\text{const}}{\alpha_1}[2T(R',P)+2T(R',Q)-C[P-Q]+2\log 2] < \frac{M}{P}. \tag{2}$$

Rauch 原作因为没有体会到第二种情况，所以其结果不完满，这在 1936 年作者亦为所惑，至 1938 年作者始能纠正此一缺点，引用下列的新记号来统一(1),(2) 两条件：命

$$(\alpha) \qquad T^*(r,\varphi) \equiv \begin{cases} T(r,\varphi), & \text{当 } \varphi \not\equiv \infty \text{ 时}; \\ 0, & \text{当 } \varphi \equiv \infty \text{ 时}; \end{cases}$$

$$C^*[\varphi] \equiv \begin{cases} C[\varphi], & \text{当 } \varphi \not\equiv 0, \infty \text{ 时}; \\ 0, & \text{当 } \varphi \equiv 0, \infty \text{ 时}, \end{cases}$$

则(1) 即可合并为一个形式：

$$\frac{\text{const}}{\alpha_1}\Big[3T(R',P(z))+3T(R',Q(z))+2T^*(R',R(z))$$
$$-C^*[P-Q]+C^*[Q-R]$$
$$-C^*[R-P]+6\log 2\Big] < \frac{M}{P}.$$

但

$$\frac{\alpha_1^2 T(R,f)}{\left(\log\frac{R}{r}\right)^2} > \frac{M}{P} = \frac{\alpha_1 \log(1+\alpha_1) T(R,f)}{30\pi \left(\log\frac{R}{r}\right)^2} > h_1 \frac{\alpha_1^2 T(R,f)}{\left(\log\frac{R}{r}\right)^2}$$
$$(0 < \alpha_1 < 1),$$

h_1 为小于 1 之数值常数.

由此可见,如果次列不等式满足:

$$(C_2') \begin{cases} T^*((1+15\alpha_1)R, \varphi(z)) < \text{const} \cdot \dfrac{\alpha_1^3 T(R,f)}{\left(\log\dfrac{R}{r}\right)^2}, \\[2mm] \quad \psi(z) \equiv P(z),\, Q(z),\, R(z); \\[2mm] C^*[\psi(z)] > -\text{const} \cdot \dfrac{\alpha_1^3 T(R,f)}{\left(\log\dfrac{R}{r}\right)^2}, \\[2mm] \quad \psi(z) \equiv P(z)-Q(z),\, Q(z)-R(z),\, R(z)-P(z), \\[2mm] \dfrac{\alpha_1^3 T(R,f)}{\left(\log\dfrac{R}{r}\right)^2} \text{ 大于某一数值常数}, \end{cases}$$

则 (3) 式成立,而条件 (C_2) 因之亦满足.

最后,对于每一半纯函数 $\varphi(z)$,则
$$N((1+16\alpha_1)R, \varphi = \infty)$$
$$\geqslant n((1+15\alpha_1)R, \varphi = \infty) \int_{(1+15\alpha_1)R}^{(1+16\alpha_1)R} \frac{dt}{t},$$
$$\geqslant n((1+15\alpha_1)R, \varphi = \infty) \log\frac{1+16\alpha_1}{1+15\alpha_1}.$$

但
$$\log\frac{1+16\alpha_1}{1+15\alpha_1} = \int_{1+15\alpha_1}^{1+16\alpha_1} \frac{dt}{t} > \frac{1}{1+16\alpha_1} > \frac{\alpha_1}{17} \quad (0 < \alpha_1 < 1);$$

故得
$$n((1+15\alpha_1)R, \varphi = \infty) < \frac{17}{\alpha_1} N((1+16\alpha_1)R, \varphi = \infty)$$
$$\leqslant \frac{17}{\alpha_1} T((1+16\alpha_1)R, \varphi).$$

据此,显然可见,对于区域 (A) 言,

$$n((A), \varphi = \infty) < \frac{17}{\alpha_1} T(R', \varphi), \quad R' = (1 + 16\alpha_1)R.$$

同样

$$n((A), \varphi = 0) < \frac{17}{\alpha_1}(T(R', \varphi) - C[\varphi]),$$

$$n((A), \varphi - \psi = \infty) < \frac{17}{\alpha_1}(T(R', \varphi) + T(R', \psi) + 2\log 2).$$

当 $\varphi(z)$ 为常数 0 或 ∞ 时, 在 V-M-R 定理 2 中将其零点或极点数无论何时均作 0 算. 这样, 根据上面关于零点与极点数之计算, 则在 (A) 内 $P(z), Q(z), R(z), P(z) - Q(z), Q(z) - R(z), R(z) - P(z)$ 之零点与极点之总数 n_0 必小于

$$\frac{\text{const}}{\alpha_1}\{6T^*(R', P(z)) + 6T^*(R', Q(z)) + 6T^*(R', R(z))$$
$$- C^*[P] - C^*[Q] - C^*[R] - C^*[P-Q]$$
$$- C^*[Q-R] - C^*[R-P] - 12\log 2\}.$$

欲致 $n_0 < \frac{\varepsilon M}{p}$, 则充分条件为上式 $< \frac{\varepsilon M}{p}$ 而此可由次列条件之满足而满足:

$$(C_3') \begin{cases} T^*[(1+16\alpha_1)R, \varphi(z)] < \text{const} \cdot \dfrac{\varepsilon \alpha_1^3 T(R, f)}{\left(\log \dfrac{R}{r}\right)^2}, \\ \quad \varphi(z) \equiv P(z), Q(z), R(z); \\ C^*[\psi(z)] > -\text{const} \cdot \dfrac{\varepsilon \alpha_1^2 T(R, f)}{\left(\log \dfrac{R}{r}\right)^2}, \\ \quad \psi(z) \equiv P(z), Q(z), R(z), P(z) - Q(z), \\ \quad Q(z) - R(z), R(z) - P(z), \\ \dfrac{\varepsilon \alpha_1^3 T(R, f)}{\left(\log \dfrac{R}{r}\right)^2} \text{ 大于一数值常数}. \end{cases}$$

总之, 如 (C_3') 满足, 则 (C_3) 满足.

若果 $k_1 \alpha_1 r_\nu$ 为 $(\mathscr{D}_\nu)$ 之半径的上界, k_1 为数值常数. 以 α 表 $16\alpha_1$ 及

$k_1\alpha_1$ 之最大者，并选取 α_1 相当小，则条件 (C_2') 及 (C_3') 可合并为

$$\begin{cases} T^*[(1+\alpha)R,\varphi(z)] < \dfrac{\alpha^4}{\left(\log\dfrac{R}{r}\right)^2} T(R,f), \\ \qquad \varphi(z) \equiv P(z), Q(z), R(z); \\ C^*[\psi(z)] > -\dfrac{\alpha^4}{\log\left(\dfrac{R}{r}\right)^2} T(R,f), \\ \qquad \psi(z) \equiv P,Q,R,P-Q,Q-R,R-P, \\ \dfrac{\alpha^4 T(R,f)}{\left(\log\dfrac{R}{r}\right)^2} \text{大于一数值常数}. \end{cases}$$

总结上述，则由 V-M-R 定理 2 给出定理：

定理 3. 设 $f(z)$ 为一非有理的半纯函数．设 $\Omega(r)$ 为规则化 $\dfrac{T(r,f)}{\log r}$ 而得之函数型．设 R 充分大且致 $T(R,f) = \Omega(R)\log R$，设 $r < R$ 亦随 R 之充分大而充分大使下列条件满足：

$$(\mathfrak{M}) \begin{cases} T(r,f) > K(f) \\ \qquad \text{(此为仅与 } f(z) \text{ 有关之充分大的常数)}, \\ T(R,f) > 12 \dfrac{T(Kr,f)}{\log K} \log\dfrac{R}{r} \quad \left(1 < K < \dfrac{R}{r}\right). \end{cases}$$

设 $P(z), Q(z), R(z)$ 为三个互不相同之半纯函数（可能为复数，有限的或无限的）满足次列条件者：

$$\begin{cases} T^*((1+\alpha)R,\varphi) < \dfrac{\alpha^4 T(R,f)}{\left(\log\dfrac{R}{r}\right)^2}, \\ \qquad \varphi \equiv P(z), Q(z), R(z); \\ C^*[\psi(z)] > -\dfrac{\alpha^4 T(R,f)}{\left(\log\dfrac{K}{r}\right)^2}, \\ \qquad \psi \equiv P,Q,R,P,P-Q,Q-R,R-P; \end{cases}$$

设 $\dfrac{1}{\alpha}$ 及 $\alpha^4 T(R,f)\bigg/\left(\log\dfrac{R}{r}\right)^2$ 分别大于两个数值常数，则在环形区域

$C(r,R)$ 内必至少有一点 x 存在，使在以此点 x 为中心之圆
$$\mathfrak{H}_\alpha(x): |z-x|=\alpha|x| \quad (r<|x|<R)$$
内，函数 $f(z)-\pi(z)$ ($\pi(z)$ 至少为 $P(z),Q(z),R(z)$ 三者之一) 之零点的个数大于或等于
$$n_1 = \alpha^2 \frac{T(R,f)}{\left(\log\frac{R}{r}\right)^2}.$$

这个定理为作者在 1936 年所作出，当时没有引用 T^* 及 C^*，到了 1938 年始写成现在的形式。在这个形式中统一了而且精确化了 Milloux, Rauch 关于有限级的 $f(z)$ 的结论和作者所作关于无限级的结论；而且以后我们将屡屡用这个定理的鲜明精简的证法来概括相似的论证，使我们的叙述简化。

让我们再深入一步来考察这个定理可能给出的推论。

在上述定理中，令 $K=e^{12}$。取一串 $\{r_n\}\to+\infty$ 且相应而有 $\{R_n\}$ 致 $\frac{R_n}{r_n}>K>1$ 及
$$T(R_n,f) = \Omega(R_n)\log R_n,$$
$$\Omega(R_n) \geqslant \Omega(Kr_n)\log Kr_n$$
者，则当 r_n 充分大时，必有
$$T(r_n,f) > K(f),$$
$$T(R_n,f) \geqslant \Omega(Kr_n)\log Kr_n \log R_n \geqslant 12\frac{T(Kr_n,f)}{\log K}\log\frac{R_n}{r_n}.$$
这样，对于每一 $n>n_0$ 时定理中条件 ($\mathfrak{M}$) 满足。

由上述定理，立刻得出：

定理 4. 设 $f(z)$ 为非有理的半纯函数，$\Omega(r)$ 为规则化 $\frac{T(r,f)}{\log r}$ 而得之函数型；设对一串 $\{R_n\}\to+\infty$ 致 $T(R_n,f)=\Omega(R_n)\log R_n$ 者而有另一串 $\{r_n\}$ 致 $\frac{R_n}{r_n}>K>1$ 且致

1° 有一 α 使 $\frac{1}{\alpha}$ 及 $\alpha^4 T(R_n,f)\Big/\left(\log\frac{R_n}{r_n}\right)^2$ 各大于某数值常数；

$2°$ $\quad\Omega(R_n) \geqslant \Omega(Kr_n) \log Kr_n$;

设 $\mathcal{K}(\alpha, f)$ 为一族半纯函数(包含全体复数),其中每一元 φ 满足次列条件[1]:

$$T^*[(1+\alpha)R_n, \varphi] < \frac{\alpha^4 T(R_n, f)}{\left(\log \frac{R_n}{r_n}\right)^2},$$

$$C^*[\varphi] > -\frac{\alpha^4 T(R_n, f)}{\left(\log \frac{R_n}{r_n}\right)^2},$$

则对每一 n,在环形 $C(r_n, R_n): r_n < |z| < R_n$ 内必至少有一点 $x(n)$ 使在 $\Gamma(n): |z - x(n)| = \alpha|x(n)|$ 内 $f(z)$ 具如次之性质:

对每一 $\Gamma(n)$ 附属有两个函数 $\pi_{0,n}(z)$ 及 $\pi_{1,n}(z)$,均在 $\mathcal{K}(\alpha, f)$ 内且满足条件:

$$C^*[\pi_{0,n} - \pi_{1,n}] > -\frac{\alpha^4 T(R_n, f)}{\left(\log \frac{R_n}{r_n}\right)^2},$$

使每一 $\varphi(z) \in \mathcal{K}(\alpha, f)$ 之致

$$C^*[\varphi - \pi_{0,n}] > -\frac{\alpha^4 T(R_n, f)}{\left(\log \frac{R_n}{r_n}\right)^2},$$

$$C^*[\varphi - \pi_{1,n}] > -\frac{\alpha^4 T(R_n, f)}{\left(\log \frac{R_n}{r_n}\right)^2}$$

者必亦致 $f(z) - \varphi(z)$ 在 $\Gamma(n)$ 内之零点的个数

$$n(\Gamma(n), f - \varphi = 0) > \frac{\alpha^2 T(R_n, f)}{\left(\log \frac{R_n}{r_n}\right)^2}.$$

但 $\pi_{0,n}, \pi_{1,n}$ 是否满足此式则不一定.

这个定理中的圆 $\Gamma(n)$ 可称为准填充圆,但须注意在一般情形定理中之假设不必成立,如果定理中的 α 得不出来致

---

[1] 此处及以下所指的函数族均指其中元素无任何两者全同的而言.

$$\frac{1}{\alpha} \text{ 及 } \alpha^4 T(R_n,f)\Big/\left(\log\frac{R_n}{r_n}\right)^2$$

均各大于某数值常数这一条件时,这个定理的判断便不可能[1]. 而此条件之满足与否却又当以 $T(r,f)$ 之增性为决定因素. 因此在一般的情况下准填充圆能否存在大是疑问. 但在本论中,我们将就 $f(z)$ 半纯函数满足条件:

$$\varlimsup_{r \to +\infty} \frac{\log T(r,f)}{\log r} > 0$$

者来证明不但准填充圆存在而且填充圆及聚值线也是存在的;为此目的,必须另找规则化之途径来得出适当的函数型,而本段所用的 $\Omega(r)$ 不复能生效了. 然而以上最后两个定理已至少为以后的主要方法给出大部分准备工作,因此进一步的理论也就可以容易地建立起来了.

本论 正级半纯函数的填充圆与聚值线之统一理论

在这里,我们将就正级的半纯函数用另外一个方法来规则化 $T(r,f)$. 我们的着眼点就在级的概念上. 先讨论一下级的意义. 级的意义最初是定义在整函数上的;设 $f(z)$ 为整函数,$M(r,f)$ 为 $f(z)$ 在

---

[1] 不难看见,如果

$$\lim_{r \to +\infty} \frac{T(r,f)}{(\log r)^2} = +\infty,$$

则 $\Omega(r)$ 的作法可用另一方法作成,据 Blumenthal 氏定理 C,可规则化 $\frac{T(r,f)}{(\log r)^2} = \gamma_1(r)$ 为 $\Omega_1(r)$. 令 $\Omega(r) = \Omega_1(r)\log r$,则上述定理的一切条件均告满足,因之定理完全有效. 因此我们确已获得一个关于满足(1)的半纯函数之统一性的填充圆理论包括着 Valiron 的结果. 但这种统一形式在零级的情况虽然可以得到聚值线的存在定理却不能达到应有的精确度,而在正级的情况下对其他著名的定理亦不能立即得出,因此我们在本论中专论正级的情况. (参看本书的英文版,1937 年在中山大学数学系刊出的.)

$|z|\leqslant r$ 上之最大模，这最大模依据解析函数的内变换性必在 $|z|=r$ 上取得，即是在 $|z|=r$ 上必至少有一点 $re^{i\varphi_0}$ 致 $|f(re^{i\varphi_0})|=M(r,f)$，从最大模来定义函数的级，则创始于 Hadamard，他并且证明了 $\log M(r,f)$ 为 $\log r$ 的凸函数. 定义了 $f(z)$ 的级为

$$\varlimsup_{r\to+\infty}\frac{\log\log M(r,f)}{\log r}=\rho \quad (\rho\text{可为有限或}+\infty). \tag{1}$$

当然，级的概念的形成就使整函数的理论大大地向前迈进了一步. 从有限级的概念入手，Borel 精密化了 Picard 定理；从无限级的概念入手；Blumenthal 作出了函数规则化理论来用函数型 $\rho(r)$ 代替 $+\infty$，推广了 Borel 的结论. 这就是整函数理论自成一门专门学问的奠基，这都是 1910 年以前的事. 其后 Valiron 推广了函数型的理论到有限级这一概念上去，模仿 Blumenthal 的方法用 $\rho(r)$ 来代替 $\rho<+\infty$，而名 $\rho(r)$ 为确级，精密化了有限级整函数理论，却反转来抛弃 Blumenthal 的无限级 $\rho(r)$ 用别的方法来处理 Blumenthal 提出的问题，即抛弃函数型理论而后退一步引用 Borel 的增性理论中的定理（即本书第一章的 Borel 定理），这显然是有偏见的. 这替 Nevanlinna 在处理其第二基础定理的方法上打开了一条路，却又迷惑他，使他不能放开眼界接受一点函数型理论的优点.

应用他自己总结得来的示性函数 $T(r,f)$，Nevanlinna 定义半纯函数 $f(z)$ 之级为

$$\varlimsup_{r\to+\infty}\frac{\log T(r,f)}{\log r}=\rho,$$

同时他也从我们在第二章叙述过的不等式来证明当 $f(z)$ 为整函数时，由(1)与(2)所定义的级完全一致；这就是从不等式

$$T(r,f)\leqslant\log^+ M(r,f)\leqslant\frac{\rho+r}{\rho-r}T(\rho,f)\quad(\rho>r)$$

来验证

$$\varlimsup_{r\to+\infty}\frac{\log T(r,f)}{\log r}=\varlimsup_{r\to+\infty}\frac{\log\log M(r,f)}{\log r};$$

而这是不费力气就可以算得出来.

第三章 半纯函数的聚值线（Ⅰ）统一的理论

对于作者这却是一桩非常离奇的事，Nevanlinna 全神倾注到有限级的函数中去了，虽然他也有着统一性的论断，但他对无限级的情况却毫不注意到 Blumenthal 的研究成果．这就是作者为什么在 1934 年找到了函数型理论来处理 Nevanlinna 的问题的基本原因．

以上就是关于半纯函数的级的简史．级的概念启发了人们，同时也是迷惑了人们．它启发了 Blumenthal 去找寻函数型来解决无限级整函数论中的问题，它启发了 Valiron 找寻确级来精确化有限级整函数论的结论；它却迷惑了人们一碰到问题就自然而然地把原来可以得到统一性的判断的东西割裂而为零级，正有限级和无限级各个情况来处理，使文字的篇幅增加了两倍，使本来容易处理的东西却成为困难的了．读者不难在文献中寻觅已有的资料，我们在本章的导论里面寥寥可数的篇幅中已经统一了几许形形色色的定理，已经简化和精确化了几许处理方法，而文字的篇幅却减少了．这就是作者在 1936 年思考着 Blumenthal 氏函数型更广泛的应用的最初一步．由于填充圆与聚值线问题本身的复杂性，一般的非有理的半纯函数中这个问题难以统一，于是作者就着眼在正级（有限的和无限的）这一概念上来走第二步，这也是 1936 年的事．

1. 设 $f(z)$ 为正级的半纯函数，这就是说，示性函数 $T(r,f)$ 满足次列条件：

$$\varlimsup_{r \to +\infty} \frac{\log T(r,f)}{\log r} = \rho,$$

在这里 ρ 为大于 0 但不必为有限；当 $\rho > 0$ 为有限时，函数 $f(z)$ 叫做**正有限级的**；当 $\rho = +\infty$ 时，函数 $f(z)$ 叫做**无限级的**．

不难看见，任取 $\lambda < \rho$ 必致

$$\varlimsup_{r \to +\infty} \frac{T(r,f)}{r^\lambda} = +\infty.$$

这样，我们就可以依照 Blumenthal 氏定理 C 来规则化 $\dfrac{T(r,f)}{r^\lambda}$ 为函数型 $\sigma_\lambda(r)$ 使满足次列条件：令 $W_\lambda(r) = \dfrac{T(r,f)}{r^\lambda}$，$\eta_\lambda(r)$ 为适当选择的

无穷小量(非负的)；$\sigma_\lambda(r)$ 为 $r \geqslant r_0$ 上之不减的连续函数，且致

1° 当 $r \geqslant r_0$ 时，$\sigma_\lambda(r) \geqslant W_\lambda(r)$；

2° 至少有一串 $\{R_n\} \to +\infty$ 者致 $\sigma_\lambda(R_n) = W_\lambda(R_n)$；

3° $\lim\limits_{r \to +\infty} \sigma_\lambda(r)^{\eta_\lambda(r)} = +\infty$；

4° 当 $r \geqslant r_0$ 时
$$\sigma_\lambda\left(r + \frac{r}{\sigma_\lambda(r)^{\eta_\lambda(r)}}\right) \leqslant \sigma_\lambda(r)^{1+\eta_\lambda(r)}.$$

这样的函数型 $\sigma_\lambda(r)$ 叫做 $f(z)$ 的以 λ 为指标之函数型.

容易看见
$$T(r, f) \leqslant r^\lambda \sigma_\lambda(r)$$

在这里等式在 $\{R_n\}$ 上成立. 本章导论的定理 2 中致 $T(R, f) = \Omega(R) \log R$ 的 R 如果换上致 $T(R, f) = R^\lambda \sigma_\lambda(R)$ 的 R，则这定理的结论仍然正确. 证明的方法大同小异，只须在该定理证法中应用第二基础定理 A 时，在 $S_1(R)$ 上，令
$$R' = R + \frac{R}{\sigma_\lambda(R)^{\eta_\lambda(R)}},$$

计及 $\sigma_\lambda(R') \leqslant \sigma_\lambda(R)^{1+\eta_\lambda(R)}$ 就可以得到完全相同的结论. 因此在同一处的定理 3 中，只须将致 $T(R, f) = \Omega(R) \log R$ 的 R 换上致 $T(R, f) = R^\lambda \sigma_\lambda(R)$ 的 R，则该定理的结论亦完全正确. 因此在定理 4 中只须将致 $T(R_n, f) = \Omega(R_n) \log R_n$ 的一串 $\{R_n\} \to +\infty$ 换上致 $T(R_n, f) = R_n^\lambda \sigma_\lambda(R_n)$ 的一串 $\{R_n\} \to +\infty$，则该定理的结论亦一样的正确. 把这三个判断表写为定理 $2'$、定理 $3'$ 及定理 $4'$. 因此在这里，我们仅仅需要把定理 $4'$ 写出来.

注意，在这里定理 3 的条件可以减弱. 如果选 $K > 1$ 并致
$$K^\lambda \geqslant 24,$$

选
$$r_n = \frac{R_n}{K^2} \quad (T(R_n) = R_n^\lambda \sigma_\lambda(R_n)),$$

则 $\{r_n\}$ 随 $\{R_n\}$ 也以 $+\infty$ 为极限；因之当 n 充分大时，
$$T(r_n, f) > K(f),$$

$$T(R_n, f) = R_n^\lambda \sigma_\lambda(R_n) \geqslant 24\left(\frac{R_n}{K}\right)^\lambda W_\lambda\left(\frac{R_n}{K}\right) = 12\,\frac{T(Kr_n, f)}{\log K}\log\frac{R_n}{r_n}.$$

注意，在这里我们应用了 $\sigma_\lambda(r)$ 的不减性及 $\sigma_\lambda(r) \geqslant W_\lambda(r)$，因而

$$\sigma_\lambda(R_n) \geqslant \sigma_\lambda\left(\frac{R_n}{K}\right) \geqslant W_\lambda\left(\frac{R_n}{K}\right).$$

由此可见，相应于定理 4 的条件 2° 其目的是在获致不等式

$$T(R_n, f) \geqslant 12\,\frac{T(Kr_n, f)}{\log K}\log\frac{R_n}{r_n},$$

而此不等式在这里只须 n 充分大便可满足. 其次就是 α，在这里它相应于 n，可令

$$\alpha = \alpha(n) = \sigma_\lambda(R_n)^{-\eta_\lambda(R_n)},$$

这样，由于 $\sigma_\lambda(r)^{\eta_\lambda(r)} \to +\infty$（当 $r \to +\infty$ 时）及 $\eta_\lambda(r)$ 为正值无穷小量，则 $\dfrac{1}{\alpha(n)}$ 及 $\alpha(n)^5 T(R_n, f)$ 均以 $+\infty$ 为极限，因之

$$\frac{\alpha(n)^4 T(R_n, f)}{\left(\log\dfrac{R_n}{r_n}\right)^2} = \frac{\alpha(n)^4 T(R_n, f)}{(\log K^2)^2}$$

亦以 $+\infty$ 为极限. 故只须 n 充分大时

$$\frac{1}{\alpha(n)} \quad \text{及} \quad \alpha(n)^4\,\frac{T(R_n, f)}{\left(\log\dfrac{R_n}{r_n}\right)^2}$$

均各大于某数值常数，相应于定理 4 的条件 1° 亦为当然的结果. 同时为简便计，可将定理的其他部分中的

$$\alpha^4\,\frac{T(R_n, f)}{\left(\log\dfrac{R_n}{r_n}\right)^2} \quad \text{及} \quad \alpha^2\,\frac{T(R_n, f)}{\left(\log\dfrac{R_n}{r_n}\right)^2}$$

换上

$$\alpha(n)^5 T(R_n, f) \quad \text{及} \quad \alpha(n)^3 T(R_n, f).$$

这样，我们就得到下列关于填充圆的存在定理.

定理 4′. 设 $f(z)$ 为正级 ρ（有限或无限）的半纯函数，$\sigma_\lambda(r)$ $(\lambda < \rho)$ 为以 λ 为指标的函数型. 设 $\{R_n\} \to +\infty$ 为一串致 $\sigma_\lambda(R_n) = W_\lambda(R)$，即致

之值,设 $K>1$, $K^2 \geqslant 24$, $r_n = \dfrac{R_n}{K^2}$ $(n=1,2,\cdots)$, $\alpha(n) = \sigma_\lambda(R_n)^{-\eta_\lambda(R_n)}$;设 $\mathscr{K}_\lambda(\alpha(n),f)$ 为一族半纯函数(包括所有复数),其中每一元 φ 满足次列条件者:

$$\begin{cases} T^*((1+\alpha(n)R_n),\varphi) < \alpha(n)^5 T(R_n,f) \\ C^*[\varphi] > -\alpha(n)^5 T(R_n,f) \end{cases} \quad (n \text{ 充分大时}),$$

$$T(R_n,f) = R_n^\lambda W_\lambda(R_n)$$

则必有一串圆 $\{\Gamma_\lambda(n)\}$:

$$\Gamma_\lambda(n): |z-x(n)| = \alpha(n)|x(n)| \quad (r_n < |x(n)| < R_n)$$
$$(n=N_0, N_0+1, \cdots)$$

存在,使对每一 $n \geqslant N_0$ 时,$\Gamma_\lambda(n)$ 附属有两个 $\mathscr{K}_\lambda(\alpha,f)$ 之元 $\pi^\lambda_{0,n}, \pi^\lambda_{1,n}$ 使每一 $\varphi(z) \in \mathscr{K}_\lambda(\alpha,f)$ 之致

$$C^*[\varphi - \pi^\lambda_{0,n}] > -\alpha(n)^5 T(R_n,f),$$
$$C^*[\varphi - \pi^\lambda_{1,n}] > -\alpha(n)^5 T(R_n,f)$$

者必亦致 $f(z) - \varphi(z)$ 在 $\Gamma_\lambda(n)$ 内之零点的个数

$$n(\Gamma_\lambda(n), f-\varphi=0) > \alpha(n)^3 T(R_n,f).$$

但 $\pi^\lambda_{0,n}, \pi^\lambda_{1,n}$ 是否满足此式则不一定.

定理中的圆 $\Gamma_\lambda(n)$ 就叫做 $f(z)$ 的以 λ 为指标的**填充圆**. 从这个判断,我们可以得出另一个与指标 λ 无关的结论.

首先让我们来改变定理中的记号使与 λ 的关联性表现得更加突出些. 令 $^\lambda R_n$ 表定理中的 R_n,将 $^\lambda \alpha(n) = T(^\lambda R_n, f)^{-\delta(^\lambda R_n)}$ 代替 $\alpha(n)$.

让我们取一上升正数串 $\{\lambda_m\} \uparrow \rho$.

对 λ_1,取填充圆 $\Gamma_{\lambda_1}(n_1)$,这对应于 $^{\lambda_1} R_{n_1}$ 及

$$^{\lambda_1}\alpha(n_1) = T(^{\lambda_1}R_{n_1}, f)^{-\delta(^{\lambda_1}R_{n_1})}.$$

对 λ_2,取填充圆 $\Gamma_{\lambda_2}(n_2)$,这对应于 $^{\lambda_2} R_{n_2}$ 及 $^{\lambda_2}\alpha(n_2)$ 致

$$^{\lambda_2}R_{n_2} > 2^{\lambda_1}R_{n_1}, \quad ^{\lambda_2}\alpha(n_2) = T(^{\lambda_2}R_{n_2}, f)^{-\delta(^{\lambda_2}R_{n_2})}.$$

对 λ_3,取填充圆 $\Gamma_{\lambda_3}(n_3)$,这对应于 $^{\lambda_3} R_{n_3}$ 及 $^{\lambda_3}\alpha(n_3)$ 致

$$^{\lambda_3}R_{n_3} > 2^{\lambda_2}R_{n_2}, \quad ^{\lambda_3}\alpha(n_3) = T(^{\lambda_3}R_{n_3}, f)^{-\delta(^{\lambda_3}R_{n_3})}.$$

继续进行，用归纳法则得对 λ_m 取填充圆 $\Gamma_{\lambda_m}(n_{\lambda_m})$，这对应于
$$^{\lambda_m}R_{n_m} > 2^{\lambda_m-1}R_{n_{m-1}}, \quad {}^{\lambda_m}\alpha(n_m) = T({}^{\lambda_m}R_{n_m}, f)^{-\delta({}^{\lambda_m}R_{n_m})}$$
$$(m = 1, 2, \cdots \to +\infty).$$

把 $\Gamma_{\lambda_m}(n_{\lambda_m})$ 写作 $\gamma(m)$.

把 ${}^{\lambda_m}R_{n_m}$ 写作 R_m^* 其相应之 α 写作 $\beta(m)$，则
$$\beta(m) = T(R_m^*, f)^{-\delta(R_m^*)}.$$

容易看见
$$R_m^* \to +\infty, \quad T(R_m^*, f) = R_m^{*\lambda_m}\sigma_{\lambda_m}(R_m^*),$$
$$\lim \frac{\log T(R_m^*, f)}{\log R_m^*} = \lim \lambda_m = \rho, \quad \beta(m) \to 0.$$

取 $\mathscr{K}^*(f)$ 为一族半纯函数（包括所有的复数），其中每一元 φ 满足次列条件者：

$(\mathscr{F})$ $\begin{cases} T^*((1+\beta^*(r))r, \varphi) < \beta^*(r)^5 T(r, f), \\ C^*[\varphi] > -\beta^*(r)^5 T(r, f) \quad (r \geqslant r_0' \text{充分大}); \end{cases}$
$$\beta^*(r) = T(r, f)^{-\delta(r)}$$

($\delta(r)$ 选为正值无穷小量致 $\beta^*(r) \to 0$ 者).

注意定理中只须取 $\alpha(n)$ 为 $\beta^*(R_n) = T(R_n, f)^{-\delta(R_n)}$，在这里 $\delta(r)$ 取为任一正值无穷小量致 $T(r, f)^{\delta(r)} \to +\infty$（当 $r \to +\infty$ 时）者，则结论亦完全正确。这样前面所作的圆串 $\{\gamma(m)\}$ 其中每一个对于函数族 $\mathscr{K}^*(f)$ 来说确是 $f(z)$ 的填充圆，得出次列的填充圆的存在定理：

定理 5. 设 $f(z)$ 为正级 ρ（有限或无限）的半纯函数；设 $\mathscr{K}^*(f)$ 为一族半纯函数（包括所有的复数，有限或 ∞）其中每一元 φ 满足次列条件者：

$(\mathscr{F})$ $\begin{cases} T^*((1+\beta^*(r))r, \varphi) < \beta^*(r)^5 T(r, f), \\ C^*[\varphi] > -\beta^*(r)^5 T(r, f) \quad (r \geqslant r_0(\varphi) \text{充分大}), \end{cases}$
$$\beta^*(r) = T(r, f)^{-\delta(r)}$$

($\delta(r)$ 选为正值无穷小量致 $\beta^*(r) \to 0$ 者),

则必有一串圆 $\{\gamma(m)\}$:
$$\gamma(m): |z - x(m)| = \beta^*(R_m^*)|x(m)|$$

$$\left(\frac{R_m^*}{K_m^2} < |x(m)| < R_m^* \quad (K_m^2 > 1, K_m^{\lambda_m} \geqslant 24),\right.$$
$$T(R_m^*, f) = R_m^{*\lambda_m} \sigma_{\lambda_m}(R_m^*), \quad \{R_m^*\} \to +\infty,$$
$$\left.\log \frac{T(R_m^*, f)}{\log R_m^*} \to \rho \quad (m = 1, 2, \cdots)\right).$$

使对每一 m, $\gamma(m)$ 附属有 $\mathcal{K}^*(f)$ 之两个元素 $\pi_{0,m}^*$ 及 $\pi_{1,m}^*$ 使每一 $\varphi(z) \in \mathcal{K}^*(f)$ 之致

$$C^*[\varphi - \pi_{0,m}^*] > -\beta^*(R_m^*)^5 T(R_m^*, f),$$
$$C^*[\varphi - \pi_{1,m}^*] > -\beta^*(R_m^*)^5 T(R_m^*, f)$$

者亦必致 $f(z) - \varphi(z)$ 在 $\gamma(m)$ 内之零点之个数

$$n(\gamma(m), f - \varphi = 0) > \beta^*(R_m^*)^3 T(R_m^*, f).$$

但 $\pi_{0,m}^*$ 及 $\pi_{1,m}^*$ 是否满足此式则不一定.

注意,在这个定理中定 $\beta^*(r)$ 的 $\delta(r)$ 可取为

$$\delta(r) = \frac{1}{[\log T(r,f)]^{1-\varepsilon}} \quad (\varepsilon > 0).$$

定理 4′ 及定理 5 各有优点,但后者却自前者推出,而后者却不能推出前者. 前者的精确度是

$$\varlimsup_{n \to +\infty} \frac{\log n(\Gamma(n), f - \pi = 0)}{\log V(R_n)} = 1 \quad (V(r) \geqslant T(r,f));$$

后者的精确度却是

$$\varlimsup_{m \to +\infty} \frac{\log n(\gamma(m), f - \pi = 0)}{\log T(R_m^*, f)} = 1 \quad \left(\frac{\log T(R_m^*, f)}{\log R_m^*} \to \rho\right).$$

2. 详细检查一下定理 4′ 的证法,我们立刻看到,附着于 $\Gamma_\lambda(n)$ 的两个函数 $\pi_{0,n}$ 及 $\pi_{1,n}$ 的作用是为了应用定理 3′. 在里面暗藏着一段冗长的叙述,正好我们在定理 3 所描述的一样. 它们的作用是为了防备 $\mathcal{K}(\alpha(n), f)$ 内或许会存在着某些元素 φ 致次列条件者:

$$n(\Gamma_\lambda(n), f = \varphi) \leqslant \alpha(n)^3 T(R_n, f),$$

这种元素简单地说是除外元素(对于 $\Gamma_\lambda(n)$ 来说).

因此在没有除外元素时,$\pi_{0,n}, \pi_{1,n}$ 其实并不需要,但为了定理的叙述统一起见,可选为任二元素满足下列条件者:

$$C^*(\pi_{0,n}-\pi_{1,n})>-\alpha(n)^5 T(R_n,f).$$
当除外元素至少有一个设为 φ_1 而其他致
$$C^*[\varphi-\varphi_1]>-\alpha(n)^5 T(R_n,f)$$
者之元素却无一为除外的，则任意选一这样的 φ 为 $\pi_{0,n}$ 却把 φ_1 作为 $\pi_{1,n}$. 当除外元素 φ_1 及 φ_2 致
$$C^*[\varphi_1-\varphi_2]>-\alpha(n)^5 T(R_n,f)$$
者存在时，即可令 $\pi_{0,n}=\varphi_1$，$\pi_{1,n}=\varphi_2$.

以上是就各个 $\Gamma_\lambda(n)$ ($n\geqslant N_0$ 充分大时) 加以分析.

如果考虑 $\Gamma_\lambda(n)$ 之全体 $\{\Gamma_\lambda(n)\}$，则从这个分析立刻能够得到进一步的结论. 命 $\mathcal{K}(\alpha(n),f)$ 之元 φ 对于每一 $\Gamma_\lambda(n)$ ($n>n_0(\varphi)$) 均为除外值者为全体性的除外元素，这就是当 $n>n_0(\varphi)$ 时，致不等式
$$n(\Gamma(n),f-\varphi=0)\leqslant\alpha(n)^3 T(R_n,f)$$
的元素.

我们的进一步的结论是：$\mathcal{K}(\alpha(n),f)$ 中的全体性的除外元素最多不过两个，如果有三个全体性的元素 φ_i ($i=1,2,3$)，就是说 φ_i 满足次列不等式：$n>n_0(\varphi_i)$ 时
$$n(\Gamma(n),f-\varphi_i=0)\leqslant\alpha(n)^3 T(R_n,f)\quad(i=1,2,3).$$
则就 $n>\max[n_0(\varphi_1),n_0(\varphi_2),n_0(\varphi_3)]=N_0$ 并取 M_0 充分大使 $n>M_0$ 致
$$C^*[\varphi_i-\varphi_j]>-\alpha(n)^5 T(R_n,f)\quad(i\neq j;\ i,j=1,2,3).$$
这样当 $n>\max(N_0,M_0)$ 时应有
$$C^*[\varphi_1-\varphi_2]>-\alpha(n)^5 T(R_n,f),$$
$$C^*[\varphi_2-\varphi_3]>-\alpha(n)^5 T(R_n,f),$$
$$C^*[\varphi_1-\varphi_3]>-\alpha(n)^5 T(R_n,f),$$
$$n(\Gamma_\lambda(n),f-\varphi_i=0)\leqslant\alpha(n)^3 T(R_n,f). \tag{1}$$
但由上述分析则对每一 $\Gamma(n)$ ($n>\max(N_0,M_0)$) 可取 $\pi_{0,n}=\varphi_1$, $\pi_{1,n}=\varphi_2$，于是由定理 4'，应得
$$n(\Gamma_\lambda(n),f-\varphi_3=0)>\alpha(n)^3 T(R_n,f).$$
这样，我们便得到了和 (1) 恰好相反的结论. 因此不能有多于两个的

全体性的除外元素. 上述的结论证完.

这个结论也表明了在 $\mathscr{K}(\alpha(n),f)$ 中每一元素 φ 除去最多两个全体性的除外元素, 必致当 $n > n_0(\varphi)$ 时,

(α) $\qquad n(\Gamma_\lambda(n), f-\varphi=0) > \alpha(n)^3 T(R_n,f).$

让我们从(α)再推论一番.

选择一个下降的正值无穷小量 $\delta(r)$ 致
$$\alpha(n)^3 T(R_n,f)^{\delta(R_n)} \geqslant 常数\, S > 1,$$
则级数
$$\sum_{n=1}^{+\infty} T(R_n,f)^{\delta(R_n)} \alpha(n)^3$$
为发散的. 因此由(α), 则对每一 $\varphi \in \mathscr{K}(\alpha(n),f)$ 必致

(β) $\qquad \displaystyle\sum_{n=1}^{+\infty} \frac{n(\Gamma_\lambda(n), f-\varphi=0)}{T(R_n,f)^{1-\delta(R_n)}}$

为发散的最多除去两个全体性的除外元素.

如果我们就另外的方式来选择下降的无穷小量 $\delta_1(r)$, 即从满足不等式:
$$\alpha(n)^3 \sigma_\lambda(R_n)^{-\eta_\lambda(R_n)+(1+\eta_\lambda(R_n))\delta_1(2R_n)} \geqslant 常数\, S > 1$$
来选择无穷小量, 则立刻看见, 对 $\mathscr{K}(\alpha(n),f)$ 之每一元素 φ 除去最多两个全体性的除外元素外必致级数

(γ) $\qquad \displaystyle\sum_{n=1}^{+\infty} \frac{n(\Gamma(n), f-\varphi=0)}{R_n^\lambda \sigma(R_n)^{(1+\eta_\lambda(R_n))(1-\delta_1(2R_n))}}$

为发散的.

让我们把 $\Gamma_\lambda(n)$ 内 $f(z)-\varphi(z)=0$ 之零点的绝对值表写为
$$r_p(\Gamma_\lambda(n), f-\varphi=0) \quad (p=1,2,\cdots,m(n)),$$
而来考察级数

(A) $\displaystyle\sum_{n=1}^{+\infty}\sum_{p=1}^{m(n)} \frac{1}{r_p(\Gamma_\lambda(n), f-\varphi=0)^\lambda \sigma_\lambda[r_p(\Gamma_\lambda(n), f-\varphi=0)]^{1-\delta_1(r_p)}};$

在这里, 为印刷方便计, 以 $\delta_1(r_p)$ 表 $\delta_1(r_p(\Gamma(n), f-\varphi=0))$.

因为 $\Gamma_\lambda(n)$ 的方程是
$$|z-x(n)|=\alpha(n)|x(n)|, \quad \frac{R_n}{K^2} < |x(n)| < R_n,$$

故
$$r_p(\Gamma_\lambda(n), f-\varphi=0) < R_n(1+\alpha(n)) = R_n + \frac{R_n}{\sigma_\lambda(R_n)^{\eta_\lambda(R_n)}};$$
由此则
$$\sigma_\lambda[r_p(\Gamma_\lambda(n), f-\varphi=0)] \leqslant \sigma_\lambda\left(R_n + \frac{R_n}{\sigma_\lambda(R_n)^{\eta_\lambda(R_n)}}\right) \leqslant \sigma_\lambda(R_n)^{1+\eta_\lambda(R_n)}.$$
注意
$$r_p(\Gamma(n), f-\varphi=0)^\lambda < (2R_n)^\lambda \quad (n > n_0 \text{ 时}).$$

因之，计及 $m(n) = n(\Gamma(n), f-\varphi=0)$，得出
$$\sum_{p=1}^{m(n)} \frac{1}{r_p(\Gamma_\lambda(n), f-\varphi=0)^\lambda \sigma_\lambda[r_p(\Gamma_\lambda(n), f-\varphi=0)]^{1-\delta_1(r_p)}}$$
$$\geqslant \frac{n(\Gamma(n), f-\varphi=0)}{2^\lambda R_n^\lambda \sigma_\lambda(R_n)^{(1+\eta_\lambda(R_n))(1-\delta_1(2R_n))}}.$$

据此，计及(γ)之发散性则(A)亦当发散.

故 $\mathscr{K}(\alpha(n), f)$ 之每一元素除了最多两个全体性的除外元素外必致级数(A)为发散.

注意在 $\mathscr{K}(\alpha(n), f)$ 的定义条件中其第二条件
$$C^*[\varphi] > -\alpha(n)^5 T(R_n, f)$$
当 $n > n_1(\varphi)$ 时为当然的，则可用满足次列条件：
$$T((1+\alpha(n))R_n, \varphi) < \alpha(n)^5 T(R_n, f), \quad n > n_0(\varphi)$$
的函数 φ 所成之族 $\mathscr{K}^*(\alpha(n), f)$ 来代替 $\mathscr{K}(\alpha(n), f)$，得出次述定理：

正级填充圆族之统一性定理 1. 设 $f(z)$ 为正级 ρ 的半纯函数，$\sigma_\lambda(r)$ 为以 $\lambda < \rho$ 为指标之函数型；设 $\mathscr{K}^*(\alpha(n), f)$ 为一函数族包括所有的复数(有限的或 ∞)及所有半纯函数之满足次述条件者：
$$T((1+\alpha(n))R_n, \varphi) < \alpha(n)^5 T(R_n, f), \quad n > n_0(\varphi);$$
在这里，$\{R_n\} \to +\infty$ 并致 $T(R_n, f) = R_n^\lambda \sigma_\lambda(R_n)$ 者，而且
$$\alpha(n) = \sigma_\lambda(R_n)^{-\eta_\lambda(R_n)},$$
则必至少有一无限的填充圆串 $\{\Gamma_\lambda(n)\}$：
$$\Gamma_\lambda(n): |z-x(n)| = \alpha(n)|x(n)| \quad \left(\frac{R_n}{K^2} < |x(n)| < R_n, K^2 \geqslant 24\right)$$
$$(n = 1, 2, \cdots),$$

使 $\mathscr{K}^*(\alpha(n),f)$ 之所有元素 φ 除了最多不过两个全体性的除外元素外必具有次列各性质：

1° 当 $n > n_0(\varphi)$ 时，必致

(α) $\qquad n(\Gamma_\lambda(n), f - \varphi = 0) > \alpha(n)^3 T(R_n, f)$;

2° 必有适当的无穷小量 $\delta(r)$ 致级数

(β) $\qquad \displaystyle\sum_{n=1}^{+\infty} \frac{n(\Gamma_\lambda(n), f - \varphi = 0)}{T(R_n, f)^{1-\delta(R_n)}}$

为发散的；

3° 必有适当的无穷小量 $\delta_1(r)$ 致级数

(A) $\qquad \displaystyle\sum_{n=1}^{+\infty}\sum_{p=1}^{m(n)} \frac{1}{r_p(\Gamma_\lambda(n), f-\varphi=0)^\lambda \sigma_\lambda[r_p(\Gamma_\lambda(n), f-\varphi=0)]^{1-\delta_1(r_p)}}$

为发散的.

在 δ_1 下 r_p 为 $r_p(\Gamma(n), f - \varphi = 0)$ 之缩写，后者为 $f(z) - \varphi(z)$ 在 $\Gamma(n)$ 内之零点的模.

同样的讨论如果施于定理 5 则可得出:

正级填充圆族之统一性定理 2. 设 $f(z)$ 为正级 ρ 之半纯函数，$\sigma_\lambda(r)$ 为以 $\lambda < \rho$ 为指标之函数型；设 $\{\lambda_m\}$ 为一串小于 ρ 而以 ρ 为极限的上升的正数. 设 $\mathscr{K}^*(f)$ 为一函数族包括所有的复数（有限的或 ∞）及满足次列条件之半纯函数 $\varphi(z)$:

$$T((1 + \beta^*(r))r, \varphi) < \beta^*(r)^5 T(r, f), \quad r < r_0(\varphi)$$

$(\beta^*(r) = T(r,f)^{-\delta(r)}, \delta(r)$ 为正值无穷小量$)$,

则必至少有串填充圆 $\{\gamma_m\}$:

$$\gamma_m: |z - x(m)| = \beta^*(R_m^*)|x(m)|$$

$$\left(\frac{R_m^*}{K^2} < |x(m)| < R_m^* \quad (K^{\lambda_m} \geq 24, K^2 > 1),\right.$$

$$T(R_m^*, f) = R_m^{*\lambda_m} \sigma_{\lambda_m}(R_m^*), \quad \{R_m^*\} \to +\infty,$$

$$\left.\frac{\log T(R_m^*, f)}{\log R_m^*} \to \rho \quad (m = 1, 2, \cdots)\right).$$

使 $\mathscr{K}^*(f)$ 之所有元素 φ 除了最多不过两个全体性的除外元素外必具有次列各性质:

1° 当 $m > m_0(\varphi)$ 时,必致

(α^*) $\qquad n(\gamma(m), f-\varphi=0) > \beta^*(R_m^*, f)$;

2° 必有适当的无穷小量 $\delta_1(r)$ 致级数:

(A*) $$\sum_{m=1}^{+\infty}\sum_{p=1}^{n(m)}\frac{1}{[r_p(\gamma(m),f-\varphi=0)]^{\lambda_m}\sigma_{\lambda_m}[r_p(\gamma(m),f-\varphi=0)]^{1-\delta_1(r_p)}}$$

为发散的.

Valiron, Milloux, Rauch 的许多关于正有限级的及无限级的论断都是这个定理的特例而且比较粗略,熊庆来、庄圻泰和作者关于无限级的论断实质上也是这个定理的特例而且亦比较粗略.

3. 从前节两个统一性定理我们立刻可以推得聚值线之存在定理.

在前节定理 1 所显示存在着的填充圆 $\{\Gamma_\lambda(n)\}$ 取一无限的子串 $\{\Gamma_\lambda(n')\}$,使每一 $\Gamma(n')$ 无有公共点.联结原点至 $\Gamma_\lambda(n')$ 之半直线 $L_{n'}$ 所形成之串 $\{L_{n'}\}$,必至少有一聚结线 D,以 D 为分角线以 O 为顶点之每一角区域 Ω 内必包含有无限多个填充圆 $\Gamma_\lambda(n')$. 在 $\Gamma_\lambda(n')$ 内 $f(z)-\varphi(z)=0$ 之根对于 $\mathscr{K}(\alpha(n),f)$ 之所有元素 $\varphi(z)$ 除了最多两个全体性的除外元素外必致 ($n' > n'_0(\varphi)$) 时

$$n(\Gamma_\lambda(n'), f-\varphi=0) > \alpha(n')^3 T(R'_n, f). \qquad (1)$$

但 $\Gamma_\lambda(n')$ 全在 Ω 与圆 $|z|=R_{n'}+\alpha(n')R_{n'}=R_{n'}+\dfrac{R_{n'}}{\sigma_\lambda(R_{n'})^{\eta_\lambda(R_n)}}$ 之内部之公共域内,故如果用 $n(\Omega'_n, f-\varphi=0)$ 来表示在 Ω 与 $|z|=R_{n'}+\alpha(n')$ 内 $f(z)-\varphi(z)$ 之零点的个数则得:

(α') $\qquad n(\Omega_{n'}, f-\varphi=0) > \alpha(n')^3 T(R_{n'}, f).$

其次从(1)适当选 $\delta_1(r)$ 为下降的正值无穷小量,则其相应于(A)之级数

$$\sum_{(n')}\sum_{p=1}^{m(n)}\frac{1}{r_p(\Gamma_\lambda(n'),f-\varphi=0)^\lambda\sigma_\lambda[r_p(\Gamma_\lambda(n),f-\varphi=0)]^{1-\delta_1(r_p)}}$$

为发散的，此时 $\mathscr{K}^*(\alpha(n), f)$ 之每一元素 φ 是对除了最多两个全体性除外元素而言. 由此可见，如果用 $r_n(\Omega, f-\varphi=0)$ 来表示 $f(z)-\varphi(z)$ 在 Ω 内之零点的模（依不减的次序排列），则对所有 $\mathscr{K}^*(\alpha(n), f)$ 之每一元素 φ 除了最多两个除外元素外级数

$$\sum_{n=1}^{+\infty} \frac{1}{r_n(\Omega, f-\varphi=0)^\lambda \sigma_\lambda[r_n(\Omega, f-\varphi=0)]^{1-\delta_1[r_n(\Omega, f-\varphi=0)]}}$$

为发散的，在这里，半直线 D 称为 $f(z)$ 的以 λ 为指标的聚值线.

同样的方法亦可施于前节定理 2，得出相似的结果，不复多赘.

总结上述，得出下列关于正级 ρ 的半纯函数之聚值线 (D) 的定理：

正级的聚值线之统一性定理 1. 设 $f(z)$ 为正级 ρ（有限的或 $+\infty$）的半纯函数；设 $\sigma_\lambda(r)$ 为以 $\lambda < \rho$ $(\lambda > 0)$ 为指标的函数型；设 $\{R_n\}$ 为一串以 $+\infty$ 为极限之正数致 $\sigma_\lambda(R_n) = \dfrac{T(R_n, f)}{R_n^\lambda}$ 者；设 $\mathscr{K}^*(\alpha(n), f)$ 为一族半纯函数包括所有的复数（有限的或 ∞）及每一半纯函数 $\varphi(z)$ 致

$$T(R_n(1+\alpha(n)), \varphi) < \alpha(n)^5 T(R_n, f), \quad n > n_0(\varphi)$$

者；在这里

$$\alpha(n) = \sigma_\lambda(R_n)^{-\eta_\lambda(R_n)},$$

$\eta_\lambda(r)$ 为联系于 $\sigma_\lambda(r)$ 之无穷小量，则在 z 平面上必至少有一过原点之半直线 D，使以 D 为分角线以 O 为顶点之每一角境域 Ω 具有如次的性质：对于 $\mathscr{K}^*(\alpha(n), f)$ 之每一元 φ 最多除去两个全体性的除外元素外必致

1° 至少有 $\{n\}$ 之一子串 $\{n'\}$ 使 $(n' > n'_0(\varphi))$

$$n(\Omega_{n'}, f-\varphi=0) > \alpha(n')^3 T(R_{n'}, f),$$

在这里 $n(\Omega_{n'}, f-\varphi=0)$ 表示 $f(z)-\varphi(z)$ 在 Ω 与 $|z| \leqslant R_{n'}(1+\alpha(n'))$ 之公共区域内之零点的个数；

2° 级数

$$\sum_{n=1}^{+\infty} \frac{1}{r_n(\Omega, f-\varphi=0)^\lambda \sigma_\lambda(r_n(\Omega, f-\varphi=0))^{1-\delta_1}} \quad (r_n \neq 0)$$

第三章 半纯函数的聚值线（Ⅰ）统一的理论

为发散的，$\delta_1 = \delta_1(r_n(\Omega, f-\varphi=0))$，在这里 $\delta_1(r)$ 为一下降的正值无穷小量；$r_n(\Omega, f-\varphi=0)$ 表示 $f(z)-\varphi(z)$ 在 Ω 内之零点的模.

在这里，D 叫做 $f(z)$ 的以 λ 为指标的聚值线.

注意，当 $\varphi \equiv \infty$ 时，则所谓 $f-\varphi$ 之零点乃指 $f(z)$ 之极点而言，即 $f(z)-\infty=0$ 乃表示 $f(z)=\infty$，此为统一语调而设.

4. 1938 年作者曾就另外的一个方法来形成正级填充圆与聚值线的统一性定理. 这个新方法是就 ρ 找出一个上升的连续函数 $\lambda(r)$ 连续于 $0<r<+\infty$ 内而满足次列条件者：

$$\lim_{r\to+\infty} \lambda(r) = \rho, \qquad \overline{\lim_{r\to+\infty}} \frac{T(r,f)}{r^{\lambda(r)}} = +\infty.$$

这个函数 $\lambda(r)$ 是非常容易取得的，例如，选取 r_n 致

$$\lim_{n\to+\infty} \frac{\log T(r_n, f)}{\log r_n} = \rho.$$

令 $T(r,f) = r^{\gamma(r)}$，则 $\lim \gamma(r_n) = \rho$. 取 $\{\rho_n\} \uparrow \rho, \varepsilon > 0$；

$$\lambda(r_n) = \rho_n - \frac{1}{(\log r_n)^{1-\varepsilon}} \quad 及 \quad \lambda(r_n) = \gamma(r_n) - \frac{1}{(\log r_n)^{1-\varepsilon}}$$

之最小者，则 $\lim_{n\to+\infty} \lambda(r_n) = \rho$.

$\lambda(r_n)$ 既小于 ρ 而以之为极限，则可有 $\{\lambda(r_n)\}$ 之一上升子串 $\{\lambda(r_{n'})\}$ 使仍以 ρ 为极限. 以 $\{r'_n\}$ 来表示 $\{r_{n'}\}$，作出 $\lambda(r)$ 使在每一 $[r'_n, r'_{n+1}]$ 上为线性的而在 r'_n, r'_{n+1} 各与 $\lambda(r'_n)$ 及 $\lambda(r'_{n+1})$ 一致. 这样的函数 $\lambda(r)$ 即上升的函数，而且致

$$\lim_{r\to+\infty} \lambda(r) = \rho \quad 及 \quad \overline{\lim_{r\to+\infty}} \frac{T(r,f)}{r^{\lambda(r)}} = +\infty,$$

在这里，我们只须设

$$\overline{\lim_{n\to+\infty}} \frac{T(r'_n, f)}{r'^{\lambda(r'_n)}_n} \geq \lim_{n\to+\infty} \frac{r'^{\gamma(r'_n)}_n}{r'^{\gamma(r'_n)-\frac{1}{(\log r'_n)^{1-\varepsilon}}}_n} = \lim_{n\to+\infty} e^{(\log r'_n)^\varepsilon} = +\infty.$$

故第二条件成立；第一条件则从定义自明.

从 $\lambda(r)$ 我们可以用 Blumenthal 氏定理 C 来规则化函数

$$W(r) = \frac{T(r,f)}{r^{\lambda(r)}}$$

为 $r_0 \leqslant r < +\infty$ 上的不减的连续的函数型 $\sigma(x)$ 来满足次列条件：

1° $\sigma(r) \geqslant W(r)$ （当 $r \geqslant r_0'$ 充分大时）；

2° $\sigma(R_n) = W(R_n)$ 至少在一串 $\{R_n\} \to +\infty$ 上；

3° $\sigma(r)^{\eta(r)} \to +\infty$ 当 $r \to +\infty$ 时，$\eta(r) \to 0$；

4° $\sigma\left[r + \dfrac{r}{\sigma(r)^{\eta(r)}}\right] \leqslant \sigma(r)^{1+\eta(r)}$.

由于 $\sigma(R_n) = W(R_n)$，而 $\lambda(R_n) \to \rho$，则 $T(R_n, f) = R_n^{\lambda(R_n)} \sigma(R_n)$,

$$\rho \leqslant \varliminf_{n \to +\infty} \frac{\log T(R_n, f)}{\log R_n} \leqslant \varlimsup_{n \to +\infty} \frac{\log T(R_n, f)}{\log R_n} \leqslant \rho;$$

故得

$$\lim_{n \to +\infty} \frac{\log T(R_n, f)}{\log R_n} = \rho.$$

这个函数型 $\sigma(r)$ 称为 $f(z)$ 的以 $\lambda(r)$ 为指标函数的函数型；这个函数型完全能代替以 λ 为指标的函数型 $\sigma_\lambda(r)$ 在前节所发挥之作用. 而且由于 $\lambda(r) \to \rho$ $(\rho > 0)$，则任取 $\lambda < \rho$ $(\lambda > 0)$，当 R_n 充分大时 $\lambda(R_n) > \lambda$. 因此在本段 1 的论证中，保留 k 的定义而将那里的 R_n 换上致 $\sigma(R_n) = W(R_n)$，即致 $T(R_n, f) = R_n^{\lambda(R_n)} \sigma(R_n)$ 的 R_n；将 λ 换上 $\lambda(r)$，R_n^λ 换上 $R_n^{\lambda(R_n)}$，将 $\sigma_\lambda(r)$ 换上 $\sigma(r)$，$\alpha(n)$ 换上 $\dfrac{1}{\sigma(R_n)^{\eta(R_n)}}$，$\eta_\lambda(r)$ 换上 $\eta(r)$；则全节论证直至定理 4′ 完全合理. 因此这个替换用在正级填充圆族之统一性定理 1 及正级聚值线的统一性定理 1 上所得结果亦完全合理. 得出可以总括统一性定理 1 及 2 的结果如下：

总结统一性定理 1. 设 $f(z)$ 为正级 ρ（有限的或 $+\infty$）的半纯函数，设 $\lambda(r)$ 为一上升的连续函数于 $r_0 \leqslant r < +\infty$ $(r_0 \geqslant 0)$ 上致如次的性质者：

$$\lim_{r \to +\infty} \lambda(r) = \rho, \quad \varlimsup_{r \to +\infty} \frac{T(r, f)}{r^{\lambda(r)}} = +\infty;$$

设 $\sigma(r)$ 为以 $\lambda(r)$ 为指标的函数型如上所定；设 $\{R_n\}$ 为一串以 $+\infty$ 为极限之正数致

$$\sigma(R_n) = W(R_n) = \frac{T(R_n, f)}{R_n^{\lambda(R_n)}}.$$

者；设 $\mathscr{K}^{**}(\alpha(n),f)$ 为一族半纯函数包括所有的复数（有限的或 ∞）及每一半纯函数 $\varphi(z)$ 致

$$T((1+\alpha(n))R_n,\varphi)<\alpha(n)^5 T(R_n,f),\quad n>n_0(\varphi)$$

者，在这里

$$\alpha(n)=\sigma(R_n)^{-\eta(R_n)},$$

$\eta(r)$ 为联系于 $\sigma(r)$ 之正值无穷小量，则下列两个判断真实可靠：

I. 必至少有一无限的填充圆串 $\{\Gamma(n)\}$：

$$\Gamma(n):|z-x(n)|=\alpha(n)|x(n)|\quad\left(\frac{R_n}{K^2}<|x(n)|<R_n\right)$$

（K 为一正数 >1 且致 $K^\lambda\geqslant 24$，λ 为任一正数 $<\rho$ 者）使对每一 $\Gamma(n)$（$n>N_0$ 时）附有两个属于 $\mathscr{K}^{**}(\alpha(n),f)$ 的元素 $P_n(z)$ 及 $Q_n(z)$ 致 $\mathscr{K}^{**}(\alpha(n),f)$ 中每一元素 φ 满足次列条件：

$$C^*[\varphi-P_n]>-\alpha(n)^5 T(R_n,f),$$
$$C^*[\varphi-Q_n]>-\alpha_n(n)^5 T(R_n,f)$$

者恒致 $f(z)-\varphi(z)=0$ 在 $\Gamma(n)$（$n>N_0$）内之零点的个数

$$n(\Gamma(n),f-\varphi=0)>\alpha(n)^3 T(R_n,f).$$

其次，如果就整个填充圆串 $\{\Gamma(n)\}$ 来说，则 $\mathscr{K}^{**}(\alpha(n),f)$ 之每一元素 φ 最多除掉两个全体性的例外元素外，必致，当 $n>n_0^*(\varphi)$ 时，

$$n(\Gamma(n),f-\varphi=0)>\alpha(n)^3 T(R_n,f).$$

II. 在 z-平面上必至少有一过原点 O 之半直线 D 存在，使以 D 为分角线 O 为顶点之每一角区域 Ω 具有次列的性质：

$1°$ 在 Ω 的存在着至少有一无限的填充圆串 $\{\Gamma(n')\}$；而且，如果以 $n(\Omega_{n'},f-\varphi=0)$ 表示 $f(z)-\varphi(z)$ 在 $(\Omega\cap(|z|\leqslant R_{n'}(1+\alpha(n'))))$ 内之零点的个数，则对 $\mathscr{K}^{**}(\alpha(n),f)$ 之每一元 φ 最多除去两个与 Ω 无关之元素外必致

$$(\alpha^{**})\quad n(\Omega_{n'},f-\varphi=0)>\alpha(n')^3 T(R_{n'},f);$$

$2°$ 如果以 $r_n(\Omega,f-\varphi=0)$ 表示 $f(z)-\varphi(z)$ 在 Ω 内之零点的模（注意当 $\varphi\equiv\infty$ 时即指 $f(z)$ 之极点的模而言），且令

$$U(r)=r^{\lambda(r)},\quad V(r)=\sigma(r)^{1-\delta(r)},$$

$\delta(r)$ 为适当选择的下降的正值的无穷小量，则对 $\mathcal{K}^{**}(\alpha(n), f)$ 之每一元 φ 最多除去两个与 Ω 无关之元素外必致级数

$$(A^{**}) \quad \sum_{n=1}^{+\infty} \frac{1}{U[r_n(\Omega, f-\varphi=0)]V[r_n(\Omega, f-\varphi=0)]}$$

为发散的.

在这里，半直线 D 为 $f(z)$ 的关于以 $\lambda(r)$ 为指标函数的函数型 $\sigma(r)$ 之聚值线，简称为 $f(z)$ 的 $\sigma(r)$-聚值线.

这个总的统一性定理 1 概括得相当广泛. 在 $\rho = +\infty$ 时只须命 $\lambda(r) = \rho(r) - \delta_1(r)$, $\delta_1(r)$ 为任意的下降的无穷小量使 $\lambda(r)$ 致本定理中关于 $\lambda(r)$ 之第二条件者，$\rho(r)$ 为 $f(z)$ 之熊氏无限级或 Blumenthal 氏无限级，则定理的结果即使在形式上也是包括了熊庆来、庄圻泰及作者所引出的关于无限级半纯函数之 Borel 方向所作的结论而且较精密. 在 ρ 等于有限的正数时，只须保留 $\alpha(n)$ 为一充分小之常数 α 如在导论的定理 4 中所述而不急于把 α 改变为 $\alpha(n)$，则上述定理在 $\alpha(n)$ 换上 α 的条件下其 I 及 II, 1° 两处结论亦已到达最大精确度，只在 II, 2° 这一结论如果引用 Valiron 氏之确级概念即应用 Valiron 氏定理 A（第一章）于 $\mu(r) = \frac{\log T(r, f)}{\log r}$ 所得之函数型即可使发散的级数的条件放宽；二者的公项比为 $r^{\varepsilon(r)}$ ($\varepsilon(r) \to 0$) 这一类型的变量，即是说在本定理中级数公项多了一个 $r_n(\Omega, f-\varphi=0)^{\varepsilon[r_n(\Omega, f-\varphi=1)]}$ 做因子，可能使级数发散得快些. 此二者在个别理论中尚须提起，但有此结果，则个别理论中的叙述可以简化，而使大部分的篇幅可以留给真正的特殊部门即不能包括在统一理论的部门. 然而即在真的特殊部门中，这个统一理论亦曾启发作者以有效的方法.

让我们在这里来讨论一下函数族 $\mathcal{K}^{**}(\alpha(n), f)$ 的元素，在这里我们应当对 Biernacki 所找出的特例作一番讨论. Biernacki 定理是这样：设 $f(z)$ 为 ρ ($0 < \rho < +\infty$) 级的半纯函数，H 为所有的复数及小于 ρ 级的半纯函数所成之族，则在 z 平面上必至少有一过原点之半直线 D 使以原点为顶点 D 为分角线之每一角区域 Ω 致 $\{r_n(\Omega, f-\varphi=0)\}$ 之收敛指数为 ρ，除了至多两个 φ. 为了说明这个定理是统一性定理的

第三章 半纯函数的聚值线（Ⅰ）统一的理论

特例，首先就需要说明 $H \subset \mathscr{K}^{**}(\alpha(n), f)$. 任取非常数 $\varphi \in H$，则 φ 为 $\rho'(< \rho)$ 级的半纯函数；故

$$T((1+\alpha(n))R_n, \varphi) < [(1+\alpha(n))R_n]^{\rho'+\varepsilon} < R_n^{\rho'+\varepsilon'}$$

$(\rho' + \varepsilon < \rho, \ R_n > r_0'(\varphi); \ \rho' + \varepsilon' < \rho, \ R_n > r_0''(\varphi))$.

但 $\eta(r) \to 0$，故

$$\alpha(n)^5 T(R_n, f) = \sigma(R_n)^{-5\eta(R_n)} R_n^{\lambda(R_n)} \sigma(R_n)$$
$$= R_n^{\lambda(R_n)} \sigma(R_n)^{1-5\eta(R_n)}$$
$$> R_n^{\lambda(R_n)} \quad (R_n > r_1 \text{ 时}).$$

计及 $\lambda(r) \to \rho$，则当 $R_n > r_2$ 时 $\lambda(R_n) > \rho' + \varepsilon'$. 故得

$$T((1+\alpha(n))R_n, \varphi) < \alpha(n)^5 T(R_n, f)$$

$(R_n > \max(r_0''(\varphi), r_1, r_2))$.

这就说明了 $\varphi \in \mathscr{K}^{**}(\alpha(n), f)$，也就说明了

$$H \subset \mathscr{K}^{**}(\alpha(n), f).$$

按照统一性定理，则对 $\mathscr{K}^{**}(\alpha(n), f)$ 中每一元素 φ 最多除去两个外，必致级数

$$\sum_{n=1}^{+\infty} \frac{1}{U[r_n(\Omega, f-\varphi=0)]V[r_n(\Omega, f-\varphi=0)]}$$

为发散的；其特例则是

$$\sum_{n=1}^{+\infty} \frac{1}{U(r_n(\Omega, f-\varphi=0))}, \quad U(r) = r^{\rho(r)}$$

为发散；计及 $\rho(r) \to \rho$，则对每一 $\lambda < \rho$ 必致

$$\sum_{n=1}^{+\infty} \frac{1}{r_n(\Omega, f-\varphi=0)^\lambda}$$

为发散的. 但对每一 $\mu > \rho$ 必致级数

$$\sum_{n=1}^{+\infty} \frac{1}{r_n(\Omega, f-\varphi=0)^\mu} \tag{1}$$

为收敛，不论 φ 为 $\mathscr{K}^{**}(\alpha(n), f)$ 之任何元素都没有例外. 故对于非除外元素 φ 必致 $\{r_n(\Omega, f-\varphi=0)\}$ 之收敛指数为 ρ.

由此可见，统一性定理 1 不但包含了 Biernacki 氏定理及从而推广

的 Valiron 氏定理而且精确度高些.

总的统一性定理不但推广了并精密化了 Rauch 氏定理而且在函数族 $\mathscr{K}^{**}(a(n), f)$ 的定义上纠正了一些不必要的限制,这个效果是从新符号 $T^*(r, \varphi)$ 及 $C^*[\varphi]$ 的运用开始的.

让我们把前面轻轻带过的一个问题交代一下. 就是当 ρ 为有限的正数时, $\mu > \rho$ 致级数(1)为收敛的这一个问题. 其实不但就 Ω 为角域时为然,而且就 Ω 为全平面时亦无不然;以 $r_n(f-\varphi=0)$ 表示 $f(z) - \varphi(z) = 0$ 在全平面之零点的模,则必致每一 $\varphi \in \mathscr{K}(a(n), f)$ 使级数

$$\sum_{n=1}^{+\infty} \frac{1}{r_n(f-\varphi=0)^\mu} \quad (\mu \text{ 为大于 } \rho \text{ 之任何正数}) \tag{1}$$

为收敛的. 为此,我们首先从 Nevanlinna 氏第一基础定理可以得出

$$N\left(r, \frac{1}{f-\varphi}\right) < T(r, f-\varphi) + k(f-\varphi) < r^{\rho+\varepsilon(r)}$$
$$(\varphi \in \mathscr{K}(a(n), f), \quad \varepsilon(r) \to 0, \quad r > r_0'(\varphi)).$$

其次则是

$$n(r, f-\varphi=0)\log k - n(0, f-\varphi=0)\log k$$
$$\leqslant \int_r^{kr} \frac{n(t, f-\varphi=0) - n(0, f-\varphi=0)}{t} dt$$
$$\leqslant N(kr, f-\varphi=0) - N(r, f-\varphi=0)$$
$$\quad - n(0, f-\varphi=0)\log k$$
$$< (kr)^{\rho+\varepsilon(kr)} - n(0, f-\varphi=0)\log k, \quad r < r_0'(\varphi).$$

故得

$$n(r, f-\varphi=0) < r^{\rho+\varepsilon_1(r)} \quad (r > r_1(\varphi)),$$

$\varepsilon_1(r)$ 为一无穷小量. 从这里我们立刻看见,当 $r_n(f-\varphi=0) > r_1'(\varphi)$ 时,必有

$$n < r_n^{\rho+\varepsilon'} \quad (\text{选 } \varepsilon' \text{ 致 } \rho + \varepsilon' < \mu),$$

$r_n = r_n(f-\varphi=0)$. 由此可见,当 n 充分大时,必有

$$r_n(f-\varphi=0)^\mu > n^{\frac{\mu}{\rho+\varepsilon'}}, \quad \text{而} \frac{\mu}{\rho+\varepsilon'} > 1.$$

故级数(1)为收敛的.

我们看见这是一个非常容易得出的结论. 当然我们立刻可以把这

个结论推广为统一性的形式：不论 φ 为 $\mathscr{K}^{**}(\alpha(n),f)$ 的任何元素，级数
$$\sum_{n=1}^{+\infty}\left[\frac{1}{U(r_n(f-\varphi=0))\sigma(r_n(f-\varphi=0))}\right]^{1+\varepsilon} \quad (\varepsilon>0 \text{ 任意的}) \tag{1'}$$
必为收敛的.

从 Nevanlinna 第一基础定理，可以得出
$$\begin{aligned} N\left(r,\frac{1}{f-\varphi}\right) &< T(r,f-\varphi)+K(f-\varphi) \\ &< U(r)\sigma(r)(1+\varepsilon(r)) \quad (\varepsilon(r)\to 0). \end{aligned} \tag{2}$$
从
$$n(r,f-\varphi=0)\log k - n(0,f-\varphi=0)\log k$$
$$\leqslant N(kr,f-\varphi=0) \quad (k>1),$$
令 $k=1+\dfrac{1}{\sigma(r)^{\eta(r)}}$，计及 (2) 式及 $\sigma\left(r+\dfrac{r}{U(r)^{\eta(r)}}\right)\leqslant \sigma(r)^{1+\eta(r)}$，则得
$$n(r,f-\varphi=0) < [U(r)\sigma(r)]^{1+\varepsilon'} \quad (\varepsilon'<\varepsilon), \quad r>r_2(\varphi).$$
因此，当 n 充分大时
$$[U(r_n(f-\varphi=0))\sigma(r_n(f-\varphi=0))]^{1+\varepsilon} > n^{\frac{1+\varepsilon}{1+\varepsilon'}}, \quad \frac{1+\varepsilon}{1+\varepsilon'}>1,$$
故级数 (1') 为收敛的. 上述结论证完.

在这里，让我们再注意当 $f(z)$ 为极大型的有限的正级 ρ 时，即当 $\lim\limits_{r\to+\infty}\dfrac{T(r,f)}{r^\rho}=+\infty$ 时，统一性定理 1(关于填充圆及聚值线的) 中使 $\lambda=\rho$ 亦正确. 这个结论绝非总的统一性定理 1 所能获致，这个结论也较 Rauch 所得结论为精密.

第四章 半纯函数的聚值线(Ⅱ) 个别的理论

导 论

在这里,我们将叙述另外一套个别的不为统一的理论所包括的判断,其实就是不能作成统一性定理的一些判断. 我们已经分析过总的统一性定理1的强度,指出了它完全包括了无限级情况下的关于填充圆与聚值线的定理,亦指出它也还包括了正有限级情况下的关于填充圆的定理. 这一切都需要在这里检验一下,这些都是本章导论的内容.

本章将在本论里讨论无限级情况下聚值线理论的特殊性和大于 1/2 级的有限级情况下相类似的但却不能合并为一个形式的判断. 这些都是作者在 1937 年到 1938 年两年间提出来的问题,在无限级的情况下为 Valiron 所解决,在另一情况下为作者独立所解决.

在这里,让我们先叙述熊氏函数型的应用. 设 $f(z)$ 为无限级的半纯函数,$f(z)$ 即是它的示性函数 $T(r,f)$ 满足次列条件者:

$$\varlimsup_{r\to +\infty}\frac{\log T(r,f)}{\log r}=+\infty.$$

熊庆来氏处理的方法是从 $T(r,f)$ 作出一个函数型 $\rho(r)$ 来满足次列条件:

令 $U(r)=r^{\rho(r)}$,$\rho(r)$ 为不减的连续函数趋于 $+\infty$ 并致

1° $\varlimsup_{r\to +\infty}\dfrac{T(r,f)}{U(r)}=1$;

2° r 充分大时必致 $U\left(r+\dfrac{r}{\log U(r)}\right) \leqslant U(r)^{1+\varepsilon(r)}$,$\varepsilon(r)$ 为一正值的无穷小量. 这个 $\rho(r)$ 叫做**熊氏无限级**,最初发表在 1933 年,详细的证明发表在 1935 年.

1934 年作者尚不知熊氏的结果时却从规则化
$$\gamma(r)=\frac{\log T(r,f)}{\log r} \quad (\lim_{r\to+\infty}\gamma(r)=+\infty)$$
入手,直接应用 Blumenthal 氏函数型定理 A 得出函数型 $\mu(r)$ 满足如次条件:$\mu(r)$ 为连续的不减的正值函数,$\lim \mu(r)=+\infty$ 并致

1° $\mu(r)\geqslant\gamma(r)\quad(r>r_0)$;

2° $\mu(r_n)=\gamma(r_n)$ 至少在一串 $\{r_n\}\to+\infty$ 上;

3° $\mu(r^{1+\frac{1}{\mu(r)^{\eta}}})\leqslant\mu(r)^{1+\eta}$,$\eta=\eta(r)$ 为一正值的无穷小量;

4° $\mu(r)^{\eta(r)}\to+\infty$,当 $r\to+\infty$ 时.

这个函数 $\mu(r)$ 也被叫做**无限级**,这个定义正式发表在 1935 年,其实就是 Blumenthal 的整函数方面的定义的直接推广.

1937 年,Valiron 却用另外一个方法作一个 $\rho(r)$ 来代替熊氏无限级,但仍命名为熊氏无限级,作法简单些,条件有些精简处,此即本书第一章中所述的熊氏函数型;它满足次列的条件:令 $U(r)=r^{\rho(r)}$,

1° $\rho(r)$ 为不减的连续函数致 $\lim_{r\to+\infty}\rho(r)=+\infty$;

2° $\varlimsup_{r\to+\infty}\dfrac{T(r,f)}{U(r)}=1$;

3° $U(r+\omega[U(r)])<e^{\tau}U(r)\ (r\geqslant r_0$ 充分大$)$,在这里,$\omega(x)=\chi(\log x)$,$\chi(t)<\dfrac{A}{t}$,$\int_1^{+\infty}\chi(t)\mathrm{d}t<+\infty$,$\chi(t)\downarrow 0$.

例如 $\chi(t)=\dfrac{A}{t^{1+\varepsilon}}(\varepsilon>0)$,则得
$$U\left[r+\frac{1}{(\log U(r))^{1+\varepsilon}}\right]\leqslant e^{\tau}U(r).$$

1939 年,作者从第一章之推广函数型定理 A,B,C 入手定义了更加精密的 $\rho(r)$,即根据下列条件:

$$\varlimsup_{r\to+\infty}\frac{\log T(r,f)}{\log r}=+\infty,\quad \varlimsup_{r\to+\infty}\frac{\log\log T(r,f)}{\log r}=\theta$$

$$(\theta=+\infty,\text{正有限数},0)$$

中第二条来强化 $\rho(r)$ 的性质致

1° $\lim\limits_{r\to+\infty}\dfrac{\log\rho(r)}{\log r}=\theta$;

2° $\varlimsup\limits_{r\to+\infty}\dfrac{T(r,f)}{U(r)}=1,\quad U(r)=r^{\rho(r)}$;

3° $U\left(r+\dfrac{r}{\rho(r)^{1+\delta(r)}\log r}\right)\leqslant e^{r}U(r)$，$\delta(r)$ 为正值的无穷小量.

当 θ 为有限时，$\delta(r)$ 可取为 0. 这个强化的无限级 $\rho(r)$ 除了可以代替熊氏无限级外，还可以有进一步的应用，即在无限级的整函数论中对于两支填充圆问题的解决如作者 1943 年所发表的，也还可以用来解决无限级整函数与半纯函数的扁平圆问题，此在 1944 年为王金湖所做. 而这些都不是前面三种无限级所能代替其作用的.

但对于本章所述结果，此四种无限级都有同等的作用. 在这里我们就指定第三种函数型即 Valiron 所作熊氏无限级来进行讨论. 其他各种无限级当然亦可引用，得出相似的结果.

就半纯函数之以 $\rho(r)$ 为熊氏无限级者 $f(z)$ 入手，我们容易找到一不增的无穷小量（正值的）$\delta(r)$ 使

$$\lambda(r)=\rho(r)-\delta(r)$$

满足总的统一性定理 1 的要求. $\lambda(r)$ 又为不减的连续函数，并满足下列条件：

1° 因为 $\delta(r)$ 为无穷小量，故

$$\lim_{r\to+\infty}\lambda(r)=\lim_{r\to+\infty}\rho(r)-\lim_{r\to+\infty}\delta(r)=+\infty;$$

2° 设 $\{r_n\}$ 致

$$\lim_{n\to+\infty}\frac{T(r_n,f)}{r_n^{\rho(r_n)}}=1,$$

则取 $\delta(r)$ 致 $r_n^{\delta(r_n)}\to+\infty$ 时例如 $\delta(r_n)=\dfrac{1}{(\log r_n)^{1-\varepsilon}}$ $(\varepsilon>0)$ 时，可得

$$\varlimsup_{r\to+\infty}\frac{T(r,f)}{r^{\lambda(r)}}=+\infty.$$

据此，则总的统一性定理 1 给出了关于无限级的 $f(z)$ 的结论其特例则是熊氏定理. 这只须将 $\lambda(r) = \rho(r) - \delta(r)$ 代入总的统一性定理 1 中，则一切从论就是关于以 $\rho(r)$ 为无限级的半纯函数 $f(z)$ 的填充圆与聚值线定理，包括着庄圻泰和作者在 1936 年所得的结果，当然也包括熊庆来的结果. 同时我们也看到其他三种无限级具有同等的作用.

3° 让我们再来讨论有限正级半纯函数 $f(z)$ 的聚值线理论. 设

$$\varlimsup_{r \to +\infty} \frac{\log T(r,f)}{\log r} = \rho \quad (\rho \text{ 为有限，大于 } 0).$$

命 $\gamma(r) = \dfrac{\log T(r,f)}{\log r}$，按照第一章 Valiron 氏定理 B 来规则化 $\gamma(r)$ 为函数型 $\rho(r)$ 满足次列条件：$\rho(r)$ 为连续函数，

1° $\lim\limits_{r \to +\infty} \rho(r) = \rho$；

2° 在相邻闭区间内 $\rho(r)$ 之微商 $\rho'(r)$ 连续在区间的端点上，左右二方的微商存在，且致

$$\lim_{r \to +\infty} \rho'(r) r \log r = 0;$$

3° $\varlimsup\limits_{r \to +\infty} \dfrac{T(r,f)}{U(r)} = 1$，$U(r) = r^{\rho(r)}$，至少有一串 $\{R_n\} \to +\infty$ 致

$$\rho(R_n) = \gamma(R_n);$$

4° $\varlimsup\limits_{r \to +\infty} \dfrac{rU'(r)}{U(r)} = \rho$；

5° $\lim\limits_{r \to +\infty} \dfrac{U(kr)}{U(r)} = k^\rho$（$k$ 为正值有限的任意常数）. 这个函数型叫做 $f(z)$ 的确级. 当 $f(z)$ 为整函数时为 Valiron 在 1914 年所定义；他并且把这个定义推广到半纯函数，事在 1932 年，用的是第一章的 Valiron 氏定理 A，1937 年他才引用定理 B 来定义 $\rho(r)$ 如上.

在这里 $\rho(r)$ 不必为不减的，但 $\lim\limits_{r \to +\infty} \rho(r) = \rho$. 如果作出适当的无穷小量（正值的不必为不增的）$\delta(r)$ 仍然可致

$$\lambda(r) = \rho(r) - \delta(r)$$

为不减的，则 $\lambda(r) \downarrow \rho$，又作出无穷小量 $\delta(r)$ 致 $\lambda(r) = \rho(r) - \delta(r)$ 为不减的且致

$$\lim_{n\to+\infty}\frac{T(R_n,f)}{R_n^{\lambda(R_n)}}=+\infty, \tag{1}$$

则总的统一定理1在 $\lambda(r)$ 为 $\rho(r)-\delta(r)$ 时仍可适用. 为了得到(1)式, 只须
$$\delta(r)\log r \to +\infty;$$
为了 $\rho(r)-\delta(r)$ 当 r 充分大时为上升的, 只须
$$\rho'(r)-\delta'(r)>0.$$

由此可见, 总的统一性定理1在 $f(z)$ 为以 $\rho(r)$ 为确级之 ρ 级半纯函数 $(0<\rho<+\infty)$ 时, 命
$$\lambda(r)=\rho(r)-\delta(r),$$
则一切结论都真实. 这个判断其实就是关于正有限级的半纯函数 $f(z)$ 的以 $\rho(r)$ 为确级的填充圆与聚值线的存在定理, 此不必赘述. 但在这里我们却可得出一个稍微精确些的关于聚值线的定理. 如果在总的统一性定理中令 $\alpha(n)$ 等于一正值的充分小的常数 α, 则该定理的结论1仍然真实无谬, 这是我们在前面已经指出了的. 这样则对函数族 $\mathscr{H}^{**}(\alpha,f)$ 来说, 必有一串填充圆
$$\Gamma(n): |z-\chi(n)|=\alpha|x(n)| \quad (n=1,2,\cdots)$$
$$\left(\frac{R_n}{k^2}<|x(n)|<R_n, \{R_n\}\to+\infty, T(R_n,f)=R_n^{\lambda(R_n)}\sigma(R_n)\right)$$
使 $\mathscr{H}^{**}(\alpha f)$ 之元 π 除去最多两个全体性的例外值之外致不等式.
$$n(\Gamma(n), f=\pi)>\alpha^3 T(R_n,f), \quad n>n_0(\pi).$$
在这里, 如果我们将 $\frac{r^{\rho(r)}}{r^{\lambda(r)}}=r^{\delta(r)}$ 来代替函数型 $\sigma(r)$, 则一切结论也都是真实的. 这时候 $\{R_n\}$ 是满足次式的一串:
$$T(R_n,f)=R_n^{\rho(R_n)}.$$

联结原点 O 至 $\Gamma(n)$ 之中心的半直线集合的聚结半直线以 D_α 表之, 则以 D_α 为分角线 O 为顶点角度为 θ ($\tan\theta=2\alpha$) 之角区域 Ω_α 必全含 $\Gamma(n)$ $(n>n_0)$. 在 $\{\Gamma(n)\}$ $(n>n_0)$ 内选取一无限的子串使其中任何二圆无公共点, 以 $\{\Gamma(p)\}$ 表之, $\{p\}\subset\{n\}$ $(n>n_0)$, 此皆在 Ω_α 内. 则由前面的不等式立刻可以判定: 对 $\mathscr{H}^{**}(\alpha,f)$ 之每一元 π, 最多除去两个

例外元素必致

$$n(R_p(1+\alpha), \Omega_\alpha, f-\pi=0) > \alpha^3 U(R_p), \quad U(r)=r^{\rho(r)},$$

这也就是说

$$n(R'_p, \Omega_\alpha, f-\pi=0) > \alpha^3 U\left(\frac{R'_p}{1+\alpha}\right), \quad R'_p \to +\infty.$$

但

$$\lim_{p\to+\infty}\frac{U\left(\frac{R'_p}{1+\alpha}\right)}{U(R'_p)} = \left(\frac{1}{1+\alpha}\right)^\rho,$$

故当 $p > p_0$ 时必使

$$U\left(\frac{R'_p}{1+\alpha}\right) > \left[\left(\frac{1}{1+\alpha}\right)^\rho - \varepsilon\right]U(R'_p) \quad \left(0 < \varepsilon < \left(\frac{1}{1+\alpha}\right)^\rho\right).$$

所以对非除外元素 π 来说,应有

$$\varlimsup_{r\to+\infty}\frac{n(r,\Omega_\alpha,f-\pi=0)}{U(r)} > 0.$$

现在我们从 $\alpha(r) = \dfrac{1}{\sigma(r)^{\eta(r)}}$ 来定出 $\mathscr{K}^{**}(\alpha(R_n),f)$,则对每一正数 α 必致

$$\mathscr{K}^{**}(\alpha,f) \supset \mathscr{K}^{**}(\alpha(R_n),f).$$

对于 $\mathscr{K}^{**}(\alpha(R_n),f)$ 之每一元素 π,最多除去两个元素外,必致

$$\varlimsup_{r\to+\infty}\frac{n(r,\Omega_\alpha,f-\pi=0)}{U(r)} > 0.$$

选 $\{\beta_n\}\downarrow 0$,则 $\{D_{\beta_n}\}$ 至少有一聚结线 D. 以 O 为顶点以 D 为分角线之每一角区域 Ω 必含有无限多个 Ω_{β_n},故对 $\mathscr{K}^{**}(\alpha(R_n),f)$ 中每一元素最多除出两个例外元素外,必致

$$\varlimsup_{r\to+\infty}\frac{n(r,\Omega,f-\pi=0)}{U(r)} \geqslant \varlimsup_{r\to+\infty}\frac{n(r,\Omega_{\beta_n},f-\pi=0)}{U(r)}$$
$$> 0 \quad (n > n_0(\Omega)). \tag{2}$$

注意当 Ω 的角度减小变为 Ω' 时,如果 Ω 有除外元素 π_0,则 π_0 必亦为对 Ω' 之除外值,但若 Ω 无除外值,对 Ω' 却可能有除外值存在. 所以,若当 Ω 之角减小而趋近于 O 时,中间遇到一个角对之有两除外值存在,则此两个除外值即为对其较小角度之 Ω 之除外值. 因此可能

存在之两除外值乃对一切的 Ω 而言，这半直线 D 叫做 $f(z)$ 的以 $\rho(r)$ 为确级的聚值线，这比 ρ 级聚值线来得精确些，是 Valiron 在 1932 年所发现，至于以上的一般结论则是作者在 1937 年所得而现在却从总的统一性定理推了出来. 然而从总的统一性定理直接获得之结果却是级数

$$\sum_{n=1}^{+\infty} \frac{1}{W(r_n(\Omega, \rho-\pi=0))V(r_n(\Omega, f-\pi=0))}$$
$$(W(r) = r^{\lambda(r)}, \quad V(r) = \sigma(r)^{1-\delta(r)})$$

对非除外元素 π 的发散性，这和从 (2) 所得级数

$$\sum_{n=1}^{+\infty} \frac{1}{U(r_n(\Omega, f-\pi=0))} \quad (U(r) = r^{\rho(r)})$$

对非除外元素 π 的发散性比较起来却稍逊色.

在这里也应该指出上述关于正级半纯函数的两个别理论也可直接仿照第三章导论中定理 2, 3, 4 的证法立刻得出，但为了说明总的统一性定理 1 的强度和方法的简易化起见，我们采取了新的办法.

以上，我们已经把个别理论中属于普遍性的结果归结到统一性定理中去，剩下需要在本章本论中讨论的却是属于个别性的东西.

本 论

I. 无限级半纯函数的聚值线之决定法

设 $f(z)$ 为以 $\rho(r)$ 为熊氏无限级（或其他三种无限级）之半纯函数，则由 Nevanlinna 氏第二基础定理立刻得出下面的结论：对于所有的复数 a，除了最多两个值外，必致

$$\varlimsup_{r\to+\infty} \frac{N(r, f=a)}{U(r)} > 0, \quad U(r) = r^{\rho(r)}.$$

固定一个非除外值 a_0，则可将全平面依原点之半直线分成四个相等角区域，其中必至少有一角区域 Ω_1 致

$$\varlimsup_{r\to+\infty} \frac{N(r, \Omega_1, f=a_0)}{U(r)} > 0.$$

然后将 Ω_1 依其分角线分为两个角区域,其中必至少有一角区域 Ω_2 致
$$\varlimsup_{r\to+\infty} \frac{N(r,\Omega_2,f=a_0)}{U(r)} > 0.$$
同样将 Ω_2 依其分角线分为两个角区域,其中亦必至少有一角区域 Ω_3 致
$$\varlimsup_{r\to+\infty} \frac{N(r,\Omega_3,f=a_0)}{U(r)} > 0.$$
这样我们可以得出一串角区域 $\Omega_1,\Omega_2,\cdots,\Omega_n,\cdots$ 使 Ω_n 为 Ω_{n-1} 依对角线分为两个角区域,且致
$$\varlimsup_{r\to+\infty} \frac{N(r,\Omega_i,f=a_0)}{U(r)} > 0.$$
Ω_i 之分角线 D_i 有一极限位置 Δ; 此亦为过原点之半直线,以 Δ 为分角线顶点为原点之角区域 Ω, 必致
$$\varlimsup_{r\to+\infty} \frac{N(r,\Omega,f=a_0)}{U(r)} > 0. \tag{1}$$
但
$$N(r,\Omega,f=a_0) < N(r_0,\Omega,f=a_0)$$
$$+ \int_{r_0}^r \frac{n(t,\Omega,f=a_0)-n(0,\Omega,f=a_0)}{t}\mathrm{d}t$$
$$+ n(0,\Omega,f=a_0)\log\frac{r}{r_0},$$
故得
$$N(r,\Omega,f=a_0) < n(r,\Omega,f=a_0)\log r + k\log r + k_1.$$
计及(1)式得出:
$$\varlimsup_{r\to+\infty} \frac{n(r,\Omega,f=a_0)}{U(r)^{1-\varepsilon(r)}} > 0,$$
因之
$$\varlimsup_{r\to+\infty} \frac{\log n(r,\Omega,f=a_0)}{\log U(r)} = 1.$$
这个结果说明了 Δ 为 $f(z)$ 之 a_0-值点之 $\rho(r)$ 级聚结线. 作者在1937 年预见到这个 Δ 实在亦必为 $f(z)$ 的 $\rho(r)$ 级聚值线. 这样 $f(z)$ 的 $\rho(r)$ 级聚值线可从一个非除外值 a_0 入手找出 $f(z)$ 的 a_0-值点的 $\rho(r)$

级聚结线来判定. 因此这个预见的解决是对无限级的聚值线理论有着重大意义的. Valiror 曾经怀疑这个预见的真实性, 但正当作者苦思未得之际却在 1938 年为 Valiron 所证实, 而且他从这个结果的启示竟解决了无限级半纯代数体函数之聚值线存在问题. 同年作者改从 Nevanlinna 的半平面形式的两个基础定理入手, 采取了 Valiron 氏方法之一部分, 不但完成了其一般性之推广, 还解决了多重 a-值点之重级与聚值线之关系问题. 这在前面我们曾经叙述过, 是不可能从第二基础定理 B 来着手的. 在这里我们将看到 Valiron 的新方法在无限级的情况下证实了作者的两个预见.

1. 我们首先应该叙述 Nevanlinna 氏关于半平面 $\mathscr{I}(z) \geqslant 0$ 上的半纯函数的两个基础定理, 此即 Carleman 氏关于全纯函数定理的推广. 为此必须再度征引第二章的 Poisson-Jensen 定理的推广.

设 $f(z)$ 为半平面 $\mathscr{I}(z) \geqslant 0$ 上之半纯函数, 其零点与极点依次以 $a_\mu (\mu = 1, 2, \cdots)$ 及 $b_\mu (\mu = 1, 2, \cdots)$ 来表写. 每一 k 重点作 k 次计算; 设 $\rho_0 > 0$, $U_0(z)$ 为半平面 $\mathscr{I}(z) \geqslant 0$ 上取去位于圆 $|z| < \rho_0$ 内之 a_μ, b_ν 所成的区域上之调和函数; 设 $U_0(z)$ 在实轴上区间 $|x| < \rho_0$ 内取 $\log |f(x)|$ 为值, 其在 $|x| > \rho_0$ 上则取 0 为值.

取半平面 $\mathscr{I}(z) \geqslant 0$ 上之 Green 氏函数:
$$g(\xi, \eta) = \log \left| \frac{\xi - \bar{\eta}}{\xi + \eta} \right|.$$

由 Poisson-Jensen 公式得出:
$$U_0(z) = \frac{1}{2\pi} \int_{-\rho_0}^{\rho_0} \log |f(t)| \frac{\partial g(t, z)}{\partial n} dt - \sum_{|a_\mu| < \rho_0} g(z, a_\mu)$$
$$+ \sum_{|b_\nu| < \rho_0} g(z, b_\nu)$$
$$= \frac{1}{2\pi} \int_{-\rho_0}^{\rho_0} \log |f(t)| \frac{r \sin \varphi}{r^2 + t^2 - 2rt \cos \varphi} dt$$
$$- \sum_{|a_\mu| < \rho_0} \log \left| \frac{z - \bar{a}_\mu}{z - a_\mu} \right| + \sum_{|b_\nu| < \rho_0} \log \left| \frac{z - \bar{b}_\nu}{z - b_\nu} \right|,$$

在这里 $z = re^{i\varphi}$. 由此可见, $U_0(z) = O\left(\frac{1}{|z|}\right)$ (当 $|z| \to +\infty$ 时).

命
$$\log|f(z)| = U_0(z) + U_1(z),$$
$U_1(z)$ 为半平面 $\mathscr{I}(z) \geqslant 0$ 上除去在 $|z| \geqslant \rho_0$ 上之诸点 a_μ 及 b_ν 外的调和函数，这些 a_μ, b_ν 皆为 $U_1(z)$ 之对数性极点. $U_1(z)$ 在实轴的线分 $|x| \geqslant \rho_0$ 上取 $\log|f(x)|$ 为值，在实轴的线分 $|x| < \rho_0$ 上则取 0 为值.

取半圆区域
$$c_\rho: |z| \leqslant \rho \ (\rho > \rho_0), \ \mathscr{I}(z) \geqslant 0 \quad (\text{以 } \overset{*}{c}_\rho \text{ 表半圆周})$$
上之 Green 氏函数：
$$g_\rho(\xi, \eta) = \log\left\{\left|\frac{\xi - \bar{\eta}}{\xi - \eta}\right|\left|\frac{\xi - \frac{\rho^2}{\bar{\eta}}}{\xi - \frac{\rho^2}{\eta}}\right|\right\}.$$

在 c_ρ 内应有
$$U_1(z) = \frac{1}{2\pi}\int_{\rho_0 \leqslant |t| \leqslant \rho} \log|f(t)| \frac{\partial g_\rho(t,z)}{\partial n} |dt|$$
$$+ \frac{1}{2\pi}\int_{\overset{*}{c}_\rho} U_1(\zeta) \frac{\partial g_\rho(\zeta, z)}{\partial n} d\zeta - \sum_{\rho_0 \leqslant |a_\mu| \leqslant \rho} g_\rho(z, a_\mu)$$
$$+ \sum_{\rho_0 \leqslant |b_\nu| \leqslant \rho} g_\rho(z, b_\nu)$$
$$= \frac{1}{\pi}\int_{\rho_0 \leqslant |t| \leqslant \rho} \log|f(t)| \ r\sin\varphi \left(\frac{1}{r^2 + t^2 - 2rt\cos\varphi}\right.$$
$$\left. - \frac{1}{\rho^2 + \left(\frac{r}{\rho}\right)^2 t^2 - 2rt\cos\varphi}\right) |dt|$$
$$+ \frac{1}{2\pi}\int_0^\pi U_1(\rho e^{i\vartheta})(\rho^2 - r^2)\left(\frac{1}{\rho^2 + r^2 - 2\rho r\cos(\vartheta - \varphi)}\right.$$
$$\left. - \frac{1}{\rho^2 + r^2 - 2\rho r\cos(\vartheta + \varphi)}\right) d\vartheta$$
$$- \sum_{\rho_0 \leqslant |a_\mu| \leqslant \rho} \log\left\{\left|\frac{z - \bar{a}_\mu}{z - a_\mu}\right|\left|\frac{\rho^2 - \bar{a}_\mu z}{\rho^2 - a_\mu z}\right|\right\}$$
$$+ \sum_{\rho_0 \leqslant |b_\nu| \leqslant \rho} \log\left\{\left|\frac{z - \bar{b}_\nu}{z - b_\nu}\right|\left|\frac{\rho^2 - \bar{b}_\nu z}{\rho^2 - b_\nu z}\right|\right\}.$$

但
$$r\sin\varphi\left[\frac{1}{r^2+t^2-2rt\sin\varphi}-\frac{1}{\rho^2+\left(\frac{r}{\rho}\right)^2 t^2-2rt\cos\varphi}\right]$$
$$=\sum_{1}^{+\infty}\left(\frac{1}{t^\nu}-\frac{t^\nu}{\rho^{2\nu}}\right)\frac{r^\nu\sin\nu t}{t},$$
$$(\rho^2-r^2)\left(\frac{1}{\rho^2+r^2-2\rho r\cos(\vartheta-\varphi)}-\frac{1}{\rho^2+r^2-2\rho r\cos(\vartheta+\varphi)}\right)$$
$$=4\sum_{1}^{+\infty}\frac{\sin\nu\vartheta}{\rho^\nu}r^\nu\sin\nu\varphi,$$
$$g_\rho(re^{i\varphi},c)=2\sum_{1}^{+\infty}\left(\frac{1}{|c|^\nu}-\frac{|c|^\nu}{\rho^{2\nu}}\right)\frac{\sin\nu r}{\nu}r^\nu\sin\nu\varphi,\quad c=|c|e^\nu.$$

这些展式分别在 $\rho_0\leqslant|t|\leqslant\rho$, $0\leqslant\vartheta\leqslant\pi$, $\rho_0\leqslant|c|\leqslant\rho$ 及 $0\leqslant\gamma\leqslant 2\pi$ 上皆为一致绝对收敛. 将此等式代入上列等式, 即得 $U_1(z)$ 在半圆区域 C_ρ 内之展开式:

$$U_1(z)=\sum_{1}^{+\infty}c_\nu r^\nu\sin\nu\varphi,\quad z=re^{i\varphi},$$

其中
$$c_\nu=\frac{1}{\pi}\int_{\rho_0\leqslant|t|\leqslant\rho}\log|f(t)|\left(\frac{1}{|t|^\nu}-\frac{t^\nu}{\rho^{2\nu}}\right)\frac{|dt|}{t}$$
$$+\frac{2}{\pi\rho^\nu}\int_0^\pi U_1(\rho e^{i\vartheta})\sin\nu\vartheta\,d\vartheta$$
$$-\frac{2}{\nu}\sum_{\rho_0\leqslant|a_\mu|\leqslant\rho}\left(\frac{1}{|a_\mu|^\nu}-\frac{|a_\mu|^\nu}{\rho^{2\nu}}\right)\sin\nu\alpha_\mu$$
$$+\frac{2}{\nu}\sum_{\rho_0\leqslant|b_\mu|\leqslant\rho}\left(\frac{1}{|b_\mu|^\alpha}-\frac{|b_\mu|^\nu}{\rho^{2\nu}}\right)\sin\nu\beta_\mu,\tag{1}$$

在这里
$$a_\mu=|a_\mu|e^{i\alpha_\mu},\quad b_\mu=|b_\mu|e^{i\beta_\mu},\quad \mu=1,2,\cdots.$$

这个调和函数 $U_1(z)$ 在半圆 C_{ρ_0} 之直径上为 0, 则依 Schwarz 原则容易看见 $U_1(z)$ 亦为 $|z|<\rho_0$ 内之调和函数, 其展开式亦应一致绝对收敛于 $|z|<\rho_0$ 内.

命
$$U_1(z) = \log|f_1(z)|.$$
此方程决定仅相差一因子 $e^{i\omega}$ 之解析函数 $f_1(z)$,故对于 $r > \rho_0$,可有次列三表示式:
$$A(r,f_1) = \frac{1}{\pi}\int_{\rho_0 \leqslant |t| \leqslant r} \log^+ |f_1(t)| \left(\frac{1}{t^2} - \frac{1}{r^2}\right)|dt|,$$
$$B(r,f_1) = \frac{2}{\pi r}\int_0^\pi \log^+ |f_1(re^{i\varphi})| \sin\varphi\, d\varphi,$$
$$C(r,f_1) = 2\sum_{\rho_0 \leqslant |b_\mu| \leqslant r} \left(\frac{1}{|b_\mu|} - \frac{|b_\mu|}{r^2}\right)\sin\beta_n.$$
于是由(1)式应得(命 $\nu = 1$)
$$A(r,f_1) + B(r,f_1) + C(r,f_1)$$
$$= A\left(r,\frac{1}{f_1}\right) + B\left(r,\frac{1}{f_1}\right) + C\left(r,\frac{1}{f_1}\right) + c_1. \tag{2}$$

为了进一步地讨论,我们先行讨论示性函数:
$$S(r,f_1) = A(r,f_1) + B(r,f_1) + C(r,f_1)$$
的若干性质.

性质 1. $S(r,f_1)$ 为 r 的不减的函数.

取 $\rho > \rho_0$,$U_\rho(z)$ 为在 C_ρ 之界线上以 $\log^+|f_1(z)|$ 为值之调和函数于 C_ρ 上,且设 $U_\rho(z)$ 和 $U_1(z)$ 一样以 b_ν 为其正值性的对数极点.

容易看见 $U_\rho(z)$ 永不为负,而方程
$$\log|f_1(z)| = U_\rho(z)$$
除了可能相差一个因子 $e^{i\omega}$ 外完全决定了一个其绝对值 $\geqslant 1$ 之解析函数 $f_\rho(z)$,故依前面的定义应得:
$$S\left(r,\frac{1}{f_\rho}\right) = 0 \quad (\text{当 } \rho_0 \leqslant r \leqslant \rho \text{ 时});$$
又在半圆周 $\overset{*}{c}_\rho$ 上
$$S(\rho, f_\rho) = S(\rho, f_1),$$
由此,则据(2)式得出 $\rho_0 \leqslant r \leqslant \rho$ 致
$$S(r,f_\rho) = \text{const} = S(\rho,f_\rho) = S(\rho,f_1).$$

因此，如果能够证明 $\rho_0 \leqslant r \leqslant \rho$ 致
$$S(r,f_1) \leqslant S(r,f_\rho) = S(\rho,f_1),$$
则上面的判断便已证实.

在 C_ρ 的界线上，易见
$$\left|\frac{f_1(z)}{f_\rho(z)}\right| = e^{\log|f_1(z)|-\log|f_\rho(z)|} \leqslant 1,$$
因之这个不等式在 C_ρ 内仍然满足. 故
$$\log^+|f_1(z)| \leqslant \log^+|f_\rho(z)|;$$
依定义易见
$$B(r,f_1) \leqslant B(r,f_\rho), \quad A(r,f_1) \leqslant A(r,f_\rho),$$
但
$$C(r,f_1) = C(r,f_\rho),$$
故得
$$S(r,f_1) \leqslant S(r,f_\rho).$$
得性质 1 之证.

性质 2. 设 $f(z)$ 为半平面 $\mathscr{I}(z) \geqslant 0$ 上之半纯函数，则
$$S(r,f) - S\left(r,\frac{1}{f}\right) = C_1 + O\left(\frac{1}{r}\right), \quad r > \rho_0.$$

显然，对于 $r > \rho_0$ 应有
$$A(r,f) = A(r,f_1), \quad C(r,f) = C(r,f_1).$$
又从
$$\log|f| - \log|f_1| = U_0(r) = O\left(\frac{1}{r}\right)$$
得出
$$B(r,f) = B(r,f_1) + O\left(\frac{1}{r}\right),$$
故得
$$S(r,f) = S(r,f_1) + O\left(\frac{1}{r}\right).$$
同理得

$$S\left(r,\frac{1}{f}\right)=S\left(r,\frac{1}{f_1}\right)+O\left(\frac{1}{r}\right).$$

但

$$S(r,f_1)-S\left(r,\frac{1}{f_1}\right)=C_1,$$

故得

$$S(r,f)-S\left(r,\frac{1}{f}\right)=C_1+O\left(\frac{1}{r}\right),\quad r>\rho_0.$$

上述判断已证完,这个结果可以推广为次列之结果.

性质 3. 设 $f(z)$ 为半平面 $\varphi(z)\geqslant 0$ 上之半纯函数,则对于任意两复数 a 及 b 必致

$$S\left(r,\frac{1}{f-a}\right)-S\left(r,\frac{1}{f-b}\right)=O\left(\frac{1}{r}\right).$$

由定义容易看出

$$S(r,f-a)=S(r,f)+O(1),$$

又由(2)则

$$S\left(r,\frac{1}{f-a}\right)=S(r,f-a)+C_1+O\left(\frac{1}{r}\right)=S(r,f)+O\left(\frac{1}{r}\right);$$

同理就此以 a 为 b 亦得同式,两式相减得出

$$S\left(r,\frac{1}{f-a}\right)-S\left(r,\frac{1}{f-b}\right)=O\left(\frac{1}{r}\right).$$

总结上述各判断(1),(2),(3)的结果,立刻看到:

Nevanlinna 第一基础定理(推广形式). 设 $f(z)$ 为半平面 $\mathscr{I}(z)\geqslant 0$ 上之半纯函数,则必

$$S\left(r,\frac{1}{f-a}\right)=S(r,f)+O(1),$$

$$S\left(r,\frac{\alpha f+\beta}{\gamma f+\delta}\right)=S(r,f)+O(1)\quad\left(\left|\begin{matrix}\alpha&\beta\\\gamma&\delta\end{matrix}\right|\neq 0\right).$$

以上的结果立刻可转换为角区域之判断.

设 $f(z)$ 为角区域 $0\leqslant\arg z\leqslant\dfrac{\pi}{k}$ 上之半纯函数. 命 $z=Z^{\frac{1}{k}}$(取 $Z^{\frac{1}{k}}$

之一支其在正实轴上取正值者），则 $f(z) = f(Z^{\frac{1}{k}}) = F(Z)$，$F(Z)$ 为 Z 在半平面 $\varphi(z) \geq 0$ 上之半纯函数；于是下列三式：

$$A(R,f) = \frac{1}{\pi} \int_{R_0 \leq |T| \leq R} \log^+ |F(T)| \left(\frac{1}{T^2} - \frac{1}{R^2}\right) |dT|,$$

$$B(R,f) = \frac{2}{\pi R} \int_0^\pi \log^+ |F(Re^{i\varphi})| \sin\varphi \, d\varphi,$$

$$C(R,F) = 2 \sum_{R_0 \leq |b_\mu^*| \leq R} \left(\frac{1}{|b_\mu^*|} - \frac{|b_\mu^*|}{R^2}\right) \sin\beta_\mu^*$$

$(b_\mu^* = |b_\mu^*| e^{i\beta_\mu^*}$ 为 $F(Z)$ 之极点)

转化为次列定义（令 $T = t^k$, $R_0 = r_0^k$, $R = r^k$）：

$$A(r,f) = \frac{k}{\pi} \int_{r_0}^r (\log^+ |f(t)| + \log^+ |f(te^{i\frac{\pi}{k}})|) \left(\frac{1}{t^k} - \frac{t^k}{r^{2k}}\right) \frac{dt}{t},$$

$$B(r,f) = \frac{2k}{\pi r^k} \int_0^{\frac{\pi}{k}} \log^+ |f(re^{i\varphi})| \sin k\varphi \, d\varphi,$$

$$C(r,f) = 2 \sum_{r_0 \leq |b_\mu| \leq r} \left(\frac{1}{|b_\mu|^k} - \frac{|b_\mu|^k}{r^{2k}}\right) \sin k\beta_\mu.$$

令 $S(r,f) = A(r,f) + B(r,f) + C(r,f)$，则前述论断转化为关于角区域 $0 \leq \arg z \leq \frac{\pi}{k}$ 上之论断.

以下我们按照这个比较一般的情况，即 $f(z)$ 为 $0 \leq \arg z \leq \frac{\pi}{k}$ 上之半纯函数的情况来进行讨论. 就此，设 $a_1, a_2, \cdots, a_{q-1}$ 为完全不同的 $q-1$ 个有限的复数. 命

$$\psi(z) \equiv \prod_1^{q-1} (f(z) - a_\nu),$$

则立刻看见

$$C(r,\psi) = (q-1)C(r,f), \tag{3}$$

$$|f|^{q-1} = \frac{|\psi|}{\left|1 - \frac{a_1}{f}\right| \left|1 - \frac{a_2}{f}\right| \cdots \left|1 - \frac{a_{q-1}}{f}\right|}.$$

当 $|f| \geq 2A$, $A = \max(|a_\nu|, \nu = 1,2,\cdots,q-1)$ 时

$$|f|^{q-1} \leqslant 2^{q-1}|\psi|,$$

故得
$$(q-1)\log^+|f| \leqslant (q-1)\log 2 + \log^+|\psi|.$$

当 $|f| < 2A$ 时，则得
$$\log^+|f| < \log 2 + \log^+ A.$$

合并此二不等式，立刻得出
$$(q-1)\log^+|f| < (q-1)(\log 2 + \log^+ A) + \log^+|\psi|.$$

因此，采取另一新记号
$$D(r,\Phi) = A(r,\Phi) + B(r,\Phi),$$

则得
$$(q-1)D(r,f) < D(r,\psi) + O(1). \tag{4}$$

由 (3), (4) 两式则得
$$(q-1)S(r,f) < S(r,\psi) + O(1). \tag{5}$$

但据前面的定理容易见到
$$S(r,\psi) = D\left(r,\frac{1}{\psi}\right) + C\left(r,\frac{1}{\psi}\right) + O(1)$$
$$= D\left(r,\frac{1}{\psi}\right) + \sum_{1}^{q-1} C\left(r,\frac{1}{f-a_\nu}\right) + O(1);$$

又由不等式 $\log^+ \alpha\beta \leqslant \log^+ \alpha + \log^+ \beta$，则
$$D\left(r,\frac{1}{\psi}\right) \leqslant D\left(r,\frac{f'}{\psi}\right) + D\left(r,\frac{1}{f'}\right).$$

再度引用前面的定理，则
$$D\left(r,\frac{1}{f'}\right) = D(r,f') + C(r,f') - C\left(r,\frac{1}{f'}\right) + O(1)$$
$$\leqslant D(r,f) + D\left(r,\frac{f'}{f}\right) + C(r,f') - C\left(r,\frac{1}{f'}\right) + O(1)$$
$$= S(r,f) - C(r,f) + D\left(r,\frac{f'}{f}\right) + C(r,f')$$
$$- C\left(r,\frac{1}{f'}\right) + O(1).$$

将此计算结果代入 (5) 式，得出：

$$(q-2)S(r,f) < \sum_{1}^{q-1} C\left(r, \frac{1}{f-a}\right) + D\left(r, \frac{f'}{\psi}\right) + D\left(r, \frac{f'}{f}\right)$$
$$- C(r,f) + C(r,f') - C\left(r, \frac{1}{f'}\right) + O(1). \quad (6)$$

将 $\frac{1}{\psi}$ 分解为部分分式

$$\frac{1}{\psi} = \sum_{1}^{q-1} \frac{c_\mu}{f-a_\mu}, c_\mu = \left(\frac{\mathrm{d}f}{\mathrm{d}\psi}\right)_{f=a_\mu};$$

计及不等式 $\log^+ \sum_{1}^{p} a_\nu \leqslant \sum_{1}^{p} \log^+ a_\nu + \log p$,则

$$\log^+ \left|\frac{f'}{\psi}\right| \leqslant \sum_{1}^{q-1} \log^+ \left|\frac{f'}{f-a_\mu}\right| + \sum_{1}^{q-1} \log^+ |c_\mu| + \log(q-1).$$

因此

$$D\left(r, \frac{f'}{\psi}\right) < \sum_{1}^{q-1} D\left(r, \frac{f'}{f-a_\nu}\right) + O(1).$$

代入(6)式得出：

$$(q-2)S(r,f) < \sum_{1}^{q} C\left(r, \frac{1}{f-a_\nu}\right) - C_1(r) + R(r), \quad (7)$$

在这里，$a_0 = 0$，$a_q = \infty$，$C\left(r, \frac{1}{f-a_q}\right)$ 以 $C(r,f)$ 代之，

$$C_1(r) = C\left(r, \frac{1}{f'}\right) + 2C(r,f) - C(r,f'),$$

$$R(r) = \sum_{0}^{q-1} D\left(r, \frac{f'}{f-a_\nu}\right) + O(1).$$

如果采用下列符号：

$$C(r, f = a_\nu) = C\left(r, \frac{1}{f-a_\nu}\right),$$

$$C(r, f = \infty) = C(r, f),$$

则(7)式可写成：

$$(q-2)S(r,f) < \sum_{1}^{q} C(r, f = a_\nu) - C_1(r) + R(r),$$
$$C_1(r) = C(r, f' = 0) + 2C(r, f = \infty) - C(r, f' = \infty),$$

第四章 半纯函数的聚值线（II）个别的理论

$$R(r) = \sum_0^{q-1} D\left(r, \frac{f'}{f-a_\nu}\right) + O(1) \quad (a_0 = 0, a_q = \infty). \tag{7'}$$

设 $h_\nu(\nu = 1, 2, \cdots, q)$ 为任意 q 个全不相同之有限数，应用 (7') 式于

$$\varphi(z) \equiv \frac{1}{f(z) - h_q}, \quad a_\nu = \frac{1}{h_\nu - h_q} \ (\nu = 1, 2, \cdots, q-1),$$

则因

$$\frac{1}{\varphi(z) - a_\nu} \equiv \frac{(h_\nu - h_q)(f - h_q)}{f - h_\nu} \ (\nu = 1, 2, \cdots, q-1),$$

$$\varphi'(z) = -\frac{f'}{(f - h_q)^2},$$

应有

$$C(r, \varphi = \infty) = C(r, f = h_q), \quad C(r, \varphi = a_\nu) = C(r, f = h_\nu)$$
$$(\nu = 1, 2, \cdots, q-1);$$
$$C(r, \varphi' = \infty) = 2C(r, f = h_q) + C(r, f' = \infty),$$
$$C(r, \varphi = 0) = C(r, f' = 0) + 2C(r, f = \infty);$$
$$D\left(r, \frac{\varphi'}{\varphi}\right) = D\left(r, \frac{f'}{f - h_q}\right),$$
$$D\left(r, \frac{\varphi'}{\varphi - a_\nu}\right) \leqslant D\left(r, \frac{f'}{f - h_\nu}\right) + D\left(r, \frac{f'}{f - h_q}\right) + O(1),$$
$$\nu = 1, 2, \cdots, q-1,$$
$$S(r, \varphi) = S(r, f) + O(1).$$

故得

$$(q-2)S(r, f) < \sum_1^q C(r, f = h_\nu) - C_1(r) + R(r), \tag{8}$$

$$R(r) < (q-1)\sum_1^q D\left(r, \frac{f'}{f - h_\nu}\right) + O(1),$$

$$C_1(r) = C\left(r, \frac{1}{f'}\right) + 2C(r, f) - C(r, f').$$

容易看见，即使 $h_q = \infty$，此式仍然成立.

在这里，$C_1(r)$ 显示着 $f(z)$ 在角区域 $0 \leqslant \arg z \leqslant \frac{\pi}{k}$ 上的多重值

点 $\rho_\mu e^{i\vartheta_\mu}$ 的分配情况，因之得写成：

$$C_1(r) = 2k \int_{\rho_0}^{\rho} \frac{c_1(t)}{t^{k+1}} \left(t + \frac{t^{2k}}{r^{2k}}\right) dt,$$

$$c_1(t) = \sum_{r_0 \leqslant \rho_\mu \leqslant t} \sin k\vartheta_\mu.$$

于是得出次列定理：

Nevanlinna 氏第二基础定理（推广形式）． 设 $f(z)$ 为角境域 $G: 0 \leqslant \arg z \leqslant \frac{\pi}{k}$ 上之半纯函数，设 $a_1, a_2, \cdots, a_q$ 为全不相同的任意的复数（有限的或其中有一为 ∞），则必

$$(q-2)S(r,f) < \sum_1^q C(r, f=a_\nu) - C_1(r) + R(r),$$

在这里

$$R(r) < (q-1)\sum_1^q \left[A\left(r, \frac{f'}{f-a_\nu}\right) + B\left(r, \frac{f'}{f-a_\nu}\right)\right] + O(1),$$

$$C_1(r) = 2k \int_{r_0}^{r} \frac{c_1(t)}{t^{k+1}} \left(1 + \frac{t^{2k}}{r^{2k}}\right) dt,$$

$$c_1(t) = \sum_{\rho_0 \leqslant \rho_\mu \leqslant t} \sin k\vartheta_\mu;$$

$\rho_\mu e^{i\vartheta_\mu}$ 为 $f(z)$ 在 G 上之多重值点．

2. Valiron 的新方法主要是从半纯函数 $f(z)$ 之无限级 $\rho(r)$ 来处理前节所述的 Nevanlinna 第二基础定理（推广形式）中关于 $R(r)$ 的不等式右边各个 $A\left(r, \frac{f'}{f-a_\nu}\right)$ 及 $B\left(r, \frac{f'}{f-a_\nu}\right)$，这是在 $f(z)$ 为无限级 $\rho(r)$ 之半纯函数时，在平面上取出一个角区域 $0 \leqslant \arg z \leqslant \frac{\pi}{k}$ 来应用这个定理，却用前面的原来的第二基础定理的计算法来简化它，在 Valiron 的方法中也包含着一个新的方法来得出前节的结果．

作者对 Valiron 的新方法所作的修正案则是将 Nevanlinna 的定理推广于 a_ν 为半纯函数时的判断．这样对于 $A\left(r, \frac{f'}{f-a_\nu}\right), B\left(r, \frac{f'}{f-a_\nu}\right)$

第四章 半纯函数的聚值线（II）个别的理论

的简化却不能有新的处理方法. 然而 Valiron 的新方法的特征却在两种 Nevanlinna 氏第二基础定理的合并使用；把握住这个特征，则此方法的本质尚可对别方面的问题进行讨论，作者在 1937 年所以费时许久卒不能独立证明所预见的判断的原因只在没有把握住这个特征. 但在 Valiron 的方法出现之后却能容易地完成这个讨论. 看罢！两个基础定理的合并使用这个原则是如何简便，在学力未到那一地步时却一丝一毫也设想不到.

Valiron 应用的 Nevanlinna 氏第二基础定理（推广形式）是不含有 $C_1(r)$ 这一项的，因为这一项总是非负的，所以在他的计算中也就略去了；但这个 $C_1(r)$ 的存在却关联着多重值点的问题，注意着它的作用，我们还可以解决一个困难问题，这就是前面提到的多重值点与聚值线的关系问题.

为了推广 Nevanlinna 前面的结果，我们首先要进行一个特殊的计算，即在 $\pi(z)$ 为半纯函数满足次列条件：

$$T(r,\pi) < U(r)^\delta \quad (U(r) = r^{\rho(r)},\ r > r_0(\pi),\ 0 < \delta < 1)$$

的限制下，对于角区域 $0 \leqslant \arg z \leqslant \dfrac{\pi}{k}$ $(2k \geqslant 1)$ 需要证明

$$S(r,\pi) < U(r)^{\delta+\varepsilon} \quad (\varepsilon \geqslant 0\ \text{为任意的},\ r > r_1(\pi)),$$

在这里，$\rho(r)$ 为熊氏函数型（其他三种同此结果）.

设 a_i^* $(i=1,2,\cdots)$ 及 b_j^* $(j=1,2,\cdots)$ 为 $\pi(z)$ 之零点及极点，则由 Poisson-Jensen 不等式应有

$$\begin{aligned}
\log|\pi(z)| = {} & \frac{1}{2\pi}\int_0^{2\pi}\log|\pi(t'e^{i\theta})|\,\mathscr{R}\!\left(\frac{t'e^{i\theta}+z}{t'e^{i\theta}-z}\right)d\theta \\
& - \sum_{|a_i^*|<t'}\log\left|\frac{\overline{a_i^*}z-t'^2}{t'(z-a_i^*)}\right| \\
& + \sum_{|b_j^*|<t'}\log\left|\frac{\overline{b_j^*}z-t'^2}{t'(z-b_j^*)}\right|,\quad |z|=t<t'.
\end{aligned}$$

由此得出

$$\log^+|\pi(z)| < \frac{t'+t}{t'-t}m(t'\pi) + \sum_{|b_j^*|<t'}\log^+\frac{2t'}{|t-|b_j^*||},\quad t<t'.$$

取
$$t' = t\left(1 + \frac{1}{\log U(t)^{1+\varepsilon}}\right) \quad (\varepsilon\text{ 为任意小之正数}),$$

则得(当 t 充分大时)
$$T(t',\pi) < U(t')^{\delta} \leqslant kU(t)^{\delta} < U(t)^{\delta+\varepsilon'}, \quad \varepsilon' > 0 \text{ 任意小};$$
$$\log^+ \frac{2t'}{|t-|b_j^*||} = \log^+ \frac{2t'U(|b_j^*|)^{1+\varepsilon}}{|t-|b_j^*||\,U(|b_j^*|)^{1+\varepsilon}}$$
$$< O(1) + \log[tU(t)] + \log^+ \frac{U(|b_j^*|)^{-1-\varepsilon}}{|t-|b_j^*||}.$$

故当 t 充分大时,应有(当 ε 充分小时,可使 ε'' 为充分小之正数)
$$\log^+|\pi(z)| < U(t)^{\delta+\varepsilon''} + \sum_{x_j < t+\lambda(t)} \log^+ \frac{\lambda(x_j)}{|t-x_j|}, \quad |z|=t,$$

在这里
$$\lambda(x) = U(x)^{-1-\varepsilon}, \quad x_j = |b_j^*|.$$

故当 ρ_0 充分大时,$r > \rho_0$ 致(ε_1 可为任意小之正数)
$$A(r,\pi) = \frac{k}{\pi}\int_{\rho_0}^{r}\left[\log^+|\pi(t)| + \log^+|\pi(te^{i\frac{\pi}{6}})|\right]\left(\frac{1}{t^k} - \frac{t^k}{r^{2k}}\right)\frac{dt}{t}$$
$$< \frac{2k}{\pi}U(r)^{\delta+\varepsilon_1} + \frac{2k}{\pi}\int_{\rho_0}^{r}\sum_{x_j < t+\lambda(t)}\log^+ \frac{\lambda(x_j)}{|t-x_j|}\,dt.$$

但(ε' 为任何小之正数)
$$n(t, \pi=\infty) < U(t)^{\delta+\varepsilon'} \quad (t > t'_0(\pi)),$$

故 $\sum \lambda(x_j) = \sum U(x_j)^{-1-\varepsilon}$ 为收敛;

(A) $\quad \int_{x_j-\lambda(x_j)}^{x_j+\lambda(x_j)} \log^+ \frac{\lambda(x_j)}{|t-x_j|}\,dt = 2\lambda(x_j),$

故前式中之积分可以估计如下:
$$\int_{\rho_0}^{r}\sum_{x_j < r+\lambda(t)}\log^+ \frac{\lambda(x_j)}{|t-x_j|}\,dt \leqslant \sum_{x_j < r+\lambda(r)}\int_{\rho_0}^{r}\log^+ \frac{\lambda(x_j)}{|t-x_j|}\,dt$$
$$\leqslant \sum_{x_j < r+\lambda(r)}\int_{x_j-\lambda(x_j)}^{x_j+\lambda(x_j)}\log^+ \frac{\lambda(x_j)}{|t-x_j|}\,dt$$
$$= \sum_{x_j < r+\lambda(r)} 2\lambda(x_j) \leqslant 2\sum \lambda(x_j).$$

所以由(1)式立得

(B) $\quad A(r,\pi) < U(r)^{\delta+\varepsilon_1'} \quad (r > r_0'(\varepsilon_1',\pi)$ 充分大，ε_1' 可为任意小)；

其次，则($\varepsilon_2 > 0$ 为任意小，r 充分大)

(C) $\quad B(r,\pi) = O(m(r,\pi)) = O(T(r,\pi)) \leqslant U(r)^{\delta+\varepsilon_2}$；

又其次，则($\varepsilon_3 > 0$ 为任意小 r 充分大)

(D) $\quad C(r,\pi) \leqslant 2n(r,\pi) < U(r)^{\delta+\varepsilon_2}$.

总结(A), (B), (C) 三式，则当 $\varepsilon > 0$ 为任意小 $r > r_0(\varepsilon,\pi)$ 充分大时，

(α) $\quad S(r,\pi) < U(r)^{\delta+\varepsilon}$.

得上述所要求的结果.

有了这个结果，则 Nevanlinna 氏第二基础定理（推广形式）在 $f(z)$ 为半纯函数时可以推广.

设 $\mathscr{H}(\delta,f)$ 为一族半纯函数，包括所有的复数及半纯函数 $\pi(z)$ 满足次列条件者：(δ 为任意小于 1 之正数)

$$T(r,\pi) < U(r)^\delta \quad (r > r_0(\pi),\ U(r) = r^{\rho(r)}),$$

在这里 $f(z)$ 为以 $\rho(r)$ 为熊氏无限数的半纯函数.

对于 $\mathscr{H}(\delta,f)$ 中任三个元 Φ_1,Φ_2,Φ_3 其中无一为常数 ∞ 者，命

$$F = \frac{f-\Phi_1}{F-\Phi_2} \cdot \frac{\Phi_3-\Phi_2}{\Phi_3-\Phi_1};$$

若 $\Phi_3 \equiv \infty$，则命

$$F = \frac{f-\Phi_1}{\Phi_2-\Phi_1}.$$

容易从前章本论（Ⅰ）的讨论得出下列两级数：

$$\sum U(a_\mu)^{-1-\varepsilon},\ \sum U(b_\mu)^{-1-\varepsilon} \quad (\varepsilon > 0 \text{ 任意小})$$

为收敛的，在这里 $a_\mu e^{i\alpha_\mu}(\mu=1,2,\cdots)$ 及 $b_\mu e^{i\beta_\nu}(\nu=1,2,\cdots)$ 为 $F(z)$ 之零点及极点.

应用 Nevanlinna 氏第二基础定理（推广形式）于函数 $F(z)$，则在角区域 $0 \leqslant \arg z \leqslant \dfrac{\pi}{k}$ 上 $(k > 1)$ 应有

$$S(r,F) < C\left(r,\frac{1}{F}\right) + C\left(r,\frac{1}{F-1}\right) + C(r,F) - C_1(r) + R(r),$$

$$R(r) < 2\left[2A\left(r,\frac{F'}{F}\right) + A\left(r,\frac{F'}{F-1}\right) + 2B\left(r,\frac{F'}{F}\right)\right.$$
$$\left. + B\left(r,\frac{F'}{F-1}\right)\right] + O(1).$$

因
$$B\left(r,\frac{F'}{F-b}\right) = O\left(m\left(r,\frac{F'}{F-b}\right)\right),$$
$$m\left(r,\frac{F'}{F-b}\right) < K\log^+ T(r',F) + K\log^+ \frac{1}{r'-r} + O(\log r), \quad r' > r,$$
故
$$B\left(r,\frac{F'}{F-b}\right) = O(\log^+ U(r)).$$

另一方面，若 a_μ^{**} ($\mu = 1,2,\cdots$) 及 b_ν^{**} ($\nu = 1,2,\cdots$) 为 $F(z) - b$ 之零点与极点之绝对值，则有
$$\log^+ \left|\frac{F'}{F-b}\right| < \frac{t'+t}{t'-t} m\left(t',\frac{F'}{F-b}\right) + \sum_{x<t'} \log \frac{2t'}{|t-x|} \quad (t < t'),$$
在这里 $x \in [a_\mu^{**}, b_\nu^{**}$ ($\mu = 1,2,\cdots, \nu = 1,2,\cdots$)].

命
$$t' = t\left(1 + \frac{1}{[\log U(t)]^{1+\epsilon}}\right),$$
则得
$$\log^+ \left|\frac{F'}{F-b}\right| < O[(\log U(t))^{2+\epsilon}] + \sum_{x<t+\lambda(t)} \log^+ \frac{\lambda(x)}{|t-x|}.$$

应用前面的处理方法得出：
$$A\left(r,\frac{F'}{F-b}\right) < O(U(r)^{\delta+\epsilon'}),$$
就此令 $b = 0,1$，并合并关于 $B\left(r,\frac{F'}{F-b}\right)$ 的估计值，得出
$$R(r) = O[U(r)^{1+\epsilon_1'}],$$
ϵ_1' 为任意小的正数.

但由 Nevanlinna 氏第一基础定理(推广形式) 得出

（Ⅰ） $S(r,f) < S(r,F) + O(U(r)^{1+\epsilon_2})$ （ϵ_2 为任意小之正数），

故得

(Ⅱ) $S(r,f) < C(r, f=0) + C(r, f=1) + C(r, F=\infty)$
$\qquad - C_1(r,F) + O(U(r)^{\delta+\varepsilon})$,

在这里，ε 为任意小之正数；

$C_1(r,F) = C(r, F'=0) + 2C(r, F=\infty) - C(r, F'=\infty)$
$\qquad \geqslant 0$.

但按照第二章所述 Nevanlinna 处理 $N_1(r)$ 的方式，我们也看到，$C_1(r,F)$ 是 F 之所有多重 a-值点都减少一次计算来形成的和：

$$C_1(r,F) = \sum_{\rho_0 \leqslant \rho_\mu < r} \left(\frac{1}{\rho_\mu^k} - \frac{\rho_\mu^k}{r^{2k}}\right) \sin k\vartheta_\mu$$

$$= 2k \int_{\rho_0}^{\rho} \frac{c_1(t)}{t^{k+1}} \left(1 + \frac{t^{2k}}{r^{2k}}\right) dt,$$

$$c_1(t) = \sum_{\rho_0 \leqslant \rho_\mu < t} \sin k\vartheta_\mu.$$

因此在（Ⅱ）式中前四项和可以

$$\overline{C}(r, F=0) + \overline{C}(r, F=1) + \overline{C}(r, F=\infty)$$

来代替，在这里 $\overline{C}(r, F=b)$ 是从 $C(r, F=b)$ 取去其关于多重 b-值点之重级即对每一多重值仅算一次而得，得出次式：

(Ⅱ′) $S(r,f) < \overline{C}(r, F=0) + \overline{C}(r, F=1) + \overline{C}(r, F=\infty)$
$\qquad + O(U(r)^{\delta+\varepsilon})$,

其次在（Ⅱ）中前四项之和可以

$$\left(1 - \frac{1}{h}\right)[C(r, F=0) + C(r, F=1) + C(r, F=\infty)$$
$$\qquad - C^{(h)}(r, F=0) - C^{(h)}(r, F=1) - C^{(h)}(r, F=\infty)]$$
$$\qquad + \frac{1}{h}[C(r, F=0) + C(r, F=1) + C(r, F=\infty)]$$

来代替，在这里，$C^{(h)}(r, F=b)$ 系自 $C(r, F=b)$ 取去其关于重数小于 h 之 b-值点之相当项而得；以 $C(r)$ 及 $C^{(h)}(r)$ 表第一方括号内之正项和与负项和，计及

$$C(r) < 3S(r,f) + O(U(r)^{\delta+\varepsilon}),$$

则得次式：

$$(\text{II}') \quad \left(1-\frac{3}{h}\right)S(r,f) < \left(1-\frac{1}{h}\right)[C(r)-C^{(h)}(r)]$$
$$+ O(U(r)^{\delta+\varepsilon}).$$

这个不等式在 $h \geqslant 4$ 时才是有效的,以后我们令 $k=4$.

让我们对
$$\overline{C}(r) = \overline{C}(r, F=0) + \overline{C}(r, F=1) + \overline{C}(r, F=\infty),$$
及
$$C(r) - C^{(h)}(r) = C_{(h)}(r)$$
作出估计.

就
$$F(z) = \frac{f-\Phi_1}{f-\Phi_2} \cdot \frac{\Phi_3-\Phi_2}{\Phi_3-\Phi_1}$$
来看,则
$$\overline{C}(r, F=0) \leqslant \overline{C}(r, f=\Phi_1) + \overline{C}(r, \Phi_3-\Phi_2=0)$$
$$+ \overline{C}(r, \Phi_3-\Phi_1=\infty),$$
$$\overline{C}(r, F=1) \leqslant \overline{C}(r, f=\Phi_3) + \overline{C}(r, \Phi_1-\Phi_2=0)$$
$$+ \overline{C}(r, \Phi_3-\Phi_1=\infty),$$
$$\overline{C}(r, F=\infty) \leqslant \overline{C}(r, f=\Phi_2) + \overline{C}(r, \Phi_3-\Phi_1=0)$$
$$+ \overline{C}(r, \Phi_3-\Phi_2=\infty).$$

但
$$\overline{C}(r, \Phi_i-\Phi_j=b) \leqslant C(r, \Phi_i-\Phi_j=b) < S(r, \Phi_i-\Phi_j) + O(1)$$
$$< U(r)^{\delta+\varepsilon} + O(1),$$
同样可以处理另一形式之下,得出 (II') 之转化式:

$$(\text{II}^*) \quad S(r,f) < \sum_1^3 \overline{C}(r, f=\Phi_i) + O(U(r)^{\delta+\varepsilon}) \quad (\varepsilon \text{ 为任意小}$$
之正数).

对 $C(r)$ 作相似之处理,则 (II'') 之转化式在 $h=4$ 时为

$$(\text{II}^{**}) \quad S(r,f) < \sum_1^3 C_{(4)}(r, f=\Phi_i) + O(U(r)^{\delta+\varepsilon}),$$

(对于 Φ_i 为常数之情况,则 $O(U(r)^{\delta+\varepsilon})$ 可以 $O(\log U(r))$ 代替之)

第四章 半纯函数的聚值线（Ⅱ）个别的理论

在这里，$C_{(4)}(r,f=\Phi_i)$ 为自 $C(r,f=\Phi_i)$ 删去其关于 $f-\Phi_i$ 的零点其重级 $\geqslant 4$ 者的相当项而得.

总结上述得定理如次：

定理 A. 设 $f(z)$ 为以 $\rho(r)$ 为熊氏无限级（或其他三种无限级）的半纯函数；设 $\mathscr{H}(\delta,f)$ 为一族半纯函数（包括所有的复数）其中每一非常数的元素 Φ 满足次列条件者：
$$T(r,\Phi) < U(r)^\delta \quad (0<\delta<1,\ r>r_0(\Phi)),$$
则必

（Ⅱ）$\quad S(r,f) < \sum_1^3 C(r,f=\Phi_i) + O(U(r)^{\delta+\varepsilon})$ （ε 为任意小之正数），

（Ⅱ*）$\quad S(r,f) < \sum_1^3 \overline{C}(r,f=\Phi_i) + O(U(r)^{\delta+\varepsilon})$ （ε 为任意小之正数），

（Ⅱ**）$\quad S(r,f) < 3\sum_1^3 C_{(4)}(r,f=\Phi_i) + O(U(r)^{\delta+\varepsilon})$ （ε 为任意小之正数），

在这里，左端的 $S(r,f)$ 可代以 $C(r,f)$. 又当 Φ_i 为常数时 $O(U(r)^{\delta+\varepsilon})$ 可代以 $O(\log U(r))$，

$$S(r,f) = A(r,f) + B(r,f) + C(r,f),$$
$$A(r,f) = \frac{k}{\pi}\int_{\rho_0}^r \left(\log^+|f(t)| + \log^+|f(te^{i\frac{\pi}{k}})|\right)\left(\frac{1}{t^k} - \frac{t^k}{r^{2k}}\right)\frac{dt}{t}$$
$$(k>1),$$
$$B(r,f) = \frac{2k}{\pi r^k}\int_0^{\frac{\pi}{k}} \log^+|f(re^{i\varphi})|\sin k\varphi\,d\varphi,$$
$$C(r,f) = 2\sum_{\rho_0 \leqslant |b_\mu| \leqslant r}\left(\frac{1}{|b_\mu|^k} - \frac{|b_\mu|^k}{r^{2k}}\right)\sin k\beta_n,$$
$b_\mu = |b_\mu|e^{i\beta_n}$ 为 $f(z)$ 在 $0 \leqslant \arg z \leqslant \frac{\pi}{k}$ 上之极点，$C(r,f=\Phi_i)$ 为 $C\left(r,\frac{1}{f-\Phi_i}\right)$（$\Phi_i \neq \infty$ 时），$\overline{C}(r,f=\Phi_i)$ 在 $C(r,f=\Phi_i)$ 中每一

多重零点仅取一次的相应的和；$C_{(4)}(r, f = \Phi_i)$ 为在 $C(r, f = \Phi_i)$ 中去其关于多重零点其重数 $\geqslant 4$ 者之相应和.

这个定理中(Ⅱ)式是 Valiron 的结果，(Ⅱ*) 及 (Ⅱ**) 为作者所得.

3. 在这里，我们应用定理 A 来解决聚值线之判定法问题. 事实上，Valiron 不但解决了前面所提出的问题而且还推广了它.

以 $n(r, \varphi_0, \varepsilon, f = \psi)$ 表示 $f(z) - \psi(z)$ 在扇形区域 $|\varphi - \varphi_0| < \varepsilon$, $|z| < r$ ($\varphi = \arg z$) 上之零点数，在这里，$f(z)$ 为已给以 $\rho(r)$ 为熊氏无限数的半纯函数，$\psi(z)$ 为另一半纯函数，当 $\psi(z) \equiv \infty$ 时，上面的符号表示 $f(z)$ 的极点(在该扇形区域内的)数.

命
$$\varlimsup_{r \to +\infty} \frac{\log n(r, \varphi_0, \varepsilon, f = \psi)}{\rho(r) \log r} = k(\varphi_0, \varepsilon, f = \psi),$$
$$k(\varphi_0, f = \psi) = \lim_{\varepsilon \to 0} k(\varphi_0, \varepsilon, f = \psi).$$

由于 $k(\varphi_0, \varepsilon, f = \psi)$ 为 ε 的不增的非负的函数，所以 $k(\varphi_0, f = \psi)$ 是存在的.

我们把 $k(\varphi_0, f = \psi)$ 叫做 $f(z) - \psi(z)$ 在方向 $\arg z = \varphi_0$ 上之实级系数，而把
$$k(\varphi_0, f = \psi) \rho(r)$$
叫做 $f(z) - \psi(z)$ 在方向 $\arg z = \varphi_0$ 上的实数，这个定义当 ψ 为常数时，为 Valiron 首次给出，在一般则为作者的推广.

我们的中心问题就在证明次列定理：

定理 B. 设 $f(z)$ 为以 $\rho(r)$ 为无限数的半纯函数；设 $\mathscr{H}(\delta, f)$ 为一族半纯函数包括所有的复数(有限或无限)及半纯函数 $\pi(z)$ 之满足次列条件者：
$$T(r, \pi) < U(r)^\delta \quad (\delta \text{ 为小于 1 之正数}, r > r_0(\pi)).$$
以 $k(\varphi_0, f = \pi)$ 来表示 $f(z) - \pi$ 在方向 $\arg z = \varphi_0$ 上之实级系数，则下列两判断真实不谬：

Ⅰ. 对所有的复数 a，以最多除去两个除外值来说，$k(\varphi_0, f = a)$

取相同的值 $k(\varphi_0)$；其在除外值 a'，则致 $k(\varphi_0, f = a') < k(\varphi_0)$（故若 $k(\varphi_0) = 0$，则除外值不存在）.

Ⅱ. 对所有的半纯函数 $\pi \in \mathcal{H}(\delta, f)$，最多除去两个例外元素外，$k(\varphi_0, f = \pi)$ 取相同的值 $k(\varphi_0)$；其在除外元素 $\overset{*}{\pi}$，则 $k(\varphi_0, f = \overset{*}{\pi}) < k(\varphi_0)$. 当 $k(\varphi_0) > \delta$ 时，此判断为真.

首先，我们注意这些事实：转换 $z = e^{i\theta}Z$ 不改变半纯函数 $f(z)$ 之 $N(r,f), m(r,f), n(r,f)$ 及 $T(r,f)$，因之亦不改变 $f(z)$ 之无限数 $\rho(r)$. 同一转换转 $\mathcal{H}(\delta, f)$ 为 $\mathcal{H}(\delta, f_1)$，$f_1(Z) = f(e^{i\theta}Z)$，故欲研究 $f(z)$ 在角区域 $\varphi_0 - \frac{\eta}{2} \leqslant \arg z \leqslant \varphi_0 + \frac{\eta}{2} \left(\eta = \frac{\pi}{k} \right)$ 上之情况，则可在角区域 $0 \leqslant \arg z \leqslant \eta = \frac{\pi}{k}$ 上应用定理 A 于函数 $f_1(z) = f(e^{i\left(\varphi_0 - \frac{\eta}{2}\right)}z)$.

在 $\mathcal{H}(\delta, f)$ 取四个元素 ${}^i\Phi\ (i = 1, 2, 3)$ 及 Φ，其在 $\mathcal{H}(\delta, f_1)$ 内之相应元素为 ${}^i\Phi_1 (i = 1, 2, 3)$ 及 Φ_1，则

$$S\left(r, \frac{1}{f_1 - \Phi_1}\right) < S(r, f_1 - \Phi_1) + O(1)$$
$$< S(r, f_1) + O(U(r)^{\delta + \varepsilon});$$

应用定理 A 于 $f_1(z)$，则

$$S(r, f_1) < \sum_1^3 C(r, f_1 = {}^i\Phi_1) + O(U(r)^{\delta + \varepsilon}).$$

由上式及其他两个相似的式子，故得：

(Ⅱ)　$C(r, f_1 = \Phi_1) < \sum_1^3 C(r, f_1 = {}^i\Phi_1) + O(U(r)^{\delta + \varepsilon})$,

(Ⅱ*)　$\overline{C}(r, f_1 = \Phi_1) < \sum_1^3 \overline{C}(r, f_1 = {}^i\Phi_1) + O(U(r)^{\delta + \varepsilon})$,

(Ⅱ**)　$C_{(4)}(r, f_1 = \Phi_1) < \sum_1^3 C_{(4)}(r, f_1 = {}^i\Phi_1) + O(U(r)^{\delta + \varepsilon})$.

设

$$n\left(r, \varphi_0, \frac{\gamma}{2}, f = {}^i\Phi\right) < U(r)^\eta \quad (i = 1, 2, 3), \tag{1}$$

则

$$n\left(r, \frac{\gamma}{2}, \frac{\gamma}{2}, f_1 = {}^i\Phi_1\right) < U(r)^\eta \quad (i = 1, 2, 3). \tag{2}$$

故对于角区域

$$0 \leqslant \arg z \leqslant \frac{\pi}{k} = \gamma$$

而言，应有

$$C(r, f_1 = {}^i\Phi_1) < U(r)^\eta.$$

据此应用定理 A 之推论即上面的（Ⅱ）式，应得

$$C(r, f_1 = \Phi_1) < O(U(r)^\eta), \quad \text{如果 } \eta > \delta.$$

由此，则

$$n\left(r, \frac{\gamma}{2}, \frac{\gamma}{4}, f_1 = \Phi_1\right) < U(r)^\eta, \quad \text{如果 } \eta > \delta.$$

故得

$$n\left(r, \varphi_0, \frac{\gamma}{4}, f = \Phi\right) < O(U(r)^\eta), \quad \text{如果 } \eta > \delta\ {}^{1)}.$$

这就证明了这样的判断的正确性：设 $\mathscr{H}(\delta, f)$ 有三个元素 ${}^i\Phi$ 致

$$n\left(r, \varphi_0, \frac{\gamma}{2}, f = {}^i\Phi\right) < U(r)^\eta \quad (\eta > \delta,\ i = 1, 2, 3),$$

则必所有 $\mathscr{H}(\delta, f)$ 之元素 Φ 致

$$n\left(r, \varphi_0, \frac{\gamma}{4}, f = \Phi\right) < O(U(r)^\eta).$$

由此可见，如果有三个 ${}^i\Phi \in \mathscr{H}(\delta, f)$ $(i = 1, 2, 3)$ 致

$$k(\varphi_0, f = {}^i\Phi) < \eta \quad (\eta > \delta),$$

则必所有的 $\Phi \in \mathscr{H}(\delta, f)$ 致

$$k(\varphi_0, f = \Phi) < \eta.$$

但由一显著的性质：

$$\varlimsup_{r \to +\infty} \frac{\log n(r, f = \Phi)}{\rho(r) \log r} \leqslant 1, \quad \Phi \in \mathscr{H}(\delta, f);$$

则立刻看见 $k(\varphi_0, f = \Phi), \Phi \in \mathscr{H}(\delta, f)$ 的上确界不能大于 1，命此上确界为 $k(\varphi_0)$，则当 $k(\varphi_0) > \delta$ 时，我们可适当选取前面的论证中的 η

---

1) 在 Φ_i 及 Φ 均为常数时，$\eta < \delta$ 之限制不必要！

为大于 δ，而小于 $k(\varphi_0)$ 之一数．这样我们就得到下面的结论：如果在 $\mathscr{H}(\delta,f)$ 中有三个元素 $^i\varPhi$ $(i=1,2,3)$ 致 $k(\varphi_0, f=^i\varPhi) < k(\varphi_0)$ $(k(\varphi_0) > \delta)$，则可选 $\eta = \max[k(\varphi_0, f=^i\varPhi), \delta+\varepsilon]$ $(\delta+\varepsilon < k(\varphi_0))$ 使所有的 $\varPhi \in \mathscr{H}(\delta,f)$ 致 $k(\varphi_0, f=\varPhi) < \eta < k(\varphi_0)$；这样便和 $k(\varphi_0)$ 为 $\{k(\varphi_0, f=\varPhi)\}$ 的上确界的假设矛盾了．这个结论也就显示着：$\mathscr{H}(\delta,f)$ 中每一元素 $\varPhi$，除了最多两个例外元素外，必致

$$k(\varphi_0, f=\varPhi) = k(\varphi_0);$$

而例外元素于存在时，其相应之 k 小于 $k(\varphi_0)$．这个结果即定理中之第二判断．其在第一判断，则可注意 $k(\varphi_0) > \delta$ 并不须要．

定理 B 证明了．

我们在前面 §1 已证实，对于以 $\rho(r)$ 为熊氏无限级的半纯函数 $f(z)$ 的每一个非除外值 a，必有一方向 $\arg z = \varphi_0$ 使

$$k(\varphi_0, f=a) = 1.$$

这个 $k(\varphi_0, f=a) = 1$ 却是 $k(\varphi_0, f=\varPhi), \varPhi \in \mathscr{H}(\delta,f)$ 的上确界．因此由定理 B 立见对所有的 $\varPhi \in \mathscr{H}(\delta,f)$ 除了可能有两个例外元素外，必有 $k(\varphi_0, f=\varPhi) = 1$；也就是说，半直线 $\arg z = \varphi_0$ 为 $f(z)$ 的 $\rho(r)$ 级聚值线，得（上述论证以 $\pi(z) \in \mathscr{H}(\delta,f)$ 来代替 a 仍然合理）：

聚值线判定定理 1. 设 $f(z)$ 为以 $\rho(r)$ 为熊氏无限数（或其他三种无限数）的半纯函数；$\mathscr{H}(\delta,f)$ 为一族半纯函数包括所有的复数（有限的或 ∞）以及半纯函数 $\pi(z)$ 之满足次列条件者：

$$T(r,\pi) < U(r)^\delta \quad (0 < \delta < 1, U(r) = r^{\rho(r)}, r > r_0(\pi)).$$

任取 $f(z)$ 的非除外函数 $\pi \in \mathscr{H}(\delta,f)$ 即致

$$\varlimsup_{r \to +\infty} \frac{\log n(r, f=\pi)}{\log U(r)} = 1$$

者，则在 z-平面上必至少有一半直线 $\arg z = \varphi_0$ 致 $k(\varphi_0, f=\pi) = 1$ 者存在，而且这样的半直线即为 $f(z)$ 的关于 $\mathscr{H}(\delta,f)$ 的 $\rho(r)$ 级聚值线；这就是说，每一以 $\arg z = \varphi_0$ 为分角线 O 为顶点之角境域 Ω 具有如次性质：对于 $\mathscr{H}(\delta,f)$ 之每一元素 $\varPhi$ 除了最多两个全体性的除外元素外，必致

$$\varlimsup_{r\to+\infty} \frac{\log n(r, \Omega, f=\pi)}{\log U(r)} = 1.$$

这个定理就是作者在 1938 年所得的结果,它包括了 Valiron 的结果.

考察上面的论证我们立刻看见,(Ⅱ*)及(Ⅱ**)两式可以代替(Ⅱ)式的作用而在上面的论证中以 $\overline{C}$ 或 $C_{(4)}$ 来代替 C 的作用,则凡遇 n 时可代以 $\overline{n}$ 或 $n_{(4)}$,即是如果将前面的零点数(包括极点数)就每一多重点仅计算一次或除去其重级大于 3 之重点所得来代替之,则一切结果均为合理. 这样就应当分别用

$$\overline{k}(\varphi_0, \varepsilon, f=\psi) = \varlimsup_{r\to+\infty} \frac{\log \overline{n}(r, \varphi_0, \varepsilon, f=\psi)}{\rho(r)\log r}$$

或

$$^4k(\varphi_0, \varepsilon, f=\psi) = \varlimsup_{r\to+\infty} \frac{\log n_{(4)}(r, \varphi_0, \varepsilon, f=\psi)}{\rho(r)\log r}$$

($n_{(4)}$ 即前所定之 ^3n)

来代替 $k(\varphi_0, \varepsilon, f=\psi)$;却用

$$\overline{k}(\varphi_0, f=\psi) = \lim_{\varepsilon\to 0} \overline{k}(\varphi_0, \varepsilon, f=\psi)$$

或

$$^4k(\varphi_0, f=\psi) = \lim_{\varepsilon\to 0} {}^4k(\varphi_0, \varepsilon, f=\psi)$$

来代替 $k(\varphi_0, f=\psi)$.

得出次列定理:

聚值线判定定理 2. 设 $f(z)$ 为以 $\rho(r)$ 为熊氏无限级(或其他三种无限级)的半纯函数,$\mathcal{H}(\delta, f)$ 之定义同前定理 1,$U(r) = r^{\rho(r)}$.

任取 $f(z)$ 的关于重级性的非除外函数 $\pi \in \mathcal{H}(\delta, f)$. 即致

$$\varlimsup_{r\to+\infty} \frac{\log \overline{n}(r, f=\pi)}{\log U(r)} = 1 \quad 或 \quad \varlimsup_{r\to+\infty} \frac{\log {}^3n(r, f=\pi)}{\log U(r)} = 1$$

者,则在 z-平面上必至少有一半直线 $\arg z = \varphi_0$ 致

$$\overline{k}(\varphi_0, f=\pi) = 1 \quad (或 {}^{(4)}k(\varphi_0, f=\pi) = 1)$$

者存在,而且这样的半直线即为 $f(z)$ 的关于 $\mathcal{H}(\delta, f)$ 的 $\rho(r)$ 级强性聚值线,即是说,每一以 $\arg z = \varphi_0$ 为分角线 O 为顶点之角区域 Ω 具有如

次之性质：对于 $\mathcal{H}(\delta,f)$ 的每一元素 Φ 除了最多两个全体性的除外元素外，必致

$$\varlimsup_{r\to+\infty}\frac{\log\overline{n}(r,\Omega,f=\pi)}{\log U(r)}=1 \quad 或 \quad \varlimsup_{r\to+\infty}\frac{\log^3 n(r,\Omega,f=\pi)}{\log U(r)}=1.$$

在这里我们证实了无限级半纯函数之强性聚值线的存在，但在强性填充圆的理论上，则从 1938 年至今迄未解决．

1940 年蒲保民推广了上述两个定理到圆内半纯函数之聚值点理论中．

II. 有限级 $\rho>\frac{1}{2}$ 的半纯函数

在这里，我们将对级 ρ 为有限且 $>\frac{1}{2}$ 的半纯函数 $f(z)$ 展开讨论．当然对于这样的半纯函数 $f(z)$ 我们可以定义它的确级 $\rho(r)$ 如本章导论所述．

应用确级 $\rho(r)$，取 $U(r)=r^{\rho(r)}$，则对于 $f(z)$，Nevanlinna 第二基础定理可转化为下列形式：

$$T(r,f)<\sum_1^3 N(r,f=a_i)+O(\log U(r)).$$

由此可见，对于每一复数 a 最多除掉两个例外，必致

$$\varlimsup_{r\to+\infty}\frac{N(r,f=a)}{U(r)}>\frac{1-\varepsilon}{4} \quad (0<\varepsilon<1).$$

据此，依前段开始时的方法，对于一固定的非除外值 a，必至少有一以 O 为顶点、弧度为 $\alpha=\frac{\pi}{k}\left(\frac{1}{2}<k<\rho\right)$ 之角区域 A 存在致

$$\varlimsup_{r\to+\infty}\frac{N(r,A,f=a)}{U(r)}=\beta>0. \tag{1}$$

因此任取 $\varepsilon>0$，必有 $r_0(a)$ 致

$$N(r,A,f=a)<\beta(1+\varepsilon)U(r); \tag{2}$$

又必有一串 $\{r_n\}\to+\infty$ 致

$$N(r_n, A, f = a) > \beta(1-\varepsilon)U(r_n). \tag{3}$$

令 A' 为角区域, 它与 A 同顶点同分角线而弧度为 $\dfrac{\pi}{k'}$ $\left(\dfrac{1}{2} < k' < k\right)$.

在这里我们的目的是要证明: 这样的角区域 A' 一定含有半直线 $\arg z = \varphi_0$ 作为 $f(z)$ 的以 $\rho(r)$ 为确级的聚值线. 这个结果是作者在 1937 年发现的, 发表于 1938 年.

首先, 我们需要根据(2),(3)两式来得出 A 角上的一串环形段

$$\left[A \cap \left(\dfrac{R_n}{1+s} \leqslant |z| \leqslant R_n\right)\right],$$

使在每一个这样的环形段上相应于统一理论导论中的定理 2 的判断是正确的. 为此, 我们必须有一个新的措施. 我们现在采用一个混合性的方法, 其中有一部分是 Valiron 在 1928 年的一个计算中的一段, 这和作者的处理方式结合起来.

由(2)式以 kr 代入 r 的位置($k > 1$)得

$$N(kr, A, f = a) < \beta(1+\varepsilon)U(kr) \quad (r > r_1(a));$$

计及

$$\lim_{r \to +\infty} \dfrac{U(kr)}{U(r)} = k^\rho,$$

则 $r > r_2(a, k)$ 致

$$N(kr, A, f = a) < \beta(1+\varepsilon')k^\rho U(r).$$

但 ($kr > 1$)

$$N(kr, A, f = a) \geqslant \int_r^{kr} \dfrac{n(t, A, f = a) - n(0, A, f = a)}{t} dt$$

$$\geqslant [n(r, A, f = a) - n(0, A, f = a)]\log k,$$

故 $r > r_3(a, k)$ 致

$$n(r, A, f = a) < \beta(1+\varepsilon_1)\dfrac{k^\rho}{\log k}U(r).$$

因之, 取 $k = e^{\frac{1}{\rho}}$ 使 $\dfrac{k^\rho}{\log k}$ 取其极小值 ρe, 则得

$$n(r, A, f = a) < \beta \rho e(1+\varepsilon_1)U(r). \tag{2'}$$

其次, 我们从(3)式得出

第四章 半纯函数的聚值线(Ⅱ)个别的理论

$$\int_0^{r_n} \frac{n(t, A, f=a) - n(0, A, f=a)}{t} dt + n(0, A, f=a)\log r_n$$
$$> \beta(1-\varepsilon)U(r_n).$$

故 $n > n_1$ 致

$$\int_{r_0}^{r_n} \frac{n(t, A, f=a)}{t} dt > \beta(1-\varepsilon_1)U(r_n).$$

因之

$$n(r_n, A, f=a)\log \frac{r_n}{r_0} > \beta(1-\varepsilon_1)U(r_n).$$

故当 $n > n_2$ 时应有

$$n(r_n, A, f=a) > \beta H(\rho)U(r_n). \tag{3'}$$

取 A' 如前,它是与 A 同顶点同分角线而以 $\frac{\pi}{k'}\left(\frac{1}{2} < k' < k\right)$ 为其弧度的任意角区域. 因为一个绕原点为中心之旋转不改变以示性函数为中心之各种关系,例如 $n(r, B, f=a)$,$N(r, B, f=a)$,$T(r, f)$,$\cdots$ 之形式与关系,故可假定 A 之分角线即为实轴之正向而无影响于证明方法的一般性. 在这个分角线为实轴的假定下,我们来进行演算. 命 $Z = z^{-k'}$,在这里选定一支在 z 为 Ox 之正向时取正实值者,则此变换转 A' 为右半平面,$f(z)$ 为 $f_1(z)$;再命 $Z = 1 - z$,则 $f_1(Z)$ 转换为 $F(z)$. 这个函数 $F(z)$ 为 $R(z) < 1$ 这一半平面内之半纯函数,以 $z = 1$ 为超性异点. 因此 $f(z)$ 在 $[A' \cap (|z| > 1)]$ 内相应于单位圆 $|z| < 1$ 内之半纯函数 $F(z)$,这个转换并不改变 $f(z)$ 之非零的 a-值点之 a-值性及其重级,但 $f(z)$ 在 $z = 0$ 之重级为有限数,故由(3),必有一串 $\{R_n\} \to 1$ $(R_n < 1)$ 使

$$n(R_n, F=a) > \beta H_1 U\left[\left(\frac{1}{1-R_n}\right)^{\frac{1}{k}}\right].$$

因此,令 $R_n = 2R_n' - 1$,则当 n 充分大时

$$T\left(R_n', \frac{1}{F-a}\right) \geq N(R_n', F=a)$$
$$> \int_{2R_n'-1}^{R_n'} \frac{n(t, F=a) - n(0, F=a)}{t} dt$$
$$+ n(0, F=a)\log R_n'$$

$$> (1-R_n')[n(2R_n'-1, F=a) - n(0, F=a)]$$
$$+ n(0, F=a)\log R_n'$$
$$= (1-R_n')[n(R_n, F=a) - n(0, F=a)]$$
$$+ n(0, F=a)\log R_n'$$
$$> (1-R_n')\beta H_2 U\left(\left(\frac{1}{1-R_n}\right)^{\frac{1}{k'}}\right).$$

就此，应用 $\dfrac{U(k_1 t)}{U(t)} \to k_1^\rho$ 这一性质，则得

$$T\left(R_n', \frac{1}{F-a}\right) > (1-R_n')\beta H_3 U\left(\left(\frac{1}{1-R_n'}\right)^{k'}\right) \quad (n>n_2).$$

据此按照 Nevanlinna 第一基础定理，则得

$$(A^*) \quad T(R_n', F) > (1-R_n')\beta H_3^* U\left(\left(\frac{1}{1-R_n'}\right)^{\frac{1}{k'}}\right) \quad (n>n_3),$$

在这里 $R_n' < 1$，$\{R_n'\} \to 1$。

另一方面，我们需要证明 $F(z)$ 为有限级的圆内半纯函数，即它的示性函数应当满足次列条件：

$$\varlimsup_{r\to 1} \frac{\log T(r,F)}{\log \frac{1}{1-r}} = \mu < +\infty.$$

否则如 $\mu = +\infty$，则有函数型 $\mu\left(\dfrac{1}{1-r}\right)$ 致有一串 $\{\rho_n\} \to 1$ $(\rho_n < 1)$ 使对非除外值 b，

$$n(\rho_n, F=b) > \left(\frac{1}{1-\rho_n}\right)^{\mu\left(\frac{1}{1-\rho_n}\right)-\delta} \quad (\delta > 0).$$

此在第五章将详论。因此，将有 R_n^* 致 $(R_n^* \to +\infty)$

$$n(R_n^*, A', f=b) > U(R_n^*)^2.$$

但由 Nevanlinna 第一基础定理）应得

$$n(R_n^*, f=b) < KU(R_n^*),$$

此不可能，与前式矛盾。

$F(z)$ 既为有限级，则 Nevanlinna 第二定理中的 $S(r) = O\left(\log \dfrac{1}{1-r}\right)$。

因此，我们尚可证明

(B*) $T(r,F)<H_4(1-r)U\left(\left(\frac{1}{1-r}\right)^{\frac{1}{k'}}\right)$ （r 充分接近于 1 时）.

如果此不等式不成立，则必有一串 $\{\rho_n\}\to 1$ ($\rho_n<1$) 致

$$T(\rho_n,F)>H_4(1-\rho_n)U\left(\left(\frac{1}{1-\rho_n}\right)^{\frac{1}{k'}}\right);$$

由 Nevanlinna 第二基础定理，则对于三个全不同的值 a,b,c 必有

$$H_4(1-\rho_n)U\left(\left(\frac{1}{1-\rho_n}\right)^{\frac{1}{k'}}\right)$$
$$<N(\rho_n,F=a)+N(\rho_n,F=b)$$
$$+N(\rho_n,F=c)+O\left(\log\frac{1}{1-\rho_n}\right).$$

据此，则除去可能最多两个除外值外，其余的非除外值 α 必致

$$N(\rho_n,F=\alpha)<\frac{1}{4}H_4(1-\rho_n)\left(\left(\frac{1}{1-\rho_n}\right)^{\frac{1}{k'}}\right),\quad n>n(\alpha);\quad(4)$$

在这里我们运用了 $k'<\rho$ 这一性质来判定不等式：

$$O\left(\log\frac{1}{1-\rho_n}\right)<\frac{1}{4}H_4(1-\rho_n)\left(\left(\frac{1}{1-\rho_n}\right)^{\frac{1}{k'}}\right),\quad n>n(\alpha).$$

现在我们需要从(4)式着眼定出 H_4 来得出一个矛盾．我们从(4) 可以推出必至少有一串 $\{\rho'_n\}\to 1$ ($\rho'_n<1$) 致（可取非除外值 $\alpha\neq F(0)$)

$$n(\rho'_n,F=\alpha)>\frac{1}{4}H_4H_5U\left(\left(\frac{1}{1-\rho'_n}\right)^{\frac{1}{k'}}\right).$$

否则，如对所有的 r 充分接近于 1 时必致

(α) $n(r,F=\alpha)<\frac{1}{4}H_4H_5U\left(\left(\frac{1}{1-r}\right)^{\frac{1}{k'}}\right)$ ($r>r(\alpha)$);

则对于一个 ρ_n 充分大使(4) 式成立，并选 $k^*>1$ 充分大致

$$N(1-k^*(1-\rho_n),F=\alpha)<\frac{1}{2}N(\rho_n,F=\alpha),\quad(5)$$

则有

$$\frac{1}{2}N(\rho_n,F=\alpha)<N(\rho_n,F=\alpha)-N(1-k^*(1-\rho_n),F=\alpha)$$

$$= \int_{1-k^*(1-\rho_n)}^{\rho_n} \frac{n(t, F=\alpha)}{t} dt$$

$$< \frac{n(\rho_n, F=\alpha)}{1-k^*(1-\rho_n)}(k^*-1)(1-\rho_n)$$

$$< \frac{1}{4} H_4 H_5 \frac{k^*-1}{1-k^*(1-\rho_n)}(1-\rho_n) U\left(\left(\frac{1}{1-\rho_n}\right)^{\frac{1}{k^*}}\right).$$

由此得出

$$N(\rho_n, F=\alpha) < \frac{1}{2} H_4 H_5 \frac{k^*-1}{1-k^*(1-\rho_n)}(1-\rho_n) U\left(\left(\frac{1}{1-\rho_n}\right)^{\frac{1}{k^*}}\right).$$

(6)

我们的问题首先是要决定 k^* 的值使与 ρ_n 无关，这是不是可能的呢？这是可能的. 令 $T(r,F)$ 之级为 μ，其 Valiron 氏确级为 $\mu\left(\frac{1}{1-r}\right)$；令 $U^*(X) = X^{\mu(X)}$，则对于 $F(z)$ 之每一非除外值 α 必致（r 充分接近 1 时）

$$N(r, F=\alpha) > \frac{1}{4} U^*\left(\frac{1}{1-r}\right),$$

$$N(r, F=\alpha) < (1+\varepsilon) U^*\left(\frac{1}{1-r}\right).$$

前者由 Nevanlinna 第二基础定理可得；后者由第一定理可得（但 α 不必为非除外值）. 由此可见，当 ρ_n 充分接近于 1 时，

$$N(1-k^*(1-\rho_n), F=\alpha) < (1+\varepsilon) U^*\left(\frac{1}{k^*(1-\rho_n)}\right)$$

$$< 2\left(\frac{1}{k^*}\right)^\mu U^*\left(\frac{1}{1-\rho_n}\right).$$

选 k^* 为仅与 μ 相关之常数致

$$2\left(\frac{1}{k^*}\right)^\rho < \frac{1}{8},$$

则当 ρ_n 充分大接近于 1 时，(5) 式成立，且

$$\frac{k^*-1}{1-k^*(1-\rho_n)} < 2(k^*-1).$$

则(6)式可写成下列不等式:

$$N(\rho_n, F=\alpha) < H_4 H_5(k^*-1)(1-\rho_n)U\left(\left(\frac{1}{1-\rho_n}\right)^{\frac{1}{k^*}}\right). \quad (7)$$

由(7)可见,如果选定 $H_5 \neq 0$ 致

$$H_5(k^*-1) < \frac{1}{4}, \text{ 即是 } H_5 = H_5(\rho) < \frac{1}{4(k^*-1)},$$

则(7)式与(4)相反,此一矛盾证明了这一判断:由(4)的成立,必致有一串 $\{\rho_n'\} \to 1$ $(\rho_n' < 1)$ 使

$$n(\rho_n', F=\alpha) > \frac{1}{4} H_4 H_5(\rho) U\left(\left(\frac{1}{1-\rho_n'}\right)^{\frac{1}{k'}}\right).$$

但此不等式意味着这样的判断:

$$(\beta) \qquad n(R_n^*, A', f=\alpha) > \frac{1}{4} H_4 H_5(\rho) U(R_n^*),$$

$$R_n^* = \left(\frac{1}{1-\rho_x'}\right)^{\frac{1}{k'}} \to +\infty.$$

但由 Nevanlinna 第一基础定理可见

$$(\gamma) \qquad n(R_n^*, f=\alpha) < 2\rho e U(R_n^*),$$

故如选定 $H_4 \neq 0$ 致

$$\frac{1}{4} H_4 H_5(\rho) < 2\rho e,$$

即 $H_4 = H_4(\rho) < \dfrac{8\rho e}{H_5(\rho)}$; 则 (β) 与 (γ) 互相矛盾.

由此可见,如果选定 $H_4 = H_4(\rho) \neq 0$,则不等式(B*)当 r 充分接近于 1 时,完全成立.

上面证明了(A*)及(B*)两式的正确性,这在我们以后的论证中有着决定性的作用. 这个结果使我们能够应用第二基础定理 A 得出次列补题:

补题. 必至少有一串 $\{R_n'\} \to 1$ $(R_n' < 1)$ 使当 $n > n_0$ 时,

$$\beta H_3^*(\rho)(1-R_n')U\left(\left(\frac{1}{1-R_n'}\right)^{\frac{1}{k'}}\right)$$

$$< \sum_1^3 N(R_n', F=a_i) + S(R_n'),$$

$$S(R_n') = K\log\frac{1}{1-R_n'} + 3\sum_{h\neq k}\log^+\frac{1}{|a_h - a_k|}.$$

应用这个补题，则对每一 $R_n'(n > n_0)$ 必有 Riemann 球的一个以 $1/2$ 为弧半径之圆 (γ_n) 使其所代表之复数 α 皆为有限且致 $\alpha \neq F(0)$ 及

$$N(R_n', F = \alpha) > \frac{\beta}{4}H_3^*(\rho)(1-R_n')U\left(\left(\frac{1}{1-R_n'}\right)^{\frac{1}{k'}}\right).$$

由此计及 (B^*) 及次列不等式：

$$N(R_n', F = \alpha) - N(1-\lambda(1-R_n'), F = \alpha)$$
$$= \int_{1-\lambda(1-R_n')}^{R_n'} \frac{n(t, F = \alpha)}{t}\mathrm{d}t$$
$$< \frac{n(R_n', F = \alpha)}{1-\lambda(1-R_n')}(\lambda-1)(1-R_n')$$
$$< 2(\lambda-1)(1-R_n')n(R_n', F = \alpha) \quad (\lambda > 1),$$

则得

$$2(\lambda-1)(1-R_n')n(R_n', F = \alpha)$$
$$> \frac{\beta}{4}H_3^*(\rho)(1-R_n')U\left(\left(\frac{1}{1-R_n'}\right)^{\frac{1}{k'}}\right)$$
$$- H_4(\rho)(1-R_n')U\left(\left(\frac{1}{\lambda(1-R_n')}\right)^{\frac{1}{k'}}\right).$$

选定 $\lambda > 1$ 致

$$H_4(\rho)\left(\frac{1}{\lambda}\right)^{\frac{1}{k'}} < \frac{\beta}{8}H_3^*(\rho) \quad (设这样的 \lambda = \lambda_0),$$

则得 $\alpha \in (\gamma_n)$（即 α 之球像在 (γ_n) 内）致

$$n(R_n', F = \alpha) > \frac{\beta}{16}H_3^*(\rho)(\lambda_0 - 1)^{-1}U\left(\left(\frac{1}{1-R_n'}\right)^{\frac{1}{k'}}\right).$$

将此式右端的系数写成 $H_1(\rho, k')$ 转为关于 $f(z)$ 之不等式，则得 $\alpha \in (\gamma_n)$ 致

$$n(R_n^*, A', f = \alpha) > H_1(\rho, k')U(R_n^*) \quad (R_n^* \to +\infty).$$

但在另一方面，我们有（当 n 充分大时）这样的判断：$\alpha \in (\gamma_n)$ 致

$$n\Big(\frac{R_n^*}{1+s}, A', f=\alpha\Big) \leqslant n\Big(\frac{R_n^*}{1+s}, f=\alpha\Big)$$
$$< 2\rho e\Big(\frac{1}{1+s}\Big)^{\frac{1}{k'}} U(R_n^*);$$

此由 Nevanlinna 第一基础定理并计及 (γ_n) 所代表之复数的性质如统一理论中所为，便可证实．

由此可见，$f-\alpha$ 在环形段

$$C\Big(\frac{R_n^*}{1+s}, R_n^*\Big): A' \cap \Big(\frac{R_n^*}{1+s} \leqslant |z| \leqslant R_n^*\Big)$$

上的零点数 $n\Big(C\Big(\frac{R_n^*}{1+s}, R_n^*\Big): f=\alpha\Big)$ 大于

$$H_1(\rho, k') U(R_n^*) - 2\rho e\Big(\frac{1}{1+s}\Big)^{\frac{1}{k'}} U(R_n^*),$$

就此，如果选定充分大的 s 致

$$2\rho e\Big(\frac{1}{1+s}\Big)^{\frac{1}{k'}} < \frac{H_1(\rho, k')}{2} = H_2(\rho, k'),$$

则得 $n > n_1$ 时，

$$n\Big(C\Big(\frac{R_n^*}{1+s}, R_n^*\Big), f=\alpha\Big) > H_2(\rho, k') U(R_n^*), \quad \alpha \in (\gamma_n).$$

总结上述，得出：

定理 1. 设 $f(z)$ 为有限级 $\rho > \frac{1}{2}$ 的半纯函数，$\rho(r)$ 为其确级，则必至少有一角区域 A 其顶点为 O，其弧度为 $\frac{\pi}{k}$ $\Big(\frac{1}{2} < k < \rho\Big)$ 者存在使对一指定的非除外值 a 致

$$\varlimsup_{r \to +\infty} \frac{N(r, A, f=a)}{U(r)} = \beta > 0, \quad U(r) = r^{\rho(r)}.$$

又必对于每一含 A 而与之同顶点同分角线弧度为 $\frac{\pi}{k'}$ $\Big(\frac{1}{2} < k' < k\Big)$ 之角区域 A' 必附着一串 $\{R_n^*\} \to +\infty$，对于每一充分大之 R_n^* 必附着一个以 $1/2$ 为弧半径之圆 (γ_n) 使（以 $\alpha \in (\gamma_n)$ 表示 α 的球像在 (γ_n) 内）$\alpha \in (\gamma_n)$ 致

$$n\Big(C\Big(\frac{R_n^*}{1+s},R_n^*\Big),\,f=\alpha\Big)>H_2(\rho,k')U(R_n^*),$$

在这里，s 为适当选择之常数与 n 无关，$C\Big(\frac{R_n^*}{1+s},R_n^*\Big)$ 表示环段

$$A'\cap\Big(\frac{R_n^*}{1+s}\leqslant|z|\leqslant R_n^*\Big).$$

根据这个定理我们就可以将统一的理论导论中定理 3 及该章本论中的统一性定理之证法相似地实施于环形段 $C\Big(\frac{R_n^*}{1+s},R_n^*\Big)$，得出：

定理 2. 假设与定理 1 同，另设 $\mathcal{K}(\eta(r),f)$ 为一族半纯函数包括所有的复数（有限的或 ∞）及半纯函数 $\pi(z)$ 致

$$T(r,\pi)<\eta(r)U(r),\quad U(r)=r^{\rho(r)}$$

者，$\eta(r)$ 为正值无穷小量致 $\lim_{r\to+\infty}\eta(r)U(r)=+\infty$ 者，则在含 A 而与之同顶点同分角线弧度为 $\frac{\pi}{k'}\Big(\frac{1}{2}<k'<k<\rho\Big)$ 之角区域内，必至少有一无穷序列之圆 $\Gamma(n)$：

$$\Gamma(n):\,|z-x(n)|=x|x(n)|$$
$$\Big(\frac{R_n^*}{1+s}<|x(n)|<R_n^*,\,R^*\to+\infty\Big)$$

作为 $f(z)$ 的关于函数族 $\mathcal{K}(\eta(r),f)$ 的以 $\alpha^3 U(R_n^*)$ 为指标的填充圆. 因之在 A' 上必至少有一过顶点之半直线 D 作为 $f(z)$ 的关于函数族 $\mathcal{K}(\eta(r),f)$ 的以 $\rho(r)$ 为确级的聚值线，即任何以 D 为分角线与 A' 同顶点之角区域 Ω 上常致 $\mathcal{K}(\eta(r),f)$ 中之每一元素 π 除去最多两个全体性的除外元素外必致

$$\varlimsup_{r\to+\infty}\frac{n(r,\Omega,f-\pi=0)}{U(r)}>0.$$

这个定理总结了作者在 1938 年发表的几个定理为一个结果，我们看见论证的关键只在定理 1 的证法，而这交错着应用圆内半纯函数理论，实在有着相当吃力的所在.

Ⅲ. 满足条件 $\overline{\lim\limits_{r\to+\infty}}\dfrac{T(r,f)}{(\log r)^2}=+\infty$ 的零级半纯函数

在这里，我们将推广 Valiron 对零级半纯函数 $f(z)$ 之满足次列条件：

$$\overline{\lim_{r\to+\infty}}\frac{T(r,f)}{(\log r)^2}=+\infty \tag{1}$$

者所提出的新方法. 这个方法可以得到关于零级聚值线的精确定理.

依第一章 Valiron 氏定理 D, 则可规则化 $T(r,f)$ 为一函数型 $W(\log r)$, 使满足次列条件：

1° $W(X)$ 为一不减的连续函数，满足下列等式：
$$\overline{\lim_{r\to+\infty}}\frac{T(r,f)}{W(\log r)}=1, \quad \lim_{r\to+\infty}\frac{W(\log r)}{(\log r)^2}=+\infty;$$

2° $\dfrac{W(X+\log h)}{W(X)}\leqslant K(h), h>1$;

3° $W'(X)$ 存在，且为一不减的连续函数满足不等式：
$$\frac{W'(X+\log h)}{W'(X)}\leqslant K(h).$$

这个函数 $W(X)$ 叫做 $f(z)$ 的**零级函数型**. 运用这个函数型，则可证明 $f(z)$ 具有以 $W'(X)$ 为函数型的聚值线.

以 $n(t,\alpha,\varepsilon,\pi)$ 表示 $f(z)-\pi(z)$ 在扇形区域
$$r_0\leqslant|z|\leqslant t,\ |\varphi-\alpha|<\varepsilon\quad(\varphi=\arg z,\ \varepsilon<\pi)$$
上的零点之个数，其中 $\pi(z)$ 为任一半纯函数或常数，当 $\pi\equiv\infty$ 时，则表示 $f(z)$ 在该区域上的极点之个数.

命
$$N(r,\alpha,\varepsilon,\pi)=\int_{r_0}^{r}\frac{n(t,\alpha,\varepsilon,\pi)}{t}dt,$$

则由 $W(X)$ 所满足之条件 1° 可知，至少有一无限串 $\{r_n\}$ 致

$$\{r_n\}\to+\infty,\ \lim_{m\to+\infty}\frac{W(\log r_m)}{(\log r_m)^2}=+\infty,\ \overline{\lim_{m\to+\infty}}\frac{T(r_m,f)}{W(\log r_m)}=1.$$

命
$$\delta(\alpha,\varepsilon,\pi) = \lim_{m\to+\infty} \frac{\pi N(r_m,\alpha,\varepsilon,\pi)}{\varepsilon W(\log r_m)}.$$

当固定 r,α 及 $\pi(z)$ 时,若 ε 减小,则 $N(r,\alpha,\varepsilon,\pi)$ 不会增加,故若 $\delta(\alpha,\varepsilon_0,\pi) = 0$,则对致 $\varepsilon < \varepsilon_0$ 之正值 ε 亦有 $\delta(\alpha,\varepsilon,\pi) = 0$. 由此可见,命

$$\delta(\alpha,\pi) = \overline{\lim_{\varepsilon\to 0}} \delta(\alpha,\varepsilon,\pi);$$

若 $\delta(\alpha,\pi) > 0$,则对一切的 $\varepsilon > 0$,$\delta(\alpha,\varepsilon,\pi)$ 均取正值,假设 $\delta(\alpha,\pi) = 0$,则 $\delta(\alpha,\varepsilon,\pi)$ 随 ε 亦趋近于 0.

设 $\mathcal{K}(\eta,f)$ 为一族函数包括所有的复数及半纯函数 $\pi(z)$ 满足次列条件者:

$$T(r,\pi(z)) < \eta(r)W(\log r), \quad r > r_0(\pi),$$

$\eta(r)$ 为正值的无穷小量.

现在我们来证明次列命题:

命题. 已给 α 之一值,若对 $\mathcal{K}(\eta,f)$ 内含不相同之三元素 $\pi_i(i=1,2,3)$ 致 $\delta(\alpha,\pi_i) = 0$,则对一切复数 a 其球像在一线性测度为 0 之集合外者常有 $\delta(\alpha,a) = 0$.

依定义,已给充分小之正数 η;可有一正数 ε 使

$$N(r_m,\alpha,\varepsilon,\pi_i) < \eta\frac{\varepsilon}{\pi}U(r_m) \quad (r_m > R_0, i=1,2,3),$$

在这里,$U(r) = W(\log r)$.

由 Nevanlinna 氏第一基础定理,则

$$n(r_m(1+15\eta\varepsilon)^2, f=\pi) \leqslant \frac{21}{20} \frac{U(2r_m)}{\log\frac{2}{(1+15\eta\varepsilon)^2}}$$

$$(r_m > R_0', \quad i=1,2,3).$$

令 $15\eta\varepsilon < \frac{1}{4}$ 即得

$$N(r_m(1+15\eta\varepsilon)^2,\alpha,\varepsilon,\pi_i)$$
$$< N(r_m,\alpha,\varepsilon,\pi_i) + 2\log(1+15\varepsilon\eta)\frac{21}{20} \cdot \frac{U(2r_m)}{\log\frac{32}{25}};$$

故由 $2°$，应有 $(r_m > R_0'')$

$$N(r_m(1+15\varepsilon\eta)^2, \alpha, \varepsilon, \pi_i) < \eta \frac{\varepsilon}{\pi}\left[1 + \frac{33K}{\log\frac{32}{25}}\right]U(r_m),$$
$$i = 1, 2, 3. \qquad (1)$$

将角区域 $|\varphi - \alpha| < \frac{1}{2}\varepsilon$ 划分为 $\frac{1}{\eta}$ 个小的相等的角区域（取 η 致 $\frac{1}{\eta}$ 为正整数者）并作圆周 $|z| = R_0(1+\eta\varepsilon)^s = R_s (s = 1, 2, \cdots)$，于是得若干以 $\frac{1}{2}\eta\varepsilon R_s$ 为宽之曲四边形 Q_j；此种曲四边形含于环形区域 $R_0 \leqslant |z| \leqslant R_s$ 内的个数为

$$p_s = \frac{1}{\eta}\frac{\log\frac{R_s}{R_0}}{\log(1+\eta\varepsilon)} < \text{const}\,\frac{\log R_s}{\eta^2\varepsilon} \quad (R_0 > 1).$$

以 Γ_j 表示 Q_j 之外接圆；C_j 表示半径为 20 倍而与 Γ_j 同心之圆当 η 充分小时，C_j 必在区域 $r > r_0 |\varphi - \alpha| < \varepsilon$ 内；当 η 充分小，R_0 充分大时，则此区域内之每一点最多在 g 个 C_j 内.

按照 V-M-R 定理 1 则得，

$$n(r_j, f = x) < A\sum_{i=1}^{3} n(C_j, f = \pi_i) + B - D\log(x, x_j),$$

在这里，A 及 D 为数值常数，B 为仅与 π_1, π_2, π_3 有关之常数，(x, x_j) 为 x 至某一值 x_j 之球距，x_j 相应于曲四边形 Q_j 之一值.

由此，则

$$n\left(R_p, \alpha, \frac{\varepsilon}{2}, x\right) < gA\sum_{i=1}^{3} n(R_p(1+15\eta\varepsilon), \alpha, \varepsilon, \pi_i)$$
$$+ \frac{p}{\eta}B - D\sum_{1}^{p_s}\log(x, x_j) + H;$$

以 $\log(1+15\eta\varepsilon)$ 乘此不等式之两端而求其和，则得

$$N\left(r_m, \alpha, \frac{\varepsilon}{2}, x\right) < gA\sum_{1}^{3} N(r_m(1+15\eta\varepsilon)^2, \alpha, \varepsilon, \pi_i) + B'\frac{(\log r_m)^2}{\eta^2\varepsilon}$$
$$+ H'\log r_m - D\log(1+\eta\varepsilon)\sum\sum\log(x, x_j),$$

在这里，B', H' 皆为数值常数，$\sum\sum$ 中之项小于
$$\lambda_m = \frac{(\log r_m)^2}{(\eta\varepsilon)^2}.$$
故上式中由 Bontroux-Cartan 定理在球面上之推广应有，
$$\sum\sum \log(x, x_j) > -\lambda_m k \log d_m,$$
k 为一数值常数，d_m 为任意小之正数（<1），x 之球像在弧半径和最大为 d_m 之诸圆外；命 $d_m = 2^{-m}d$，则应用条件 1°, 2° 及不等式 1 则见对于一切复数 x，其球像在一线性测度为 0 之集合外者，常有
$$\delta\left(\alpha, \frac{\varepsilon}{2}, x\right) < g'(1+50K)A\eta.$$
于是，取 $\varepsilon = \frac{1}{p}$ ($p=1,2,\cdots$)，η 随 ε 而趋近于 0，则对于每一 p 有相应之例外值集合其线性测度为 0，而此可数多个零测度集合之和亦为零测度的. 当 x 在此零测度集外时，
$$\delta(\alpha, x) = \lim_{\varepsilon \to 0} \delta\left(\alpha, \frac{\varepsilon}{2}, x\right) = 0.$$
上述命题证完.

定理 1. 设 $f(z)$ 为以 $W(X)$ 为零级函数型满足条件 1°, 2°, 3° 者之半纯函数；设 $\mathcal{K}(\eta, f)$ 为一函数族包括所有的复数及半纯函数 $\pi(z)$ 之致
$$T(r, \pi) < \eta(r) W(\log r), \quad r > r_0(\pi)$$
者；设 $\mathcal{K}(\eta, f)$ 内有三个元素 π_1, π_2, π_3 （全不相同）致 $\delta(\alpha, \pi_i) = 0$ ($i = 1, 2, 3$)，则对 π 为每一复数在某一集合 E （其球像之线性测度为 0 者）外应致 $\delta(\alpha, \pi) = 0$ 在此条件下，已给任何小之正数 η，必有另一正数 $\varepsilon = \varepsilon(\alpha, \eta)$ 使对于 α（其球像在一串之圆其弧半径和小于 d 者外）恒有
$$N(r_m, \alpha, \varepsilon, x) < \frac{\varepsilon\eta}{\pi} W(\log r_m)$$
$$\left(\varepsilon = \varepsilon(\alpha, \eta), \quad \{r_m\} \to +\infty,\right.$$
$$\left.\lim \frac{T(r_m, f)}{W(\log r_m)} = 1, \quad \lim \frac{W(\log r_m)}{(\log r_m)^2} = +\infty\right).$$

据此可知,对于每一方向 α 仅有两种可能发生之情况:

1° 对于 π 为 $\mathscr{K}(\eta,f)$ 内之每一元素最多除去两个除外元素,$\delta(\alpha,\pi)$ 恒为正;

2° 对于 π 等于任一复数其球像在线性测度为 0 之集合外者恒致 $\delta(\alpha,\pi)=0$.

现在我们假定一切的方向 α 都属于 2° 的情况,来推出一个矛盾. 取 $\eta<\frac{1}{3}$. 对于一方向 α 皆有一角区域 $|\varphi-\alpha|<\varepsilon(\alpha,\eta)$ 与之对应使定理 1 可以应用. 以 ε_1 表 $\varepsilon(\alpha,\eta)$ 之上确界,则必有 α_1 存在致 $\varepsilon(\alpha_1,\eta)>\frac{3}{4}\varepsilon_1$ 取去角区域 $|\varphi-\alpha|<\varepsilon(\alpha_1,\eta)$,则对其余的方向 $\alpha,\varepsilon(\alpha,\eta)$ 有上确界 $\varepsilon_2\leqslant\varepsilon_1$,此致有 α_2 存在使 $\varepsilon(\alpha_2,\eta)>\frac{3}{4}\varepsilon_2$;再取去角区域 $|\varphi-\alpha_2|<\varepsilon(\alpha_2,\eta)$,则对其余的方向 $\alpha,\varepsilon(\alpha,\eta)$ 有上确界 $\varepsilon_3\leqslant\varepsilon_2$,此致有 α_3 存在使 $\varepsilon(\alpha_3,\eta)>\frac{3}{4}\varepsilon_3$. 依此进行,则得出一串角区域

$$(S_n): \quad |\varphi-\alpha_n|<\varepsilon(\alpha_n,\eta);$$

在这里,$\varepsilon(\alpha_n,\eta)>\frac{3}{4}\varepsilon_n$,$\varepsilon_n$ 为 $\varepsilon(\alpha,\eta)$ 当 α 在 $(S_1),(S_2),\cdots,(S_{n-1})$ 外时的上确界. 任一在某一 (S_n) 内之半直线最多只能在三个 (S_n) 内.

现在我们需要证明有一正整数 q 存在,使

$$(S_1),(S_2),\cdots,(S_q)$$

盖满了全平面,即每一半直线 $\arg z=\alpha$ 必至少在某一 (S_n) 内. 否则如 q 不存在,则得一无限数串 $\{\alpha_n\}$ 致 $\varepsilon(\alpha_n,\eta)\to 0$,任取 $\{\alpha_n\}$ 的一个聚结值 α',则半直线 $\arg z=\alpha'$ 不存在于任何 (S_n) 内. 但有子串: $\{\alpha_{n_i}\}\to\alpha'$,$\varepsilon(\alpha_{n_i},\eta)\to 0$;因之 $\varepsilon(\alpha',\eta)>\frac{4}{3}\varepsilon(\alpha_{n_i},\eta)$,当 n_i 充分大时. 此与 α_{n_i} 的定义矛盾.

对于所有的 $\arg z=\alpha_n$ $(n=1,2,\cdots,q)$,我们取同一值 $\frac{1}{q}$ 为定理 1 的常数 d,取 r_m 充分大,则

$$N(r_m, f=x) \leqslant \sum_{n=1}^{q} N(r_m,\alpha_n,\varepsilon(\alpha_n,\eta),x)$$

$$< \frac{\eta}{\pi} W(\log r_m) \sum_{n=1}^{q} \varepsilon(\alpha_n, \eta)$$
$$< 3\eta W(\log r_m),$$

其中 x 为每一复数其球像在若干个圆(其弧半径和为 1 者)外. 由此依 Nevanlinna 第二基础定理则得出与 $W(X)$ 的性质 1° 相矛盾之结论.

$$\varlimsup_{m \to +\infty} \frac{N(r_m, \alpha, \varepsilon, \pi)}{W(\log r_m)} > 0,$$

对 $\mathcal{K}(\eta, f)$ 之每一元素最多除去两个除外元素外, 因之对同一的 π,

$$\varlimsup_{r \to +\infty} \frac{n(r, \alpha, \varepsilon, \pi)}{W'(\log r)} > 0.$$

得定理如次:

定理 2. 设 $f(z)$ 为一零级半纯函数满足条件:

$$\varlimsup_{r \to +\infty} \frac{T(r, f)}{(\log r)^2} = +\infty.$$

取 $W(X)$ 为 $f(z)$ 的零级函数型满足条件 1°, 2°, 3° 者, $\mathcal{K}(\eta, f)$ 如定理 1 所定义, 则必至少有一自原点出发的半直线 D 存在使以 D 为分角线而以原点为顶点的任意小弧度之角区域 Ω 致

$$\varlimsup_{r \to +\infty} \frac{n(r, \Omega, f = \pi)}{W'(\log r)} > 0,$$

在这里 π 为 $\mathcal{K}(\eta, f)$ 内之每一元素最多除去两个全体性的除外元素.

定理中的半直线 D 叫做 $f(z)$ 以 $W(X)$ **为函数型的聚值线**.

容易看见, 这个定理的证明方法, 同样可施于有限正级的半纯函数而且也可以就有限级的函数 $f(z)$ 满足条件:

$$\varlimsup_{r \to +\infty} \frac{T(r, f)}{(\log r)^2} = +\infty$$

者来成立统一性的定理.

第五章　圆内半纯函数的聚值点

导　论

我们已经提到过圆内半纯函数的研究，它意味着具有多于一个界点的单连区域内的半纯函数理论的主要部分，因此它概括着一个非常宽广的理论系统而不仅是一个特殊部分．容易看见，圆内半纯函数可用简单的线性变换 $Z = Rz + Z_0$ 转化为单位圆内的半纯函数．因此单位圆内半纯函数理论也就有一般性的意义．至此，我们已经叙述了不少的关于圆内半纯函数理论的资料，第二章里面几乎全部的内容都是这一类的资料，例如主要的两个基础定理和它的 V-M-R 定理这一类型的推论以及 $\log T(r,f)$ 为 $\log r$ 的凸函数等等都是．因此我们可以说第三、四两章的内容是应用圆内半纯函数理论的效果，现在我们回过头来用这些结果诱导出圆内半纯函数的新的问题．

让我们检查一下，把我们的讨论归到单位圆 $|z|<1$ 内的半纯函数 $f(z)$ 上去．从 $f(z)$ 的示性函数着眼，则可将这些函数 $f(z)$ 区分为两大类：其致

$$\varlimsup_{r\to 1} \frac{T(r,f)}{\log \frac{1}{1-r}} < +\infty$$

者为一类，叫做**第一类**；其致

$$\varlimsup_{r\to 1} \frac{T(r,f)}{\log \frac{1}{1-r}} = +\infty$$

者为一类，叫做**第二类**．这个分类显然是仿照前面关于半纯函数的讨

论而来，却又展开了新局面．为什么这样讲呢？理由是这样的；如所周知，半纯函数区别为有理函数及非有理的半纯函数两类，前者的示性函数 $T(r)$ 致

$$\varlimsup_{r\to+\infty}\frac{T(r,f)}{\log r}<+\infty,$$

后者的示性函数 $T(r)$ 致

$$\varlimsup_{r\to+\infty}\frac{T(r,f)}{\log r}=+\infty.$$

把前后两个分类比较一下，我们立刻看见它们之间有类似之处，在 $\varlimsup\limits_{r\to+\infty}$ 与 $\varlimsup\limits_{r\to 1}$ 以及 $\log r$ 与 $\log\frac{1}{1-r}$ 的共通性与差异性上便见端的．然而第一类的圆内半纯函数，却不像有理函数那样简单，关于它们的理论包括着 Fatou 定理类型的理论，这样的理论也已推广到第二类中去．这是一个宽广的局面，而新的发展正在进行着．本章的主题放在单位圆内第二类的半纯函数 $f(z)$ 满足条件：

$$\varlimsup_{r\to+\infty}\frac{T(r,f)}{\left(\log\dfrac{1}{1-r}\right)^2}=+\infty$$

者上，其目的是论证单位圆周上聚值点（相应于半纯函数之聚值线）的存在性．从原则上看来，聚值线理论中的方法可以毫无困难地运用来得出类似的结果，但在精确度的标准上则不一定是令人满意的．这里就存在新的困难，特别显现在有限级的情况下，即在满足条件：

$$\varlimsup_{r\to+\infty}\frac{\log T(r,f)}{\log\dfrac{1}{1-r}}=\rho<+\infty$$

的情况下．在无限级的即在 $\rho=+\infty$ 的情况下，则不发生几许新的困难，这是由于精确度限制得松些．当 ρ 为大于 0 之有限数时，Valiron 把这个困难克服了(1932)；当 $\rho=+\infty$ 时，熊庆来首先作出结果，庄圻泰推广了它(1935—1936)；前章所述的判定定理的方法为蒲保民推广于聚值点的判定定理．当 $\rho=0$ 时最初一个结果是 Milloux 得出的(1937)，为了得出这个结果，Milloux 用了一个新的计算方式．这个方法同样可以实施到正级的情况，得出适当精确度的结果．在本章导论

中我们将推广这个方法得出基础补题 A. 在本论中我们将以聚值点理论为中心课题.

1. 在这里,我们将 Milloux 的方法(放弃其应用准非欧距的部分)按照 Rauch 定理的方式来加以扩大.

设 $f(z)$ 为单位圆 $|z|<1$ 内之半纯函数. 在单位圆内作一环形 $r'\leqslant |z| \leqslant r$ 以 $C(r',r)$ 表之, 在这里 $r-r'=\sigma(1-r)$ 假定 σ 与 r 有关且小于一充分小之数值常数, 则可以半径为 $\dfrac{\sigma(1-r)}{20}$ 之若干个圆盖满 $C(r',r)$, 此等圆以 $C'(\sigma)$ 表之. $C'(\sigma)$ 的个数最多不超过 $\dfrac{k}{\sigma(1-r)}$, $k=\text{const}$. 对于每一与 $C'(\sigma)$ 同心而半径为其 20 倍之圆 $C(\sigma)$, 附着一个仅与 r 有关之常数 $\mathcal{N}>0$, 引用一个新术语, 如果 $f(z)$ 不以 $C(\sigma)$ 为 $\mathcal{N}$-填充圆, 即谓至少有三个半纯函数 P,Q,R (可为常数) 满足次列条件:

($\mathfrak{H}_1$) 六个函数 $P, Q, R, P-Q, Q-R, R-P$ 在 $C(\sigma)$ 为之零点及极点个数之总和小于 $\varepsilon \mathcal{N}$ ($\varepsilon<1$ 为某数值常数); 当 P,Q,R 之一为常数 0 或 ∞ 时, 其相应之零点或极点个数均作为零算);

($\mathfrak{H}_2$) $\dfrac{1}{C(\sigma)\text{面积}} \iint\limits_{C(\sigma)} \log^+\left(|P|+|Q|+\dfrac{1}{|P-Q|}+\dfrac{1}{|Q-R|}+\dfrac{1}{|R-P|}\right)d\sigma < \mathcal{N}$ 者使 $\varphi = P,Q,R$ 皆致

$$n(C(\sigma), f-\varphi=0) < \text{const}\,\mathcal{N}.$$

此时 Riemann 球上某一以 $2e^{-\mathcal{N}}$ 为弧半径之球外的点所代表的复数 a 必致

$$n(C'(\sigma), f=a) < k'\mathcal{N}+k'.$$

因此, 如果全体的 $C(\sigma)$ 没有一个为 $f(z)$ 的 $\mathcal{N}$-填充圆, 则对 Riemann 球上有限个圆 $\left(\text{其弧半径之和} < \dfrac{2k}{\sigma(1-r)}e^{-\mathcal{N}}\text{者}\right)$ 外之点所表示之复数 a 必致

$$n(C(r',r), f=a) < \dfrac{k_1+k_1\mathcal{N}}{\sigma(1-r)}, \quad k_1 = kk' = \text{const.} \tag{1}$$

以上的结果是从 V-M-R 定理 1 推论 1 得出的结果. $C'(\sigma)$ 的作法

怎样呢？这是按照第三章导论 §5 的方法作出来的.

首先从原点发出半射线分全平面为 $\frac{2\pi}{\alpha_1}$ 个以 α_1 为顶角的角区域，然后作 n 个圆 $|z| = r'(1+\alpha_1)^i$ $(i=1,2,\cdots,n-1)$ 使 $r'(1+\alpha_1)^n = r$. 这样环形 $C(r',r)$ 便分解为 p 个曲四边形,

$$p = n\frac{2\pi}{\alpha_1} = 2\pi \frac{\log\frac{r}{r'}}{\alpha_1 \log(1+\alpha_1)}.$$

外接于这曲四边形之圆为 $C''(\sigma)$，其个数为 p. 令 $\alpha_1 = \frac{\sigma(1-r)}{\omega'}$, ω' 为充分大的正整数（固定的），则 $\frac{1}{2}\alpha_1 < \log(1+\alpha_1) < \alpha_1$. 考察 $\log\frac{r}{r'}$，则

$$\sigma(1-r) < -\log\left(1 - \frac{\sigma(1-r)}{r}\right) < \log\frac{r}{r'} = \log\frac{r}{r-\sigma(1-r)}$$
$$< \frac{r}{r-\sigma(1-r)} - 1 = \frac{\sigma(1-r)}{r-\sigma(1-r)} < 2\sigma(1-r),$$

当 r 充分接近于 1, σ 充分小时，得

$$\frac{k_0}{\sigma(1-r)} < p < \frac{k}{\sigma(1-r)} \quad \left(r > \frac{4}{5}, \sigma < \frac{1}{5}\right).$$

其次, $C''(\sigma)$ 之半径当 ω' 充分大时，可使小于 $\frac{\sigma(1-r)}{20}$; 以 $\frac{\sigma(1-r)}{20}$ 为半径而与 $C''(\sigma)$ 同心之圆作为 $C'(\sigma)$, 这些圆盖满了环形 $C(r',r)$, $C'(\sigma)$ 必至少有一点在环形 $C(r',R)$ 内，故与 $C'(\sigma)$ 同心半径为其 20 倍之圆 $C(\sigma)$ 必含于环形: $r - 3\sigma(1-r) < |z| < r + 3\sigma(1-r)$ 内. 显然, 这个环形在单位圆内.

$$(\mathscr{H}) \begin{cases} T^*[r+4\sigma(1-r), \pi] < \text{const}\, \varepsilon\sigma(1-r)\mathscr{N}, & \pi \equiv P, Q, R; \\ C^*[\Psi] > -\text{const}\, \varepsilon\sigma(1-r)\mathscr{N}, \\ \quad \Psi \equiv P, Q, R, P-Q, Q-R, R-P \end{cases}$$

(ε 为小于 1 之数值常数).

注意前面的结果仅当 $\sigma < \text{const}$ 且 $\sigma(1-T)\mathscr{N} > \text{const}$ 时方为合理, 注意如果选择适当的 $\mathscr{N}$ 波兼致 $\mathscr{N} > k_1$, 则 (1) 式可写为次形:

$$n(C(r',r), f=a) < \frac{2k_1 \mathscr{N}}{\sigma(1-r)}, \tag{2}$$

在这里 k_1, const 为不相同的固定的数值常数.

总结上述则得次列判断:

设 $f(z)$ 为单位圆 $|z|<1$ 内的半纯函数, 在单位圆内取环形
$$C(r',r): r' \leqslant |z| \leqslant r \quad \left(r' = \sigma(1-r), \sigma < \text{const} < \frac{1}{5}\right).$$
设无任何一个圆 $C(\sigma)$ 其中心在 $C(r',r)$ 内其半径为 $\sigma(1-r)\mathcal{N}$ 者能为 $f(z)$ 的 $\mathcal{N}$-填充圆, 换言之, 即至少有三个半纯函数 P,Q,R 满足条件 ($\mathcal{H}$) 者致
$$n(C(\sigma), f=\pi) < \text{const}\,\mathcal{N} \quad (\pi = P,Q,R),$$
则必对于每一复数 a, 其球像在一串圆 $\left(\text{其弧半径和 } d(r) = \frac{\text{const}}{\sigma(1-r)} e^{-\mathcal{N}}\right)$ 外者, 具有下列不等式:
$$n(C(r',r), f=a) < \frac{\text{const}\,\mathcal{N}}{\sigma(1-r)};$$
当 $r < \frac{4}{5}$, $\sigma < \text{const}$, $\mathcal{N}\sigma(1-r) > \text{const}$ 时此定理真实无谬, 在这里, const 表示某数值常数, 不必相同.

选 $r_0 < r_1 < \cdots < r_p < \cdots \left(r_0 > \frac{4}{5}\right)$ 为以 1 为极限之正数串, 且设 $r_p - r_{p-1} = \sigma_p(1-r_p)$ $(p=1,2,\cdots)$, 在这里 $\sigma_p (< \text{const})$ 形成不增的正数串 (可能以 0 为极限). 对于一个 p 附着一个正数 $\mathcal{N}_p$ (形成不减的正数串以 $+\infty$ 为极限), 设 $\mathcal{N}(t)$ 为在 $[r_0, 1]$ 上的不减函数 $\mathcal{N}(r_p) = \mathcal{N}_p$; 设 $\sigma(t)$ 致为 $[r_0, 1]$ 上的不增函数致 $\sigma(r_{p-1}) = \sigma_p$, 则亦可能致 $\lim_{t \to 1} \mathcal{N}(t) = +\infty$, $\lim_{t \to 1} \sigma(t) = 0$, 此外还设 $\mathcal{N}(t)\sigma(t)(1-t) > \text{const}$, 以及积分
$$I = \int_{r_0}^{1} \frac{e^{-\mathcal{N}(t)}}{\sigma^2(t)(1-t)^2} dt$$
为收敛的. 应用上述判断 I, 若无任何中心在环形 $C(r_{p-1}, r_p)$ 内半径为 $\sigma_p(1-r_p)$ 之圆 $C(\sigma)$ 能为 $f(z)$ 的 $\mathcal{N}_p$-填充圆, 即至少有三个半纯函数 P_p, Q_p, R_p 满足下列条件:

$$(\mathscr{H}_p)\begin{cases} T^*(r_p+4\sigma_p(1-r_p),\pi) < \mathrm{const}\,\varepsilon\sigma_p(1-r_p)\mathcal{N}_p, \\ \quad \pi = P_p, Q_p, R_p; \\ C^*[\Psi] > -\mathrm{const}\,\varepsilon\sigma_p(1-r_p)\mathcal{N}_p, \\ \quad \pi = P_p, Q_p, R_p, P_p-Q_p, Q_p-R_p, R_p-P_p \end{cases}$$

者致
$$n(C(\rho_p), f=\pi) < \mathrm{const}\,\mathcal{N}_p,$$
而此对于每一 $p \geqslant p_0$ 无不然; 则必对于每一复数 a 其球像在一串圆

(其弧半径之和 $\sum_{p_0}^{+\infty} d(r_p) = \mathrm{const} \sum_{p_0}^{+\infty} \frac{e^{-\mathcal{N}_p}}{\sigma_p(1-r_p)}$) 外者, 有不等式:

$$n(C(r_{p-1}, r_p), f=a) < \frac{\mathrm{const}\,\mathcal{N}_p}{\sigma_p(1-r_p)} \quad (p \geqslant p_0).$$

加强关于 σ_p 之假设条件: 设 $\frac{\sigma_p}{\sigma_{p-1}} < \mathrm{const}^*{}^{1)}$, 则

$$\int_{r_{p-1}}^{r_p} \frac{e^{-\mathcal{N}(t)}}{\sigma(t)^2(1-t)^2}dt > \frac{e^{-\mathcal{N}(r_p)}}{\sigma(r_{p-1})^2}\int_{r_{p-1}}^{r_p} \frac{dt}{(1-t)^2}$$
$$= \frac{e^{-\mathcal{N}(r_p)}}{\sigma(r_{p-1})^2} \frac{r_p - r_{p-1}}{(1-r_p)(1-r_{p-1})}.$$

但 $\sigma(r_{p-1}) = \sigma_p$, $\mathcal{N}(r_p) = \mathcal{N}_p$, $r_p - r_{p-1} = \sigma_p(1-r_p)$; 故
$$\sigma_p(1-r_{p-1}) = \sigma_p(1-[r_p - \sigma_p(1-r_p)])$$
$$= \sigma_p(1+\sigma_p)(1-r_p).$$

以此式代入上式右端, 得出(当 $\sigma_p < \mathrm{const}^*$ 时)
$$\frac{e^{-\mathcal{N}_p}}{\sigma_p(1-r_p)} < \mathrm{const}^* \int_{r_{p-1}}^{r_p} \frac{e^{-\mathcal{N}(t)}}{\sigma(t)^2(1-t)^2}dt.$$

由此可见, 级数 $\sum_0^{+\infty} d(r_p)$ 与积分同时收敛, 故当 p_0 充分大时
$$\sum_{p_0}^{+\infty} d(r_p) = \sum_{p_0}^{+\infty} \frac{e^{-\mathcal{N}_p}}{\sigma_p(1-r_p)} < \frac{1}{10}.$$

其次, 我们来估计 $N(r, f=a)$ 之值, 在这里 $a \neq f(0)$ 为非除外

---

1) 本节以 const* 表示与 p 无关之常数.

值，即对每一 $p > p_0$ 来说，
$$n(C(r_{p-1}, r_p), f=a) < \frac{\mathcal{N}_p}{\sigma_p(1-r_p)} \text{const}^*;$$

由于 $\sum_{p_0}^{+\infty} d(r_p) < \frac{1}{10}$，故此种非除外值存在.

$$N(R, f=a) = N(r_{p_0}, f=a) + \int_{r_{p_0}}^{R} \frac{n(t, f=a)}{t} dt.$$

取 $r_p \geqslant R \geqslant r_{p-1}$，则

$$\int_{r_{p-1}}^{R} \frac{n(t, f=a)}{t} dt$$
$$= \left[\log t \, n(t, f=a)\right]_{r_{p-1}}^{R} + \int_{r_{p-1}}^{R} \log \frac{1}{t} \, dn(t, f=a)$$
$$\leqslant n(R, f=a) \log R - n(r_{p-1}, f=a) \log r_{p-1}$$
$$+ \log \frac{1}{r_{p-1}} \left[n(R, f=a) - n(r_{p-1}, f=a)\right].$$

将此结果施于 $p = p_0+1, p_0+2, \cdots$，直至 p，计及 $\log R < 0$，则得其和

$$\int_{r_0}^{R} \frac{n(t, f=a)}{t} dt < \sum_{j=0}^{p-1} \log \frac{1}{r_j} \left[n(r_{j+1}, f=a) - n(r_j, f=a)\right]$$
$$+ \log \frac{1}{r_{p-1}} \left[n(R, f=a) - n(r_{p-1}, f=a)\right].$$

为了处理这个不等式，注意 $1 - r_j = (1+\sigma_{j+1})(1-r_{j+1})$，

$$n(r_{j+1}, f=a) - n(r_j, f=a) < \frac{\mathcal{N}_{j+1}}{\sigma_{j+1}(1-r_j)},$$
$$\log \frac{1}{r_j} < \frac{1}{r_j} - 1 = \frac{1-r_j}{r_j};$$

得出

$$\log \frac{1}{r_j}\left[n(r_{j+1}, f=a) - n(r_j, f=a)\right]$$
$$< \frac{\mathcal{N}_{j+1}}{\sigma_{j+1}(1-r_{j+1})} \frac{1-r_j}{r_j} < \frac{1}{r_0} \text{const}^* \frac{\mathcal{N}_{j+1}}{\sigma_{j+1}}. \tag{3}$$

其次

$$\int_{r_j}^{r_{j+1}} \frac{\mathcal{N}(t)}{\sigma(t)^2(1-t)} dt > \frac{\mathcal{N}(r_j)}{\sigma(r_j)^2(1-r_j)}(r_{j+1}-r_j)$$

$$= \frac{\mathcal{N}_j}{\sigma_{j+1}(1+\sigma_{j+1})} > \frac{\mathcal{N}_j}{\sigma_j} \text{const}^*,$$

故得

$$\frac{\mathcal{N}_j}{\sigma_j} < \text{const}^* \int_{r_j}^{r_{j+1}} \frac{\mathcal{N}(t)}{\sigma(t)^2(1-t)} dt. \tag{4}$$

给出另一个假设：设 $\mathcal{N}_{p+1} < \text{const} \mathcal{N}_p$. 计及 $\sigma_{j+1} > \text{const}^* \sigma_j$，则 (3) 式右端的 $\frac{\mathcal{N}_{j+1}}{\sigma_{j+1}} < \frac{\text{const}^* \mathcal{N}_j}{\sigma_j}$. 据此，由 (3) 及 (4) 立得

$$\log \frac{1}{r_j} [n(r_{j+1}, f=a) - n(r_j, f=a)]$$

$$< \frac{\text{const}^*}{r_0} \int_{r_j}^{r_{j+1}} \frac{\mathcal{N}(t)}{\sigma(t)^2(1-t)} dt.$$

由此，则当 $R = r_p$ 时，得出次式：

$$\int_{r_0}^{R} \frac{n(t, f=a)}{t} dt < \frac{\text{const}^*}{r_0} \int_{r_0}^{R} \frac{\mathcal{N}(t)}{\sigma(t)^2(1-t)} dt.$$

若 $r_{p-1} < R < r_p$，则得

$$\int_{r_0}^{R} \frac{n(t, f=a)}{t} dt < \int_{r_0}^{r_p} \frac{n(t, f=a)}{t} dt$$

$$< \frac{\text{const}^*}{r_0} \int_{r_0}^{r_p} \frac{\mathcal{N}(t)}{\sigma(t)^2(1-t)} dt.$$

但

$$\int_{R}^{r_p} \frac{\mathcal{N}(t)}{\sigma(t)^2(1-t)} dt < \int_{r_{p-1}}^{r_p} \frac{\mathcal{N}(t)}{\sigma(t)^2(1-t)} dt$$

$$< \frac{\mathcal{N}(r_p)}{\sigma(r_p)^2(1-r_p)}(r_p - r_{p-1})$$

$$= \frac{\mathcal{N}(r_p)}{\sigma_{p+1}} < \text{const}^* \frac{\mathcal{N}_p}{\sigma_p} < \text{const}^* \frac{\mathcal{N}_{p-2}}{\sigma_{p-2}}$$

$$< \text{const}^* \int_{r_{p-2}}^{r_{p-1}} \frac{\mathcal{N}(t)}{\sigma(t)^2(1-t)} dt,$$

故

$$\int_{r_0}^{r_p} \frac{\mathcal{N}(t)}{\sigma(t)^2(1-t)}dt = \int_{r_0}^{R} \frac{\mathcal{N}(t)}{\sigma(t)^2(1-t)}dt + \int_{R}^{r_p} \frac{\mathcal{N}(t)}{\sigma(t)^2(1-t)}dt$$
$$< \int_{r_0}^{R} \frac{\mathcal{N}(t)}{\sigma(t)^2(1-t)}dt + \text{const}^* \int_{r_{p-2}}^{r_{p-1}} \frac{\mathcal{N}(t)}{\sigma(t)^2(1-t)}dt$$
$$< \text{const}^* \int_{r_0}^{R} \frac{\mathcal{N}(t)}{\sigma(t)^2(1-t)}dt.$$

总上所述，则得

$$N(R, f=a) = N(r_0, f=a) + \frac{\text{const}^*}{r_0}\int_{r_0}^{R}\frac{\mathcal{N}(t)}{\sigma(t)^2(1-t)}dt, \tag{5}$$

在这里，a 之球像在一串其弧半径和小于 $1/10$ 之圆外且致 $f(0) \neq a$ 者。这样的 a 有无限多个，任选三个不同的值 a_1, a_2, a_3；令

$$F(z) = \frac{f(z)-a_1}{f(z)-a_2} \cdot \frac{a_3-a_2}{a_3-a_1},$$

则 $N(R, F=0), N(R, F=1), N(R, F=\infty)$ 均小于

$$\text{const}^* + \text{const}^* \int_{r_0}^{R} \frac{\mathcal{N}(t)}{\sigma(t)^2(1-t)}dt \quad (r_0 > \text{const}).$$

据此，应用第二基础定理 B 于 $F(z)$ 并计及

$$T(r,f) < T(r,F) + O(1),$$

则得

$$T(r,f) < k_1 \int_{r_0}^{R} \frac{\mathcal{N}(t)}{\sigma(t)^2(1-t)}dt + k_2 + k_3 \log\frac{1}{1-R} \quad (r<R).$$

总结上述讨论得出次列补题：

基础补题 A. 设 $f(z)$ 为单位圆 $|z|<1$ 内之半纯函数；设 $\{r_p\}$ 为一以 1 为极限之上升数串，设 $\mathcal{N}(t)$ 及 $\sigma(t)$ 均为区间 $0<r_0 \leqslant t < 1$ 上之正值函数，前者为不减的而以 $+\infty$ 为极限，后者为不增的且为充分小；设 $\mathcal{N}(t)$ 及 $\sigma(t)$ 满足次列条件：

$1°$ 命 $\mathcal{N}(r_p) = \mathcal{N}_p, \sigma(r_{p-1}) = \sigma_p$，则

$$r_p - r_{p-1} = \sigma_p(1-r_p), \quad \frac{\sigma_{p-1}}{\sigma_p} < \text{const}^*, \quad \frac{\mathcal{N}_p}{\mathcal{N}_{p-1}} < \text{const}^*;$$

$2°$ 积分 $I = \int_{r_0}^{1} \frac{e^{-\mathcal{N}(t)}}{\sigma^2(t)(1-t)^2}dt$ 为收敛的。

用 $\Gamma(p)$ 表一圆其中心在环形 $C(r_{p-1}, r_p)$ 内其半径为 $\sigma_p(1-r)$ 者. 设任何无限串的圆 $\{\Gamma(p)\}$ $(p\uparrow +\infty)$ 都不能为 $f(z)$ 的 $\mathcal{N}_p$- 填充圆串, 则必 (k 为适当的常数)

$$J(R) = \int_{r_0}^{R} \frac{\mathcal{N}(t)\,dt}{\sigma(t)^2 (1-t)} > kT(r,f) - k - \log\frac{1}{1-R}.$$

本　论

I. 零级函数与正有限级函数

1. 在这里我们就圆内半纯函数 $f(z)$ 其示性函数满足次列条件：

$$\varlimsup_{r\to 1}\frac{\log T(r,f)}{\log\frac{1}{1-r}} = 0, \quad \lim_{r\to 1}\frac{T(r,f)}{\log\frac{1}{1-r}} = +\infty \tag{1}$$

者来研究其聚值点的存在问题.

令

$$x = \frac{1}{1-r}, \quad \mathcal{T}(x,f) = T(r,f);$$
$$x = e^X, \quad \mathcal{T}_1(X,t) = \mathcal{T}(e^X, f),$$

则条件 (1) 可转化为次列形式 (以 $\mathcal{T}_1(X)$ 表 $\mathcal{T}_1(X,f)$)：

$$\varlimsup_{X\to +\infty}\frac{\log \mathcal{T}_1(X)}{X} = 0, \quad \lim_{X\to +\infty}\frac{\mathcal{T}_1(X)}{X} = +\infty. \tag{1'}$$

注意 $\mathcal{T}_1(X)$ 为 X 的不减的连续函数于 $0 < X < +\infty$ 上. 如果假设 $\mathcal{T}_1(X)$ 为 X 的凸函数, 则按照第一章之 Valiron 氏定理 C, 可规则化 $\mathcal{T}_1(X)$ 为函数型 $W(X)$ 具不减的正值的连续的微商 $W'(X)$ 并满足次列条件：

$1°$　$\frac{1}{2}W(X_n) < \mathcal{T}_1(X_n)$ $(X_n \uparrow +\infty)$, $W(X) \geqslant \mathcal{T}_1(X)$

　　$\left(\text{由此计及 }(1') \text{ 之第二式得出} \frac{W(X)}{X} \to +\infty\right)$;

$2°$　$\frac{W'(X)}{W(X)}$ 为不增的, 且 $\lim\limits_{X\to +\infty}\frac{W'(X)}{W(X)} = 0$;

第五章 圆内半纯函数的聚值点

$3°\quad \dfrac{W(X+\log h)}{W(X)}<K(h),\quad \dfrac{W'(X+\log h)}{W'(X)}<K(h),$

在这里 $h>1$ 为任何常数. 容易看见 $W'(X)$ 不能为有界, 故必

$$\lim_{X\to +\infty} W'(X)=+\infty.$$

这个函数型 $W(X)$ 定义为 $f(z)$ 的零级函数型.

现在我们来应用上述基础补题 A. 令其中的 $\sigma(t)\equiv$ 正常数 σ, $\mathcal{N}(t)\equiv \sigma^3 W'\left(\log \dfrac{1}{1-t}\right)$. σ 即为正常数, 故补题 A 中的条件完全满足. 定义 $\{r_p\}$ 使满足条件: $r_p-r_{p-1}=\sigma(1-r_p)$, 则 $1-r_{p-1}=(1+\sigma)(1-r_p)$; 由 $3°$, 则

$$\frac{\mathcal{N}(r)_p}{\mathcal{N}(r_{p-1})}<\text{const}^*.$$

设积分

$$I_1=\int_{X_0}^{+\infty} e^{X-\sigma^3 W'(X)}\,dX$$

为收敛的. 这仅仅是一个假设, 其在一般无法加以证明. 满足这个假设的 $f(z)$ 叫做具有性质 ($\mathscr{L}$) 的. 对于这一类的函数 $f(z)$, 它的聚值点的存在是非常容易证明的. 因为基础补题 A 中的积分 I 此时恰为 $\dfrac{1}{\sigma^2}I_1$, I_1 既收敛当然 I 亦收敛. 若 $f(z)$ 不具有一无限串圆 $\{\varGamma(p)\}$ 为其 $\mathcal{N}(r_p)$-填充圆串, 则必

$$T(r,f)<k'\int_{r_0}^{R}\frac{\mathcal{N}(t)}{\sigma^2(1-t)}dt+k'+\log\frac{1}{1-R}\quad (r<R).$$

以 $\mathcal{N}(t)=\sigma^3 W'\left(\dfrac{1}{1-t}\right)$ 代入上式右端, 并转为 $\mathcal{T}_1(X,f)$ 之不等式如次:

$$\mathcal{T}_1(X,f)<k'\sigma\int_{X_0}^{X'} W'(X)dX+k'+X'$$
$$=k'\sigma W(X')-k'\sigma W(X_0)+k'+X'.$$

就此以 $X'=X+\log h\ (h>1)$ 代入, 计及性质 $3°$, 则 X 充分大时得

$$\mathcal{T}_1(X,f)<k'\sigma K(h)W(X)+X+K^*(h,\sigma,X_0)$$
$$=W(X)\left(k'\sigma K(h)+\frac{1}{4}\right);$$

适当选择 σ 致
$$k'\sigma K(h) < \frac{1}{4},$$
则当 X 充分大时, 应得
$$\mathscr{T}_1(X, f) < \frac{1}{2}W(X),$$
由此得出与条件 1° 相反的结果. 故上述假定 $f(z)$ 不具有一无限串之 $\mathscr{N}_p$- 填充圆为不合理. 得次述定理:

定理 1. 设 $f(z)$ 为单位圆 $|z| < 1$ 内以 $W(X)$ 为零级函数型之半纯函数并具有性质($\mathscr{L}$): 积分 $I_1 = \int_{X_0}^{+\infty} e^{X - \sigma^3 W'(X)} dX$ 为收敛的, 则在单位圆内必至少存在圆的一个无限序列 $\{{}^*\Gamma(R_p)\}$, 在这里, ${}^*\Gamma(R_p)$ 的圆心在环形 $C(R_{p-1}, R_p)$ 内, 其半径等于 $\sigma(1 - R_p)$, 而且 ${}^*\Gamma(R_p)$ 为 $f(z)$ 的 $\mathscr{N}_p$- 填充圆. 这里, $\mathscr{N}_p = \sigma^3 W'\left(\log \dfrac{1}{1 - R_p}\right)$; σ 为充分小之正数; $\{R_p\}$ 为 $\{r_p\}$ 之一子串, $r_p - r_{p-1} = \sigma(1 - r_r)$.

显然可见, 定理中的 $\mathscr{N}_p$- 填充圆之圆心合成一个集 (E), (E) 的聚结点必在圆周 $|z| = 1$ 上, 任选其一个聚结点 P, 则 P 就叫做 $f(z)$ 的**聚值点**; 特别标明为以 $W(X)$ 为零级函数型之聚值点.

进一步考察聚值点 P 之性质. 我们可以选出 $\{{}^*\Gamma(R_p)\}$ 的一无限子串 $\{{}^*\Gamma(R_{p'})\}$ 其中任二圆无共点而其中心以 P 为极限者. 此为可能端在 $r_p - r_{p-1} = \sigma(1 - r_p)$ 上.

以 P 为中心半径为任意小之正数 ϵ 的圆以 Ω_ϵ 表之. 以 $n(r, \Omega_\epsilon, f = \pi)$ 表示 $f(z) - \pi(z)$ 在 $[\Omega_\epsilon \cap (|z| \leqslant r)]$ 上之零点数. 当 p' 充分大时, ${}^*\Gamma(R_{p'})$ 必在 Ω_ϵ 内, 因之 $r = R_{p'} + \sigma(1 - R_{p'})$ 致
$$n(r, \Omega_\epsilon, f = \pi) > n({}^*\Gamma(R_{p'}) f = \pi).$$
注意 $\mathscr{N}_{p'}$- 填充圆 ${}^*\Gamma(R_{p'})$ 的定义, 则取半纯函数族 $\mathscr{K}(\sigma, f)$, 其中每一元素 $\pi(z)$ 满足次列条件者:
$$T^*(r_p + 4\sigma[1 - r_p], \pi) < \text{const}\, \epsilon' \sigma^4 (1 - r_p) W'\left(\log \frac{1}{1 - r_p}\right), \quad p > p_0(\pi).$$

所谓 $^*\Gamma(R_{p'})$ 为 $f(z)$ 的 $\mathcal{N}_{p'}$-填充圆,就是说在 $\mathcal{K}(\sigma,f)$ 中可有两个元素 $\pi_{p',0}$ 及 $\pi_{p',1}$ 致

$$C^*[\psi] > - \text{const}\, \varepsilon'\sigma^4(1-r_p)W'\left(\log\frac{1}{1-r_p}\right),$$

$$\psi = \pi_{p',0},\pi_{p',1}\pi_{p',1}-\pi_{p',0};$$

每一 $\pi \in \mathcal{K}(\sigma,f)$ 满足次列条件:

$$C[\psi] > - \text{const}\, \varepsilon'\sigma^4(1-R_{p'})W'\left(\log\frac{1}{1-R_{p'}}\right)$$

$$\psi = \pi, \pi - \pi_{p',0}, \pi - \pi_{p',1}$$

者必致

$$n(^*\Gamma(R_{p'}), f = \pi) > \text{const}\, \sigma^3 W'\left(\log\frac{1}{1-R_{p'}}\right). \tag{3}$$

合 (2), (3) 两式立得次式:

$$n(R'_{p'}, \Omega_\varepsilon, f = \pi) > \text{const}\, \sigma^3 W'\left(\log\frac{1}{1-R_{p'}}\right), \tag{4}$$

$$R'_{p'} = R_{p'} + \sigma(1 - R_{p'}).$$

与第三章的理由一样,我们可以验证可用全体性的除外元素 π_0, π_1 来代替 $\pi_{p',0}$ 及 $\pi_{p',1}$; 因此由 (4) 并计及性质 3°, 则

$$W'\left(\log\frac{1}{1-R'_{p'}}\right) = W'\left(\log\frac{1}{1-R_p} + \log\frac{1}{1-\sigma}\right)$$

$$< K\left(\frac{1}{1-\sigma}\right)W'\left(1 - \frac{1}{R_p}\right),$$

得出

$$n(R'_p, \Omega_\varepsilon, f = \pi) > \frac{\text{const}}{K\left(\frac{1}{1-\sigma}\right)}\sigma^3 W'\left(\log\frac{1}{1-R'_{p'}}\right);$$

故

$$\varlimsup_{r\to 1}\frac{n(r, \Omega_\varepsilon, f = \pi)}{W'\left(\log\frac{1}{1-r}\right)} > 0,$$

对于 $\mathcal{K}(\sigma,f)$ 中每一元素 π 除去最多两个全体性的除外元素 π_0, π_1 外,而且 π_0, π_1 与 ε 无关.

由 (4) 对于 $\pi \neq \pi_0, \pi_1$ 而言,下列级数:

$$\sum \left[W'\left(\log \frac{1}{1-r_q(\Omega_\varepsilon, f=\pi)}\right) \right]^{-1}$$

($r_q(\Omega_\varepsilon, f=\pi)$ 为 Ω 内 $f(z)-\pi$ 之零点之绝对值)

恒为发散.

得次列定理:

定理 2. 设 $f(z)$ 为单位圆 $|z|<1$ 内以 $W(X)$ 为零级函数型之半纯函数,并致积分 $I_1 = \int_{X_0}^{+\infty} e^{X-\sigma^3 W'(X)} dX$ 为收敛的,则在单位圆周 $|z|=1$ 上必至少有一聚值点 P 存在使以 P 为中心任何小正数 ε 为半径之圆 (Ω_ε) 必致

$$\varlimsup_{r \to 1} \frac{n(r, \Omega_\varepsilon, f=\pi)}{W'\left(\log \frac{1}{1-r}\right)} > 0,$$

且致

$$\sum \left[W'\left(\log \frac{1}{1-r_q(\Omega_\varepsilon, f=\pi)}\right) \right]^{-1}$$

为发散,此时 $\mathcal{K}^*(\alpha, f)$ 的所有元素 π 最多除去两个全体性的除外元素来说. 在这里,$\mathcal{K}^*(\alpha, f)$ 为一族半纯函数包括着所有的复数及半纯函数 $\pi(z)$ 满足次列条件者:

$$T[r+\alpha(r)(1-r), \pi] < \alpha(r)^5 (1-r) W'\left(\log \frac{1}{1-r}\right)$$

$$(\alpha(r) > 0, \quad \lim_{r \to 1} \alpha(r) = 0).$$

定理中的聚值点叫做 $f(z)$ 的以 $W(X)$ 为零级函数型的聚值点.

这个定理是在 (1) 的假设再增加 I_1 的收敛性这一假设这样强烈的前提下才有效的. 但这个定理的证明方法却含着统一性的强度,它可以用来统一有限级的函数 $f(z)$ 满足次列条件:

$$\varlimsup_{r \to +\infty} \frac{T(r,f)}{\left(\log \frac{1}{1-r}\right)^2} = +\infty$$

者的聚值点理论.

考察定理 1 及 2 的论据,主要是基础补题 A 的运用,在运用这个

补题时，起着决定性作用的不在 $W(X)$ 之为零级的，即不在 $f(z)$ 之为零级的，而在 $f(z)$ 具有函数型 $W(X)$ 具备次列性质（当 X 充分大时）：

I* $\quad \varlimsup\limits_{X\to+\infty} \dfrac{\mathcal{T}_1(X,f)}{W(X)} = k \ (0 < k < +\infty), \ \lim\limits_{X\to+\infty} \dfrac{W(X)}{X} = +\infty;$

II* $\quad \dfrac{W(X+\log h)}{W(X)} < K(h), \ \dfrac{W'(X+\log h)}{W'(X)} < K(h)$（对每一 $h > 1$）；在这里，$W'(X)$ 可能在一串 $\{X_n^*\}\uparrow+\infty$ 上仅为 $W'(X\pm 0)$ 之一的意义上存在，在其他的 X 上则确定的存在.

III* $\quad W'(X)$ 为不减的，且致积分（当 σ 为充分小时）

$$I_1 = \int_{X_0}^{+\infty} e^{X-\sigma^3 W'(X)} dX$$

为收敛的.

有了性质 I*，则有 ($k > 0$)

(α) $\quad \mathcal{T}_1(X,f) < (k+1)W(X), \quad X > X_0';$

(β) $\quad \mathcal{T}_1(X_n,f) > \dfrac{k}{2}W(X_n)$，至少在一串 $\{X_n\}\uparrow+\infty$ 上.

依据此第二式及 II* 之第一式，则从基础补题 A 之结论

$$\mathcal{T}_1(X,f) = k'\sigma W(X') - k'\sigma W(X_0) + k' + X'.$$

令 $X' = X + \log h \ (h > 1)$，便可得出

$$\mathcal{T}_1(X,f) < k'\sigma K(h)W(X) + X + K^*(h,\sigma,X_0); \tag{5}$$

由前面 I* 下之第一式则

$$\lim_{X\to+\infty} \frac{W(X)}{X} = 0,$$

而 (5) 式可写成次形：

$$\mathcal{T}_1(X,f) < W(X)\left(k'\sigma K(h) + \frac{k}{4}\right), \tag{5'}$$

从而定出 σ 致 $k'\sigma K(h) < \dfrac{k}{4}$，因之得出 $\mathcal{T}_1(X,f) < \dfrac{k}{2}W(X)$（$X$ 充分大），即在 $\{X_n^*\}\uparrow+\infty$ 上与 (β) 矛盾. 因此决定了从基础补题 A 的结论会产生矛盾的所在于性质 I* 及 II*.

当然，决定基础补题 A 可以被运用的关键在于 $\mathcal{N}(t) = \sigma^3 W'\left(\dfrac{1}{1-t}\right)$ 为不减的而趋近于 $+\infty$（当 $t \to 1$ 时），和 $\dfrac{\mathcal{N}(r_p)}{\mathcal{N}(r_{p-1})} <$ const*，以及积分 I_1 为收敛. 这由性质 II^*，III^* 显然可见.

此外，在得出 $\mathcal{N}_p$- 填充圆串之存在后，需要引用 II^* 之第一式来从 $(R'_{p'} = R_{p'} + \sigma(1 - R_{p'}))$

$$n(R'_{p'}, \Omega_\varepsilon, f = \pi) > \text{const}\, \sigma^3 W'\left(\log \dfrac{1}{1 - R_{p'}}\right)$$

得出

$$n(R'_{p'}, \Omega_\varepsilon, f = \pi) > \dfrac{\text{const}}{K\left(\dfrac{1}{1-\sigma}\right)} \sigma^3 W'\left(\log \dfrac{1}{1 - R'_{p'}}\right).$$

因而导出

$$\varlimsup_{r \to 1} \dfrac{n(r, \Omega_\varepsilon, f = \pi)}{W'\left(\log \dfrac{1}{1-r}\right)} > 0.$$

因此，我们得出次列定理：

定理 3. 设 $f(z)$ 为单位圆内的半纯函数. $\mathcal{T}_1(X, f) = \mathcal{T}(e^X, f)$，$\mathcal{T}\left(\dfrac{1}{1-r}, f\right) = T(r, f)$；设可规则化 $\mathcal{T}_1(X, f)$ 为函数型 $W_1(X)$ 并具备 I^*，II^*，III^* 三个性质，则定理 II 及 III 之结论真实可靠，圆周 $|z| = 1$ 上存在着以 $W(x)$ 为函数型之聚值点.

满足这个定理的假设的函数 $f(z)$，实际包括着满足条件

$$\varlimsup_{r \to 1} \dfrac{T(r, f)}{\left(\log \dfrac{1}{1-r}\right)^2} = +\infty$$

的某些圆内零级半纯函数 $f(z)$，也包括着一切正有限级 ρ 的即满足条件：

$$0 < \varlimsup_{r \to 1} \dfrac{\log T(r, f)}{\log \dfrac{1}{1-r}} = \rho < +\infty$$

的半纯函数 $f(z)$. 让我们在下节来考察这个问题.

2. 让我们先就 $T(r,f)$ 的满足下列条件：$T(r,f)$ 为 $\log\dfrac{1}{1-r}$ 之凸函数，

$$\varlimsup_{r\to 1}\frac{T(r,f)}{\left(\log\dfrac{1}{1-r}\right)^2}=+\infty,\quad \varlimsup_{r\to 1}\frac{\log T(r,f)}{\log\dfrac{1}{1-r}}=0$$

的函数 $f(z)$ 来进行讨论. 对于它，我们可以按照 Valiron 氏定理 D（第一章，Ⅱ）来规则化 $\mathcal{T}_1(X,f)$ 为函数型 $W(X)$；在这里

$$\mathcal{T}_1(X,f)=\mathcal{T}(e^X,f),\quad \mathcal{T}(x,f)=T(r,f)\ \left(x=\frac{1}{1-r}\right).$$

这个函数型 $W^*(X)$ 满足次列条件：

1° $W^*(X)$ 为一不减的连续函数致

$$\varlimsup_{X\to+\infty}\frac{\mathcal{T}_1(X,f)}{W^*(X)}=1,\quad \varlimsup_{X\to+\infty}\frac{W^*(X)}{X^2}=+\infty;$$

2° $W^{*\prime}(X)$ 存在，且为一不减的连续函数，并且 $\dfrac{W^{*\prime}(X)}{W^*(X)}$ 为不增的，随 $X\to+\infty$ 而趋近于 0；

3° $W^{*\prime}(X+\log h)\leqslant K(h)W^{*\prime}(X)$, $W^*(X+\log h)\leqslant K(h)W^*(X)$；

4° $\lim\limits_{X\to+\infty}\dfrac{W^{*\prime}(X)}{X}=+\infty.$

这个函数型 $W^*(X)$ 叫做 $f(z)$ 的**第二类零级函数型**. 这个函数型因为有了性质 4°，故有性质 $(\mathscr{L})$，即积分（对每一正常数 σ）

$$I_1=\int_{X_0}^{+\infty}e^{X-\sigma^3 W'(X)}\,dX$$

为收敛的. 因此 $f(z)$ 具备性质 Ⅲ*，此外它具备性质 Ⅰ* 及 Ⅱ* 显然可见. 由定理 3 知, 定理 2, 3 的结果对于具 $W^*(X)$ 为第二类零级函数型的 $f(z)$（以 $W^*(X)$ 换上定理中的 $W^*(X)$）为真实无讹，即是说在单位圆周 $|z|=1$ 上存在着 $f(z)$ 的以 $W^*(X)$ 为零级函数型之聚值点. 得定理如次：

定理 4. 设 $f(z)$ 为单位圆 $|z|<1$ 内之半纯函数满足次列条件者：

$$\varlimsup_{r\to 1}\frac{T(r,f)}{\left(\log\frac{1}{1-r}\right)^2}=+\infty,$$

并具 $W^*(X)$ 为其第二类零级函数型，则在单位圆周上必至少存在一点 P，使以 P 为中心任何小正数 ε 为半径之圆 (Ω_ε) 必致

$$\varlimsup_{r\to 1}\frac{n(r,\Omega_\varepsilon,f=\pi)}{W^{*\prime}\left(\log\frac{1}{1-r}\right)}>0,$$

此对 $\mathscr{K}^*(\alpha,f)$ 的所有元素 π 最多除去两个除外元素来说．在这里，$\mathscr{K}^*(\alpha,f)$ 为一族半纯函数包括着所有的复数及单位圆内半纯函数 $\pi(z)$ 满足次列条件者 $(\alpha(r)<0,\lim_{r\to 1}\alpha(r)=0)$：

$$T(r+\alpha(r)(1-r),\pi)<\alpha(r)^5(1-r)W^{*\prime}\left(\log\frac{1}{1-r}\right)$$

$$(r>r_0(\pi));$$

又在单位圆内必有 $f(z)$ 的一无限序列的关于 $\mathscr{K}^*(\alpha,f)$ 的 $\mathscr{N}_p$-填充圆，$\mathscr{N}_p=W'\left(\frac{1}{1-r_p}\right)\sigma^3$ $(\{r_p\}\uparrow 1)$.

这是作者在 1938 年所得的结论，但尚不算是达到了应有的精确度．最精确的结果应当是下列不等式：

$$\varlimsup_{r\to 1}\frac{n(r,\Omega_\varepsilon,f=\pi)}{\frac{1}{1-r}W^{*\prime}\left(\log\frac{1}{1-r}\right)}>0.$$

但直至现在还没有任何方法可以证实．

3. 设 $f(z)$ 为单位圆内的半纯函数，其级 ρ 为正的有限数者，即满足次列条件者：

$$0<\varlimsup_{r\to+\infty}\frac{\log T(r,f)}{\log\frac{1}{1-r}}=\rho.<+\infty.$$

命 $\mathscr{T}(x,f)=T(r,f)$, $x=\frac{1}{1-r}$; $\mathscr{T}_1(X,f)=\mathscr{T}(e^X,f)$.

应用第一章 Valiron 氏定理 B，可规则化

$$\gamma(x)=\frac{\log\mathscr{T}(x,f)}{\log x}$$

为函数型 $\rho(x)$ 满足次列条件（x 充分大时 $U(x) = x^{\rho(x)}$ 为不减的）：

1° $\lim\limits_{x \to +\infty} \rho(x) = \rho$, $\overline{\lim\limits_{x \to +\infty}} \dfrac{\mathscr{T}(x,f)}{U(x)} = 1$;

2° $\rho'(x)$ 存在于联接的区间内，区间之端点以 $+\infty$ 为极根，在端点上 $\rho'(x \pm 0)$ 存在，
$$\lim_{x \to +\infty} x \log x \rho'(x) = 0;$$

3° $\overline{\lim\limits_{x \to +\infty}} \dfrac{U(kx)}{U(x)} = k^\rho$ (k 为任何正数); $\lim\limits_{x \to +\infty} \dfrac{xU'(x)}{U(x)} = \rho$.

这个函数型 $\rho(x)$ 叫做 $f(z)$ 的确级. 容易验证如果命
$$W(X) = U(e^X),$$
则 $W(X)$ 具有性质 I*, II*, III*.

由 1°, 则
$$\overline{\lim_{X \to +\infty}} \dfrac{\mathscr{T}_1(X,f)}{W(X)} = 1, \quad \lim_{X \to +\infty} \dfrac{W'(X)}{X} = \lim_{X \to +\infty} \dfrac{e^{X\rho(e^X)}}{X} = +\infty.$$

故 $W(X)$ 具有性质 I*. 由于 $\rho'(x)$ 的存在，$W'(X)$ 亦存在且
$$W'(X) = W(X)(\rho(e^X) + Xe^X\rho'(e^X));$$
计及 2°, 则式中右端括号内第二项趋于 0, 故
$$\lim_{X \to +\infty} \dfrac{W'(X)}{W(X)} = \rho.$$
故 $W'(X)$ 当 X 充分大时亦为正值的. 但按照 $\rho(x)$ 的构造，$\rho'(x)$ 不外下列的形式之一；
$$\pm \dfrac{1}{x \log x \log_2 x}, \quad 0;$$
所以 $\rho''(x)$ 不外下列形式之一 ($\rho''(x+0), \rho''(x-0)$ 在区间之端点上存在亦不例外)：
$$\pm \dfrac{1}{(x \log x \log_2 x)^2}(\log x \log_2 x + \log_2 x + 1), \quad 0.$$
而
$$\begin{aligned}W''(X) = {} & W'(X)(\rho(e^X) + Xe^X\rho'(e^X) \\ & + W(X)[\rho'(e^X)e^X + e^X\rho'(e^X) \\ & + Xe^X\rho'(e^X) + Xe^{2X}\rho''(e^X)].\end{aligned}$$

在后一式一方括号内各项均为 0 为极限，故当 X 充分大时 $W''(x) > 0$，而 $W'(X)$ 为增加的函数；其次则

$$\frac{W'(X+\log h)}{W'(X)} \leqslant \frac{W(X+\log h)}{W(X)}(\rho+\varepsilon) \quad (X 充分大时),$$

但

$$\frac{W(X+\log h)}{W(X)} = \frac{U(hx)}{U(x)} < (h^\rho+\varepsilon) \quad (x 充分大时),$$

故有 $K(h) = (1+\rho+\varepsilon)(h^\rho+\varepsilon)$ 当 X 充分大时致

$$\frac{W(X+\log h)}{W(X)} < K(h), \quad \frac{W'(X+\log h)}{W'(X)} < K(h).$$

因而 $W(X)$ 具性质 II*. 又因

$$\lim_{X \to +\infty} \frac{W'(X)}{W(X)} = \rho$$

而 $\frac{W(X)}{X} \to +\infty$，故得

$$\lim_{X \to +\infty} \frac{W'(X)}{X} = +\infty.$$

由此可见，积分（不论 σ 为何正数）

$$I_1 = \int_{X_0}^{+\infty} e^{X-\sigma W'(X)} dX$$

为收敛的，即 $W(x)$ 具性质 III*.

按照定理 3，则定理 2, 3 的结论在 $f(z)$ 为正有限级函数而

$$W(X) = U(e^X)$$

时真实不虚. 这就证明了 $f(z)$ 的以 $W(X)$ 为函数型的 $\mathcal{N}_p$- 填充圆串 $\left(\mathcal{N}_p = \sigma^3 U\left(\frac{1}{1-r_p}\right)\right)$ 以及以 $W(X) = U(e^X)$ 为函数型的聚值点之存在性，这个聚值点其实就是以 $\rho(x)$ 为确级的聚值点. 这最后的论断，应当稍加说明如次：由于

$$\lim_{X \to +\infty} \frac{W'(X)}{W(X)} = \rho,$$

则从

$$\varlimsup_{r \to 1} \frac{n(r, \Omega_\varepsilon, f=\pi)}{W'\left(\log \frac{1}{1-r}\right)} > 0.$$

应得 (因 $W(X) = U(e^X)$) 对于非除外值 π,

$$\varlimsup_{r \to 1} \frac{n(r, \Omega_\varepsilon, f = \pi)}{U\left(\frac{1}{1-r}\right)} > 0,$$

就是说 P 点为 $\rho\left(\frac{1}{1-r}\right)$ 级的聚值点. 同样的理由 $\mathscr{N}_p$- 填充圆为 $\rho\left(\frac{1}{1-r}\right)$ 级的填充圆.

得出:

定理 5. 设 $f(z)$ 为单位圆 $|z|<1$ 内正有限级 ρ 的半纯函数. 命 $\rho\left(\frac{1}{1-r}\right)$ 为 $f(z)$ 的确级; 命 $U(x) = x^{\rho(x)}$, 以 $\mathscr{K}^*(\alpha(r), f)$ 表示一族函数包括所有的复数及单位圆内的半纯函数 $\pi(z)$ 致

$$T(r + \alpha(r)(1-r), \pi) < \alpha(r)^5 (1-r) U(r),$$
$$\alpha(r) \to 0, \quad r > r_0(\pi)$$

者, 则在单位圆内必有 $f(z)$ 的一无限序列的关于 $\mathscr{K}^*(\alpha(r), f)$ 的 $\mathscr{N}_p$-填充圆, $\mathscr{N}_p = \sigma^3(\rho - \varepsilon) U\left(\frac{1}{1-r_p}\right)$ ($\{r_p\} \to 1$). 又在单位圆周 $|z|=1$ 上必至少有一聚值点 P 使以 P 为中心任意小的半径 ε 之圆 (Ω_ε) 致

$$\varlimsup_{r \to 1} \frac{n(r, \Omega_\varepsilon, f = \pi)}{U\left(\frac{1}{1-r}\right)} > 0$$

及级数

$$\sum_1^{+\infty} [U(1 - r_q(\Omega_\varepsilon, f = \pi))]^{-1}$$

为发散, 此皆对于 $\mathscr{K}^*(\alpha(r), f)$ 之每一元素 π 除去最多两个除外元素来说. 这个聚值点 P 叫做 $f(z)$ 的以 $\rho\left(\frac{1}{1-r}\right)$ 为确级的聚值点. 当然这种聚值点亦即为 ρ- 级聚值点, ρ 级聚值点为 Valiron 所发现.

但本定理的形式在这里是首次出现, 最堪注目的却是它一样也从(统一性的) 定理 3 推了出来. 然而 ρ 级聚值点有时还可能为 $\rho+1$ 级聚值点, 关于 $\rho+1$ 级聚值点的存在也是 Valiron 的发现. 在下节中, 我

们将推广他的方法来证明以 $\rho\left(\dfrac{1}{1-r}\right)+1$ 为确级的聚值点的存在性.

为什么我们在前面能够断定聚值点的存在定理还未达到可能的精确度呢? 这是由于 Picard 定理的推广形式的启示. 这个 Picard 定理可以就圆内半纯函数 $f(z)$ 之满足次列条件:

$$\varlimsup_{r\to 1}\frac{T(r,f)}{\log\left(\dfrac{1}{1-r}\right)}=+\infty \tag{1}$$

者来成立统一的理论, 蒲保民作出了这个结果, 和第三章定理 1 正相类似 (1940).

4. 在这里, 我们将修改 Valiron 的方法使达到能够运用函数型来表达聚值点的目的. 开头仍就前节关于 $f(z)$ 的假设来进行.

设 $W_\lambda(X)=x^{\rho_\lambda(x)}$ $\left(x=\dfrac{1}{1-r},\ \mathrm{e}^X=x\right)$ 满足次列条件:

$(\mathscr{H}_\lambda)$
$1°\quad \lim\limits_{x\to+\infty}\rho_\lambda(x)=\lambda,\quad \lim\limits_{X\to+\infty}\dfrac{W_\lambda(X)}{X}=+\infty;$

$2°\quad \lim \rho'_\lambda(x)x\log x=0;$

$3°\quad \dfrac{W_\lambda(X+\log h)}{W_\lambda(X)}<K(h),\quad h>0.$

据此, 则

$$\frac{W'_\lambda(X)}{W_\lambda(X)}=\rho_\lambda(x)+x\log x\rho'_\lambda(x)\to\lambda,\quad \text{当 } x\to+\infty \text{ 时}.$$

容易看见, $a\neq f(0)$ 时致

$$\int_{X_0}^{X} N(r,f=a)\frac{W'_\lambda(X)}{W_\lambda(X)^2}\mathrm{d}X$$

$$=-\left[N(r,f=a)W_\lambda(X)^{-1}\right]_{X_0}^{X}$$

$$+\int_{X_0}^{X}\frac{\mathrm{d}N(r,f=a)}{\mathrm{d}X}\frac{\mathrm{d}X}{W_\lambda(X)}$$

$$=-\left[N(r,f=a)W_\lambda(X)^{-1}\right]_{X_0}^{X}$$

$$+\int_{X_0}^{X}\frac{n(r,f=a)}{r}\frac{\mathrm{d}X}{W_\lambda(X)}x^{-1},$$

故 $\int_{X_0}^{+\infty} N(r, f=a) \dfrac{W_\lambda'(X)}{W_\lambda(X)^2} dX$ 与 $\int_{X_0}^{+\infty} n(r, f=a) \dfrac{dX}{xW_\lambda(X)}$ 同时收敛同时发散，此在 $a = f(0)$ 时亦无不合.

又从 $(a \neq f(0))$
$$\int_{X_0}^X n(r, f=a) \dfrac{W_{\lambda'}'(X)}{W_{\lambda'}(X)^2} dX$$
$$= -\left[n(r, f=a) W_{\lambda'}(X)^{-1} \right]_{X_0}^X$$
$$+ \int_{X_0}^X \dfrac{1}{W_{\lambda'}(X)} d\, n(r, f=a),$$

在这里 $W_{\lambda'}(X) = x^{\rho_\lambda(x)+1}$，得 $\left(X_q(f=a) = \log \dfrac{1}{1-r_q(f=a)},\ \lambda' = \lambda+1 \right)$

$$\int_{X_0}^{+\infty} n(r, f=a) \dfrac{W_{\lambda'}'(X)}{W_{\lambda'}(X)^2} dX \quad \text{与} \quad \sum W_{\lambda'}(X_q(f=a))^{-1}$$

同时收敛同时发散. 但
$$\dfrac{W_{\lambda'}'(X)}{W_{\lambda'}(X)} = \rho_\lambda(e^X) + 1 + \rho_\lambda'(e^X) e^X X$$
$$= \rho_\lambda(x) + 1 + \rho_\lambda'(x) x \log x \to \lambda + 1,$$

故
$$\int_{X_0}^{+\infty} n(r, f=a) \dfrac{dX}{W_{\lambda'}(X)} \quad \text{与} \quad \sum [W_{\lambda'}(X_q(f=a))]^{-1}$$

同时收敛同时发散. 在 $a = f(0)$ 时亦得同样结论.

得出次列补题：

补题 1. 设 $f(z)$ 为圆内半纯函数；设 $W_{\lambda+1}(X) = x^{\rho_\lambda(x)+1}$ 满足 $\mathscr{H}_{\lambda+1}$，则下列三项：

$(A_1)\quad \int_{r_0}^1 n(r, f=a)(1-r)^{-2} W_{\lambda'}\left(\log \dfrac{1}{1-r} \right)^{-1} dr \quad (\lambda' = \lambda+1),$

$(A_2)\quad \int_{r_0}^1 N(r, f=a)(1-r)^{-1} W_{\lambda'}\left(\log \dfrac{1}{1-r} \right)^{-1} dr \quad (\lambda' = \lambda+1),$

$(A_3)\quad \sum \left[W_\lambda\left(\log \dfrac{1}{1-r_q(f=a)} \right) \right]^{-1} \quad (\lambda' = \lambda+1).$

同时收敛同时发散.

假设对 $a = a_i (i=1,2,3)$ 级数 (A_3) 为收敛，则 (A_2) 亦复如此；按照 $f(z)$ 之假设，则由 Nevanlinna 氏第二基础定理 $\left(S(r) = O\left(\log \frac{1}{1-r}\right)\right)$:

$$T(r,f) < \sum_1^3 N(r, f=a_i) + O\left(\log \frac{1}{1-r}\right),$$

以 $(1-r)^{-1}\left[W_{\lambda'}\left(\log \frac{1}{1-r}\right)\right]^{-1}$ 乘此式两端 $(\lambda' = \lambda+1)$ 并求其积分，则见

$$(A_4) \quad \int_{r_0}^1 T(r,f)(1-r)^{-1}\left[W_{\lambda'}\left(\log \frac{1}{1-r}\right)\right]^{-1} dr$$

为收敛的，故若积分

$$\int_{r_0}^1 T(r,f)(1-r)^{-1}\left[W_{\lambda'}\left(\log \frac{1}{1-r}\right)\right]^{-1} dr$$

为发散的，则对所有的复数 a（除了3最多两个例外）必致级数 (A_3) 为发散的；其逆亦真，因为从 $\int_{r_0}^1 N(r, f=a)\left[W_\lambda\left(\log \frac{1}{1-r}\right)\right]^{-1} dr$ 之发散必致 (A_4) 为发散。

注意 $(1-r)W_{\lambda'}\left(\log \frac{1}{1-r}\right) = W_\lambda\left(\log \frac{1}{1-r}\right)$，则得：

补助定理 1. 设 $f(z)$ 为单位圆内有限级半纯函数并满足次列条件：

$$\varliminf \frac{T(r,f)}{\log(1-r)^{-1}} = +\infty,$$

设 $W_\lambda(X)$ 为 X 在 $r_0 \leqslant X < +\infty$ 上之不减的连续函数并满足条件 $(\mathscr{H}_\lambda)$ 者，则下列三项

$$(A_1) \quad \int_{r_0}^1 n(r, f=a)(1-r)^{-1}\left[W_\lambda\left(\log \frac{1}{1-r}\right)\right]^{-1} dr,$$

$$(A_2) \quad \int_{r_0}^1 N(r, f=a)\left[W_\lambda\left(\log \frac{1}{1-r}\right)\right]^{-1} dr,$$

$$(A_3) \quad \sum \left[W_\lambda\left(\log \frac{1}{1-r_q(f=a)}\right)\right]^{-1}[1-r_q(f=a)]$$

同时收敛同时发散. 若积分 $\int_{r_0}^1 T(r,f)(1-r)^{-1}\left[W_\lambda\left(\log\frac{1}{1-r}\right)\right]^{-1}dr$ 为发散的,则级数(A_3)对所有的复数 a(最多除去两个例外)来说必为发散的;反之,若级数(A_3)(最多除去两个除外值)为发散的,则 $\int_{r_0}^1 T(r,f)(1-r)^{-1}\left[W_\lambda\left(\log\frac{1}{1-r}\right)\right]^{-1}dr$ 必亦为发散的.

虽然这个定理是在一个一般性的假设下建立的,但由于 $\lambda=0$ 时,级数

$$\sum\left[W'_\lambda\left(\log\frac{1}{1-r_q(f=a)}\right)\right]^{-1}[1-r_q(f=a)]$$

及

$$\sum\left[W_\lambda\left(\log\frac{1}{1-r_q(f=a)}\right)\right]^{-1}[1-r_q(f=a)]$$

的共同发散或收敛与否无法判定,它的应用范围实际只能在 $\lambda\ne 0$ 这一条件下才能有效,因为我们只有在定理 4 的基础上才能进一步地开展新的论证.

现在我们就 $f(z)$ 为正有限级 ρ 的情况下来讨论聚值点理论.

根据定理 4,取 $W_\rho(X)=x^{\rho(x)}$,$\rho(x)$ 为 $f(z)$ 之确级,则

$$\lim_{X\to+\infty}\frac{W'_\rho(X)}{W_\rho(X)}=\rho;$$

而下列级数:

$$\sum\left[W'_\rho\left(\log\frac{1}{1-r_q(f=a)}\right)\right]^{-1}[1-r_q(f=a)]$$

及

$$\sum\left[W_\rho\left(\log\frac{1}{1-r_q(f=a)}\right)\right]^{-1}[1-r_q(f=a)]$$

同时收敛同时发散. 由定理 4,计及这一性质立刻可以判定上面第二个级数对所有的复数 a(最多除了两个除外值)来说为发散的;据此由上述预备定理 1 则积分

$$\int_{r_0}^1 T(r,f)\left[W_\rho\left(\log\frac{1}{1-r}\right)\right]^{-1}(1-r)^{-1}dr$$

为发散的,因之,重积分

$$\iint_{r_0<|z|<1} \left[\log^+|f(z)|+n(r,f=\infty)(1-r)\right]\left[W_\rho\left(\log\frac{1}{1-r}\right)\right]^{-1}(1-r)^{-1}d\sigma$$

亦为发散的.

以 S 表示扇形区域

$$(|z|<1) \cup (\varphi_0 \leqslant \arg z \leqslant \varphi_1),$$

以 $n(r, S, f=\infty)$ 表示 $f(z)$ 在扇形区域

$$(|z|\leqslant r) \cap S$$

上极点的总个数. 命

$$\mathcal{T}(S, f) = \iint_{(r_0<|z|<1)\cap S} \left[\log^+|f(z)|+n(r, S, f=\infty)(1-r)\right]$$

$$\cdot \left[W_\rho\left(\log\frac{1}{1-r}\right)\right]^{-1}(1-r)^{-1}d\sigma.$$

已给任何小之正数 ε, 依 Borel-Lebesgue 定理, 必至少有一以 ε 为弧度以 $\arg z = \psi_0$ 为分角线之扇形区域 S 表写为 $S(\varepsilon,\psi_0)$ 致

$$\mathcal{T}(S(\varepsilon,\psi_0),f)$$

为发散的. 以 $S'(\varepsilon,\psi_0)$ 表与 $S(\varepsilon,\psi_0)$ 同分角线之扇形区域 S 其弧度为 $k\varepsilon$ $(k>1)$, 并设 $k\varepsilon<\pi$. 由于绕原点之旋转不致改变积分 $T(r,f)$, $\mathcal{T}(S,f)$ 之值, 故不妨假定 $\psi_0=0$ 而不失证法之普遍意义. 现在我们便就 $\psi_0=0$ 致

$$\mathcal{T}(S(\varepsilon,0),f)$$

为发散的(当然 $\mathcal{T}(S'(\varepsilon,0),f)$ 亦发散)这一性质来进行讨论. 命

$$Z = z^{\frac{\pi}{k\varepsilon}},$$

则 $S'(\varepsilon,0)$ 映射为一半圆 C:

$$\left(|\arg z|<\frac{\pi}{2}, \quad |z|<1\right);$$

S 则映射为扇形区域 Σ:

$$\left(|\arg z|<\frac{\pi}{2k}, \quad |z|<1\right).$$

此时 $f(z)$ 转变为 C 内的半纯函数 $F(z)$. 当 $|z|\to 1$ 时, $|z|\to 1$ 且在对应点 z 及 R 上有关系式 ($r=|z|$, $R=|z|$):

第五章 圆内半纯函数的聚值点

$$1-r = 1-R^{\frac{k\varepsilon}{\pi}} = \frac{k\varepsilon}{\pi}(1-R)[1+O(1-r)].$$

故积分

$$(\mathrm{A}_4) \iint_{\Sigma \cap (|z|>r_0')} [\log^+ |F(Z)| + n(R,\Sigma,F)(1-R)]$$
$$\cdot \left[W_\rho\left(\log \frac{1}{1-R}\right)\right]^{-1}(1-R)^{-1}\mathrm{d}\sigma$$

仍为发散.

用变换

$$u = -\frac{Z^2+2Z-1}{Z^2-2Z-1} \quad \left(\text{即} \frac{u-\mathrm{i}}{u+\mathrm{i}} = \mathrm{i}\left(\frac{Z-\mathrm{i}}{Z+\mathrm{i}}\right)^2\right)$$

映射 C 于圆 $|u| \leqslant 1$ 上使 $Z = \mathrm{i}, -\mathrm{i}, 0$ 与 $u = \mathrm{i}, -\mathrm{i}, -1$ 相应,则函数 $F(Z)$ 变为 $|u|<1$ 内之半纯函数 $H(u)$.

在这一映射上, Σ 对应于一区域 D, 其致 $R>r_0'$ 之部分 Σ' 对应于区域 D'. 这个映射不改变 $F(Z)$ 在 $\Sigma \cap (|Z| \leqslant R)$ 之极点数,即 $H(u)$ 在 $\Sigma \cap (|Z| \leqslant R)$ 之映射像上之极点数 $= n(R, \Sigma, F)$.

因

$$u'(Z) = -\frac{A(Z^2+1)}{Z^2-2Z-1}, \quad u'(1) = 2,$$

则当 k 充分大, r_0' 充分接近于 1 时, D' 及 Σ' 内相应面积之比邻近 4, $1-|u|$ 与 $1-R$ 之比邻近 2.

因此, $n(R, F, \Sigma)$ 小于函数 $H(u)$ 在 D 内致 $\mathscr{R}(u)<0$ 或 $\mathscr{R}(u)>0$ 的 $|u|>R$ 部分内极点数;但在 $\mathscr{R}(u)<0$ 之部分内仅有有限多个这样的点, 故得

$$n(R, F, \Sigma) < n(|u|, H) + k,$$

k 为一个定的常数. 所以积分 (A_4) 小于积分:

$$k' \iint_{|u|<1} [\log^+ |H(u)| + n(|u|, H)(1-|u|)]$$
$$\cdot \left[W_\rho\left(\log \frac{1}{|1-u|}\right)\right]^{-1}(1-|u|)^{-1}\mathrm{d}\sigma,$$

k' 为一固定的常数;而最后一积分为发散的.

故积分
$$\int_{r_1}^{1} T(r,H)\left[W_\rho\left(\log\frac{1}{1-r}\right)\right]^{-1}(1-r)^{-1}\mathrm{d}r$$
为发散的. 依补助定理 1, 则级数 ($u_q(H=x)$ 表 $H=x$ 之根的绝对值)
$$\sum_{q=1}^{+\infty}\left[W_\rho\left(\log\frac{1}{1-u_q(H=x)}\right)\right]^{-1}(1-u_q(H=x))^{-1}$$
对所有的复数 x (最多除去两个除外值) 都为发散, 即级数
$$\sum_{q=1}^{+\infty}(1-u_q(H=x))^{\rho\left(\frac{1}{1-u_q(H=x)}\right)+1}$$
对所有的复数 x (最多除去两个除外值) 为发散.

但从
$$\frac{u-\mathrm{i}}{u+\mathrm{i}}=\mathrm{i}\left(\frac{Z-\mathrm{i}}{Z+\mathrm{i}}\right)^2,$$
则 $1-|u|$ 常变动于 $2(1-|Z|)$ 及 $\frac{1}{2}(1-|Z|)^2$ 之间, 故有
$$1-|u|<2(1-|Z|).$$
由此可见, 从 (A_4) 转为关于 $F(Z)$ 之级数, 则级数
$$\sum_{q=1}^{+\infty}(1-|Z_q(F=x)|)^{\rho\left(\frac{1}{1-|Z_q(F=x)|}\right)+1}$$
对所有复数 (最多除去两个除外值) x 都为发散. 转至原来的扇形区域 $S'(\varepsilon,0)$ 则知级数
$$(A_5)\qquad \sum_{q=1}^{+\infty}(1-r_q(S',f=x))^{\rho\left(\frac{1}{1-r_q(S',f=x)}\right)+1}$$
最多除去两个复数外对其他所有的复数 x 都为发散.

上面所证明的结果体现了这样的事实: 不论 ε 为任何小之正数必有扇形区域 $S(\varepsilon,\psi_0(\varepsilon))$ 存在致级数
$$\sum\left[1-r_q(S(\varepsilon,\psi_0(\varepsilon)),f=x)\right]^{\rho\left(\frac{1}{1-r_q(S(\varepsilon,\psi_0(\varepsilon)),f=x)}\right)+1}$$
对所有的复数 x (最多除去两个例外) 都为发散. 选一串 $\{\varepsilon_n\}\to 0$, 则有一串扇形区域 $\{S(\varepsilon_n,\psi_0(\varepsilon_n))\}$ 具有上述的性质. 取 $\{\psi_0(\varepsilon_n)\}$ 之一聚值 Ψ_0, 则半直线 $\arg\Psi_0$ 与单位圆周 $|z|=1$ 相交于一点 P, 以 P 为中心任

何小半径 η 之圆 C_η 内恒含有无限多个区域：
$$(|z|>1-\eta) \cap S(\varepsilon_{n'}, \psi_0(\varepsilon_{n'}))$$
$(\{n'\}$ 为 $\{n\}$ 之一串，$\{\psi_0(\varepsilon_{n'})\} \to \Psi_0)$,

因此级数
$$\sum_{q=1}^{+\infty}\bigl[1-r_q(C_\eta, f=x)\bigr]^{\rho\left(\frac{1}{1-r_q(C_\eta, f=x)}\right)+1}$$
对所有的复数 x（最多除去两个全体性的除外值）都为收敛的.

这个结果中的复数集可用适当的函数族来代替，此实易为，不多赘述. P 叫做 $f(z)$ 的以 $\rho\left(\dfrac{1}{1-r}\right)+1$ 为确级的聚值点.

得出：

定理 6. 设 $f(z)$ 为单位圆 $|z|<1$ 内之正有限级半纯函数；设 $\rho\left(\dfrac{1}{1-r}\right)$ 为 $f(z)$ 之确级，则在单位圆周 $|z|=1$ 上必至少有 $f(z)$ 的一个以 $W_{\rho+1}(X)$ 为函数型即以 $\rho\left(\dfrac{1}{1-r}\right)+1$ 为确级的聚值点存在.

非常遗憾的是，我们至今还不能推广这结果到零级的函数中去.

Ⅱ. 无限级的函数

单位圆内无限级的半纯函数的聚值点理论与半纯函数的聚值线理论平行，不产生太大的困难，我们将迅速地加以叙述.

设 $f(z)$ 为 $|z|<1$ 内的无限级的半纯函数，则
$$\varlimsup_{x \to +\infty} \frac{\log \mathcal{T}(x, f)}{\log x} = +\infty, \quad \mathcal{T}(x, f) = T(r, f), \quad x = \frac{1}{1-r}.$$

规则化 $\dfrac{\mathcal{T}(x, f)}{\log x} = \gamma(x)$ 为熊氏函数型 $\rho(x)$（或其他种函数型为半纯函数的情况），使满足次列条件 $(U(x) = x^{\rho(x)})$：

$1°$ $\varlimsup\limits_{x \to +\infty} \dfrac{\mathcal{T}(x, f)}{U(x)} = 1$, $\rho(x)$ 为不减的而趋近于 $+\infty$;

$2°$ $U\left(x + \dfrac{x}{\log U(x)^{1+\epsilon}}\right) \leqslant e^\tau U(x) \quad (\tau > 0);$

则 $\rho\left(\dfrac{1}{1-r}\right)$ 叫做 $f(z)$ 的熊氏无限级.

在这里,我们可以按照半纯函数统一性定理2,3的方法进行类似的计算.

取一充分接近于 1 之 R 致
$$T(R,f) > K(f), \quad 2U\left(\dfrac{1}{1-R}\right) > T(R,f) > \dfrac{1}{2}U\left(\dfrac{1}{1-R}\right)$$
者. 对于满足不等式:
$$|a| < T(R,f), \quad |a-f(0)| > T(R,f)^{-1}$$
(如 $f(0) = \infty$,则不须此)的复数 a 应有
$$N(R, f=a) > \dfrac{1}{4}T(R,f),$$
最多除去含于两个以 $\dfrac{1}{T(R,f)}$ 为半径之圆内之复数. 否则依第二基础定理 A 将有一个不可能的结论:
$$T(R,f) < \dfrac{3}{4}T(R,f) + O(\log T(R,f)).$$

更假设
$$T(R,f) > 12T(R-k^2(1-R), f),$$
($\mathscr{M}$)
$$T(R,f) > 12\,\dfrac{T(R-k(1-R), f)}{\log\dfrac{R-k(1-R)}{R-k^2(1-R)}}\log\dfrac{R}{R-k^2(1-R)}, \quad k > 1,$$
则知函数 $f(z)-a$ 在环形区域 $C(r,R)$:
$$R-k^2(1-R) = r \leqslant |z| \leqslant R$$
上的零点个数对于一切 a 之复数值其球像在一以 $1/2$ 为弧半径之圆内者必然有不等式:
$$n(C(r,R), f=a) > \dfrac{1}{15}\dfrac{T(R,f)}{\log\dfrac{R}{R-k^2(1-R)}}.$$

显然,我们可以合并条件($\mathscr{M}$)为下列条件($R > R_0$,R_0 充分接近于 1):

$$T(R,f) > 24\frac{k}{k-1}T(R-k(1-R),f).$$

选取 ε_1 使

$$48\frac{k}{k-1}(1+\varepsilon_1)\left(\frac{1}{1+k}\right)^{\rho\left(\frac{1}{1-k}\frac{1}{1+k}\right)} < 1$$

($R_0 < R$, R_0 充分接近于 1 时),

则因

$$U\left(\frac{1}{1-R}\right) \geqslant \left(\frac{1}{1-R}\right)^{\rho\left(\frac{1}{1-k}\frac{1}{1+k}\right)},$$

上述条件可以化为条件:

$$T(R,f) > \frac{1}{2}U\left(\frac{1}{1-R}\right).$$

得出次列与第三章定理 2 相当之定理.

定理 1. 设 $f(z)$ 为 $|z| < 1$ 内的无限级半纯函数;设 $\rho\left(\frac{1}{1-r}\right)$ 为 $f(z)$ 的熊氏无限级;k 为任一大于 1 的常数;取 R 为小于 1 而充分邻近于 1 之正数致

$$T(R,f) > \frac{1}{2}U\left(\frac{1}{1-R}\right) \quad (U(x) = x^{\rho(x)})$$

者,则函数 $f(z)$ 在环形区域 $C(r,R)$:

$$R - k^2(1-R) = r \leqslant |z| \leqslant R$$

上取一切 x 值(其球像在一以 $1/2$ 为弧半径之圆内者)之次数

$$n(C(r,R), f=a) > \frac{T(R,f)}{15k^2(1-R)}.$$

应用 V-M-R 定理于上述环形区域 $C(r,R)$ 如第三章定理 3 所为,则可分单位圆为相等弧度 α_1 之 $\frac{2\pi}{\alpha_1}$ 个扇形(以 O 为顶点者). 作 n 个圆

$$|z| = [R - k^2(1-R)](1+\alpha_1)^i \quad (i=1,2,\cdots,n),$$
$$[R - k^2(1-R)](1+\alpha_1)^n = R;$$

则 $C(r,R)$ 划分为 p 个曲四边形 $Q_1, Q_2, \cdots, Q_p$,而

$$(0<)\text{const}\,\frac{1-R}{\alpha_1^2} < p < \text{const}\,\frac{1-R}{\alpha_1^2}.$$

据此，运用上面征引的方法立刻得出：

定理 2. 设 $f(z)$ 为单位圆内以 $\rho\left(\frac{1}{1-r}\right)$ 为无限级之半纯函数；设 R 为充分邻近于 1 而小于 1 之正数致

$$T(R,f) > \frac{1}{2}U\left(\frac{1}{1-R}\right) \quad (U(x) = x^{\rho(x)})$$

者；设 $P(z), Q(z), R(z)$ 为单位圆内的半纯函数满足次列条件者：

$$T^*(R(1+\alpha_1),\pi) < \frac{\alpha_1^4}{(1-R)^2}T(R,f),$$

$$\pi \equiv P(z), Q(z), R(z);$$

$$C^*[\Psi] > -\frac{\alpha_1^4}{(1-R)^2}T(R,f),$$

$$\Psi \equiv P(z), Q(z), R(z), P(z)-Q(z),$$
$$Q(z)-R(z), R(z)-P(z),$$

则必至少有一圆 $\Gamma(R)$ 存在其中心在 $C(r,R)$ 内 $(r=R-k^2(1-R))$ 其半径为 $\alpha_1 R$ 者；使

$$n(\Gamma(R), f=\pi) > \text{const}\,\alpha_1^2\frac{T(R,f)}{(1-R)^2},$$

在这里当 $\frac{1}{\alpha_1}$ 及 $\frac{\alpha_1^4}{(1-R)^2}T(R,f)$ 分别大于某两个数值常数时，定理的判论真实无妄.

设 $\{R_n\} \to 1\;(R_n < 1)$ 致

$$\lim_{n \to +\infty}\frac{T(R_n,f)}{U\left(\frac{1}{1-R_n}\right)} = 1,$$

则 $n > n_0$ 致

$$T(R_n,f) > \frac{1}{2}U\left(\frac{1}{1-R_n}\right).$$

对每一 R_n，命

第五章 圆内半纯函数的聚值点

$$\alpha_1 = \frac{(1-R_n)^2}{2\log U\left(\frac{1}{1-R_n}\right)},$$

则从上述定理 2 立刻得出次列关于填充圆之判断:

定理 3. 设 $f(z)$ 为单位圆 $|z|<1$ 内以 $\rho\left(\frac{1}{1-r}\right)$ 为无限级之半纯函数; 设 $\mathscr{K}^*(\alpha,f)$ 为一族在单位圆内之半纯函数 $\pi(z)$ 致

$$T^*[R_n(1+\alpha(n)),\pi(z)] < \alpha(n)^4 T(R_n,f),$$
$$C^*[\pi] > -\alpha(n)^4 T(R_n,f)$$

者, 在这里,

$$\alpha(n) = \frac{(1-R_n)^2}{2\log U\left(\frac{1}{1-R_n}\right)},$$

而 $\{R_n\} \to 1$ 致 $(R_n < 1)$

$$\lim \frac{T(R_n,f)}{U\left(\frac{1}{1-R_n}\right)} = 1;$$

则必至少有一无限的一串圆 $\Gamma(n)$ 存在, 其半径为 $\alpha(n)R_n$ 其中心在环形区域:

$$R_n - k^2(1-R_n) \leqslant |z| \leqslant R_n$$

上使对每一 $n > n_0$,

$$n(\Gamma(n), f=\pi) > \alpha(n)^3 T(R_n,f),$$

此对 $\pi(z)$ 为 $\mathscr{K}^*(\alpha,f)$ 之每一元素 π 满足次列条件:

$$C^*[\psi] > -\alpha(n)^4 T(R_n,f), \quad \psi \equiv \pi - \pi_{0,n}, \pi - \pi_{1,n},$$

$\pi_{0,n}, \pi_{1,n}$ 为 $\mathscr{K}^*(\alpha,f)$ 内某两元素并致不等式

$$C^*[\pi_{0,n} - \pi_{1,n}] > -\alpha(n)^4 T(R_n,f)$$

者.

定理中之圆 $\Gamma(n)$ 叫做 $f(z)$ 的以 $\rho\left(\frac{1}{1-r}\right)$ 为无限级的填充圆.

一切和第三章关于聚值线统一性定理的处理方法相似, 我们容易证实联结原点 O 至填充圆中心之半直线所成集合至外有一聚值线 D,

D 与单位圆周之交点 P 为 $f(z)$ 关于 $\mathscr{K}^*(\alpha(n),f)$ 之聚值点. 得定理如次:

定理 4. 设 $f(z)$ 为单位圆 $|z|<1$ 内以 $\rho\left(\dfrac{1}{1-r}\right)$ 为熊氏无限级之半纯函数; 设 $\mathscr{K}^*(\alpha(n),f)$ 为函数族包括所有复数及单位圆内半纯函数 $\pi(z)$ 致下列条件:
$$T(R_n(1+\alpha(n)),\pi) < \alpha(n)^4 T(R_n,f), \quad n > n_0(\pi)$$
者, 在这里,
$$\alpha(n) = \frac{(1-R_n)^2}{\log U\left(\dfrac{1}{1-R_n}\right)} \quad \left\{R_n \to 1, \lim_{n\to+\infty} \frac{T(R_n,f)}{U\left(\dfrac{1}{1-R_n}\right)} = 1\right\};$$

则在单位圆周 $|z|=1$ 上必至少有一以 $\rho\left(\dfrac{1}{1-r}\right)$ 为熊氏无限级的聚值点 P 存在使以 P 为中心任何小半径 ε 之圆与 $|z|<1$ 之公共部分 Ω_ε 致级数 (δ 为一无穷小量)
$$\sum U\left(\frac{1}{1-r_q(\Omega_\varepsilon, f=\pi)}\right)^{-(1-\delta)} \quad (U(x) = x^{\rho(x)})$$
对 $\mathscr{K}^*(\alpha(n),f)$ 的每一元素 π (最多除去两个全体性的除外元素) 来说恒为发散的.

这个结果本质上与熊庆来和庄圻泰的定理无别.

相应于无限级半纯函数的聚值线判定定理也同样有聚值点之判定定理且可就级方面作相似的讨论, 此一研究为蒲保民在 1940 年所完成.